Leitfäden der Informatik

Mario Dal Cin
Rechnerarchitektur
Grundzüge des Aufbaus und der
Organisation von Rechnerhardware

Leitfäden der Informat

Herausgegeben von

Prof. Dr. Hans-Jürgen Appelrath, Oldenburg
Prof. Dr. Volker Claus, Stuttgart
Prof. Dr. Günter Hotz, Saarbrücken
Prof. Dr. Lutz Richter, Zürich
Prof. Dr. Wolffried Stucky, Karlsruhe
Prof. Dr. Klaus Waldschmidt, Frankfurt

Die Leitfäden der Informatik behandeln
- Themen aus der Theoretischen, Praktischen und Technischen Info entsprechend dem aktuellen Stand der Wissenschaft in einer syst schen und fundierten Darstellung des jeweiligen Gebietes.
- Methoden und Ergebnisse der Informatik, aufgearbeitet und darg aus Sicht der Anwendungen in einer für Anwender verständlichen ten und präzisen Form.

Die Bände der Reihe wenden sich zum einen als Grundlage und Ergä zu Vorlesungen der Informatik an Studierende und Lehrende in In tik-Studiengängen an Hochschulen, zum anderen an „Praktiker", d einen Überblick über die Anwendungen der Informatik(-Methode) schaffen wollen; sie dienen aber auch in Wirtschaft, Industrie und V tung tätigen Informatikern und Informatikerinnen zur Fortbildung xisrelevanten Fragestellungen ihres Faches.

Rechnerarchitektur
Grundzüge des Aufbaus und der Organisation von Rechnerhardware

Von Prof. Dr. rer. nat. Mario Dal Cin
Universität Erlangen-Nürnberg

 B. G. Teubner Stuttgart 1996

Prof. Dr. rer. nat. Mario Dal Cin

Geboren 1940 in Bad Wörishofen. Studium der Physik von 1960 bis 1967 an der Universität München. 1967 Diplom in Theoretischer Physik, Tätigkeit als wiss. Mitarbeiter, 1969 Promotion über Symmetrien in der Hochenergiephysik. Von 1969 bis 1971 Postdoctoral Fellow am Center for Theoretical Studies der Universität Miami. Von 1971 bis 1972 Assistent an der Universität Tübingen, 1973 Habilitation für Informatik in Tübingen, von 1973 bis 1985 Professor für Informatik an der Universität Tübingen, Arbeiten über Fehlertolerante Rechnersysteme. Von 1985 bis 1989 o. Prof. für Praktische Informatik an der Universität Frankfurt, seit 1990 o. Prof. für Informatik an der Universität Erlangen-Nürnberg, Inhaber des Lehrstuhls für Rechnerstrukturen.

Die Deutsche Bibliothek – CIP-Einheitsaufnahme

Dal Cin, Mario:
Rechnerarchitektur : Grundzüge des Aufbaus und der
Organisation von Rechnerhardware / von Mario Dal Cin. –
Stuttgart : Teubner, 1996
 (Leitfäden der Informatik)
 ISBN 978-3-519-02941-0   ISBN 978-3-322-94769-7 (eBook)
 DOI 10.1007/978-3-322-94769-7

Das Werk einschließlich aller seiner Teile ist urheberrechtlich geschützt. Jede Verwertung außerhalb der engen Grenzen des Urheberrechtsgesetzes ist ohne Zustimmung des Verlages unzulässig und strafbar. Das gilt besonders für Vervielfältigungen, Übersetzungen, Mikroverfilmungen und die Einspeicherung und Verarbeitung in elektronischen Systemen.

© B. G. Teubner Stuttgart 1996

Gesamtherstellung: Zechnersche Buchdruckerei GmbH, Speyer
Einband: Peter Pfitz, Stuttgart

Vorwort

Heutzutage ist es fast schon eine Selbstverständlichkeit, daß in immer kürzeren Abständen neuartige Rechnertypen auf dem Markt erscheinen. Insbesondere die Mikroprozessoren haben in den letzten Jahren eine stürmische Entwicklung erfahren und viele der Architekturkonzepte, die zunächst den Großrechnern vorbehalten waren, haben in die Architekturen der Mikroprozessoren Eingang gefunden. In anderen Worten, viele der grundlegenden Ideen, welche die Architektur von Rechnern betreffen, existieren schon seit langer Zeit. Sie haben sich trotz all der Fortschritte im Detail und in der Rechnertechnologie in erstaunenswerter Weise als außerordentlich tragfähig erwiesen. Noch heute spiegeln die meisten Rechnerarchitekturen die Grundzüge des sogenannten von Neumannschen Architekturkonzepts wider. Es ist ein Anliegen dieses Buchs, gerade diese grundlegenden Ideen herauszustellen, und nicht so sehr, auf die detaillierte Beschreibung heute verbreiteter Rechnertypen einzugehen. Deshalb wurde auch auf die Beschreibung einzelner Mikroprozessoren weitgehend verzichtet. Darüber gibt es eine umfangreiche Literatur. Dennoch werden alle wichtigen Architekturaspekte moderner Mikroprozessoren behandelt.

Das Buch beginnt mit der Erläuterung des Begriffs Architektur. Anschließend werden die wichtigsten Aspekte der Architekturbewertung angesprochen (Kapitel 1). Die Klassifizierung der gängigsten Rechnerarchitekturen ist Inhalt von Kapitel 2. Parallelrechner bilden dabei einen Schwerpunkt. Die ersten beiden Kapitel sollen zum einen eine Übersicht über die Architekturlandschaft vermitteln und zum anderen dem Leser das Einordnen von Architekturkonzepten, wie sie in den folgenden Kapiteln behandelt werden, erleichtern.

Danach wird zunächst der Aufbau der Zentraleinheit eines Rechners behandelt (Kapitel 3). Besitzt ein Rechner nur eine Zentraleinheit, so spricht man von einem Monorechner. Mono- oder, wie man auch sagt, SISD-Rechner (SISD steht für single instruction stream, single data stream) bilden nach wie vor die am häufigsten anzutreffende Architekturklasse. Zudem findet man sie als Verarbeitungseinheiten in Rechnernetzen und in den (meisten) Parallelrechnern. Anschließend wird in Kapitel 4 die Unterstützung des Betriebssystems durch die Rechnerhardware behandelt. In Kapitel 5 werden dann Maßnahmen zur Erhöhung der Leistung einer Zentraleinheit besprochen. Dabei stehen die Fließband- und die Superskalartechnik im Mittelpunkt der Betrachtungen. Im Anschluß werden Maßnahmen zur Steigerung der Zuverlässigkeit eines Rechners vorgestellt.

Neben der Zentraleinheit oder, wie man auch sagt, dem Rechnerkern enthält jeder Rechner weitere Subsysteme, die in den folgenden Kapiteln behandelt werden. Diese sind das Speichersubsystem - bestehend aus Caches, Hauptspeicher und Sekundärspeicher (Kapitel 6) -, Bussysteme - insbesondere Systembusse - sowie Ein-/Ausgabesubsysteme (Kapitel 7). Die Absicht ist, einen allgemeinen Überblick über diese Subsysteme zu vermitteln. Auf die Darstellung vieler Details, insbesondere solcher der Organisation peripherer Geräte, wurde daher verzichtet. In Kapitel 8 werden Parallelrechner im Hinblick auf ihre wichtigsten Architekturaspekte behandelt. Außerdem wird auf ihren Einsatz für das wissenschaftliche Rechnen näher eingegangen.

Innerhalb der systemorientierten, praktischen und technischen Informatik nimmt die Bewertung der entworfenen und realisierten Systeme eine zentrale Stellung ein. Dies gilt natürlich auch für die Rechnerhardware. Im Anhang A werden deshalb modellbasierte Verfahren vorgestellt, die sich für die Bewertung der Leistung und der Zuverlässigkeit von Rechnerarchitekturen besonders eignen. Als Beispiele dienen vor allem das Central-Server- und das Duplex-System. Außerdem werden zwei Beispiele der Performability-Analyse von Parallelrechnern, d.h. der kombinierten Leistungs- und Zuverlässigkeitsanalyse, behandelt. Die Beispiele sind einfach gehalten, um das Wesentliche an den Modellierungstechniken hervorheben zu können. In diesem Zusammenhang wird u.a. auch die Modellierung von Rechnerarchitekturen durch Zuverlässigkeitsnetze und generalisierte stochastische Petri-Netze angesprochen.

In Anhang B werden einige grundsätzliche Aspekte behandelt, die die Organisation datenverarbeitender Systeme betreffen. Insbesondere wird auf diejenige mikroprogrammierter Systeme und die Mikroprogrammierung näher eingegangen.

Das vorliegende Buch wäre ohne Hilfe nicht zustande gekommen. Für diese Hilfe danke ich meinen Mitarbeitern am Lehrstuhl für Rechnerstrukturen des Instituts für Mathematische Maschinen und Datenverarbeitung (IMMD). Mein besonderer Dank gilt Herrn Dr. Hellmut Hessenauer, der mit konstruktiver Kritik und vielen Verbesserungsvorschlägen zum Buch beitrug. Meiner Frau Inge danke ich für ihre unschätzbare Hilfe bei der Erstellung des Textes und der Zeichnungen. Dem Teubner Verlag danke ich für die gute Zusammenarbeit.

Kritik und Anregungen zum Buch werden jederzeit gerne entgegengenommen: dalcin@informatik.uni-erlangen.de; http://www.informatik.uni-erlangen.de/

Erlangen, Juli 1996

Inhalt

1 Rechnerarchitektur und Bewertung — 11
  1.1 Architektur — 11
  1.2 Architekturkriterien — 13
  1.3 Bewertung von Rechnerarchitekturen — 15
    1.3.1 Systembewertung — 15
    1.3.2 Architekturbewertung — 16

2 Klassifizierung von Rechnerarchitekturen — 22
  2.1 SISD-Architekturen — 23
  2.2 SIMD-Architekturen — 24
  2.3 MIMD-Architekturen — 25
  2.4 Weitere Architekturklassen — 29
  2.5 Spezielle Klassifizierungsschemata — 30

3 Architektur und Organisation eines SISD-Rechners — 33
  3.1 SISD-Rechneraufbau — 33
  3.2 Instruktionssatz-Architektur — 35
  3.3 Daten- und Steuerprozessor — 42
  3.4 Mikroprozessorsysteme — 47
  3.5 Großrechner — 51

4 Unterstützung des Betriebssystems — 53
  4.1 Ausnahmen — 53
  4.2 Prozesse — 55
  4.3 Threads — 58

5 Maßnahmen zur Steigerung der Leistung und Verläßlichkeit — 64
  5.1 Beschleunigung durch Parallelität — 64
  5.2 Pipelines — 67
    5.2.1 Eine Befehlspipeline — 67
    5.2.2 Pipeline-Hemmnisse — 73
  5.3 Superskalare Prozessoren — 84
  5.4 Coprozessoren — 90
  5.5 Maßnahmen zur Erhöhung der Verläßlichkeit — 93
    5.5.1 Fehlererkennung — 93
    5.5.2 Fehlertoleranz — 96
    5.5.3 Rechnerdiagnose — 97
  Anhang: Zur Spezifikation eines Prozessors — 99

6 Speichersysteme — 110
- 6.1 Speicherhierarchie — 110
- 6.2 Assoziativspeicher — 114
- 6.3 Caches — 116
  - 6.3.1 Cache-Typen — 116
  - 6.3.2 Cache-Organisation — 118
  - 6.3.3 Cache-Operationen — 122
  - 6.3.4 Datenkonsistenz — 125
- 6.4 Hauptspeicher — 129
  - 6.4.1 Speicherverschränkung — 131
  - 6.4.2 Relokation — 134
- 6.5 Virtueller Speicher — 135
  - 6.5.1 Seiteneinteilung — 136
  - 6.5.2 Hardware-Unterstützung — 140
  - 6.5.3 Segmentierung — 144
  - 6.5.4 Speicherschutz — 146
- 6.6 Sekundärspeicher — 148

7 Busse und Ein-/Ausgabesysteme — 153
- 7.1 Busse — 153
  - 7.1.1 Systembus — 153
  - 7.1.2 Buszuteilung — 156
  - 7.1.3 Übertragungszyklus — 161
- 7.2 Ein-/Ausgabe-Organisation — 164
  - 7.2.1 Interruptsystem — 165
  - 7.2.2 Beispiel für einen Schnittstellenbaustein — 169
  - 7.2.3 Peripheriebusse — 172
  - 7.2.4 DMA-Controller und Kanäle — 174
  - 7.2.5 Rechnernetze — 177

8 Parallelrechner — 181
- 8.1 Parallelrechner-Architekturen — 181
- 8.2 Verbindungsnetzwerke — 189
- 8.3 Parallelrechner und wissenschaftliches Rechnen — 191

Anhang A: Modellierung und Bewertung — 199

- A1 Leistungs- und Zuverlässigkeitsbewertung — 201
  - A1.1 Modellbildung — 201
  - A1.2 Leistungsbewertung durch Simulation — 209
  - A1.3 Zuverlässigkeitsbewertung fehlertoleranter Architekturen — 214
- A2 Stochastische Modellierung — 217
  - A2.1 Leistungsbewertung durch Mittelwertanalyse — 217
  - A2.2 Zustandsraummethode — 222
  - A2.3 Zuverlässigkeitsbewertung — 232
- A3 Generalisierte Stochastische Petri-Netze — 245
  - A3.1 Petri-Netze — 245
  - A3.2 Stochastische Petri-Netze — 248
  - A3.3 Spezifikation mit Petri-Netzen — 253

Anhang B: Mikroprogrammierung — 255

- B1 Automaten — 257
  - B1.1 Berechnungen — 257
  - B1.2 Automaten — 259
  - B1.3 Steuer- und Datenpfad — 265
  - B1.4 Beispiele — 266
- B2 Mikroprogrammierte Systeme — 270
  - B2.1 Eine mikroprogrammierte Maschine — 270
  - B2.2 Ausbau der mikroprogrammierten Maschine — 276
  - B2.3 Mikroprogrammierter Rechner — 279
- B3 Mikroprogrammierung — 282
  - B3.1 Der Steuerprozessor — 282
  - B3.2 Beispiele für einfache Mikroprogramme — 284
- B4 Eine einfache Assemblersprache — 293

Literatur — 299

Verwendete Symbole — 302

Verzeichnis der Abkürzungen — 303

Index — 308

1 Rechnerarchitektur und Bewertung

Die Rechner, denen wir täglich in unserer Arbeitswelt begegnen, unterscheiden sich stark in ihren Erscheinungsformen - von unsichtbar im Gehäuse des Bildschirms verborgen bis raumfüllend in einem Rechenzentrum. Vor allem aber unterscheiden sie sich in ihrer Architektur, der Architektur des Rechnerkerns, des Speichers und der Ein-/Ausgabe. Allgemein gesprochen beschreibt eine Architektur eine Gesamtheit von Objekten, die in bestimmter Weise miteinander verbundenen sind. Diese Beschreibung erfolgt weitgehend unabhängig von den Realisierungsmöglichkeiten. In der Informatik wird unter Architektur das Grundkonzept des Aufbaus eines Rechnersystems verstanden. Dabei finden sowohl strukturelle als auch organisatorische Aspekte Berücksichtigung. Im Zusammenhang mit dem Begriff Architektur sind als erstes einige verwandte Begriffe zu klären.

1.1 Architektur

Zunächst unterscheidet man zwischen SOFTWAREARCHITEKTUR und RECHNERARCHITEKTUR (Bild 1.1). Die Softwarearchitektur beschreibt den Aufbau der Systemprogramme, die Rechnerarchitektur den der Rechnerhardware. Auf die Rechnerarchitektur nehmen Rechnerorganisation und -realisierung Bezug. Die Rechnerorganisation legt die funktionelle Arbeitsweise der einzelnen Hardwarekomponenten fest und die Rechnerrealisierung befaßt sich mit ihrem schaltungstechnischen Entwurf und ihrer physikalischen Realisierung, also auch mit Fragen der Rechnertechnologie.

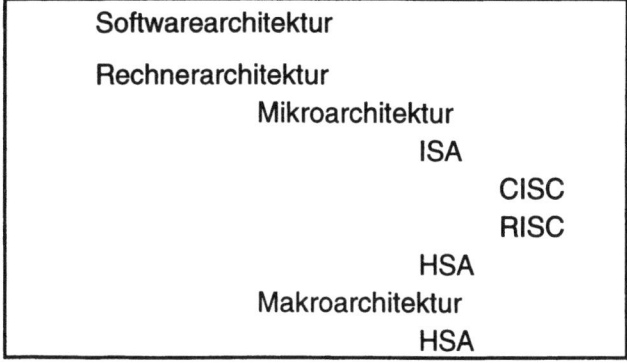

Bild 1.1 Architektur

Rechnerarchitekturen betrachtet man unter zweierlei Gesichtspunkten: HARDWARE-SYSTEM-ARCHITEKTUR (HSA) und INSTRUKTIONS-SATZ-ARCHITEKTUR (ISA). Die Hardware-System-Architektur bestimmt das Operations- und das Strukturkonzept der betrachteten Rechnerklasse und legt den Aufbau des Rechners aus einzelnen Hardwarekomponenten fest. Auf Prozessorebene (der Mikroarchitekturebene) sind z.B. die Organisation der Befehlsverarbeitung, der Aufbau des Rechen- und des Steuerwerks oder der Aufbau von Caches Gegenstand der HSA. Auf Systemebene (der Makroarchitekturebene) zählt u.a. die Festlegung der Anzahl der Prozessoren und deren Verbindung dazu.

Die Instruktions-Satz-Architektur definiert die Hardware-Software-Schnittstelle der Rechnerarchitektur und beschreibt den Rechner aus der Sicht des Assembler-Programmierers und des Compilerbauers. Sie hat natürlich einen maßgeblichen Einfluß auf die HSA. Die wichtigsten Komponenten der ISA sind zum einen das Registermodell und die Adressierungsmöglichkeiten des Hauptspeichers, zum anderen der Maschinenbefehlssatz und die verfügbaren Maschinendatentypen. Außerdem zählt auch die Ein-/Ausgabeorganisation dazu. Instruktions-Satz-Architekturen teilt man ein in:

>CISC-ARCHITEKTUREN (complex instruction set computer) und
>RISC-ARCHITEKTUREN (reduced instruction set computer).

Eine gute ISA ermöglicht unterschiedliche Implementierungen in Form unterschiedlicher Hardware-System-Architekturen mit unterschiedlichen Preis-/Leistungsverhältnissen. Sie ermöglicht u.a. auch, Fortschritte in der Entwicklung der Rechnertechnologie auszunutzen, ohne daß an ihr Änderungen vorzunehmen sind.

Unter SYSTEMARCHITEKTUR versteht man die Architektur des Gesamtsystems, d.h. der Hardware und der Software. Sie läßt sich am besten durch ein sogenanntes SCHICHTENMODELL beschreiben, welches die Systemarchitektur als Hierarchie funktionaler Schichten (oder Ebenen) darstellt. Jede dieser Schichten, die in Hard- oder Software realisiert sein können, bietet der nächsthöheren über eine Schnittstelle einen schichtenspezifischen Satz von Funktionen (Operationen) an. Beispiele für Schichten, die der Hardware zugeordnet werden, sind die physikalische Schicht (Transistorebene), die logische Schicht (Gatterebene), die Mikroprogamm-Ebene und die Maschinen(programm)-Ebene (Bild 1.2). Softwareschichten sind die Betriebssystemebene, die Sprachebenen und die Anwendungsebenen. Eine durch Software realisierte Schicht nennt man auch eine VIRTUELLE MASCHINE. Virtuelle Maschinen stellen dem Benutzer mächtigere Operationen zur Verfügung als es die in

1.1 Architektur

ihnen „eingebetteten" Maschinen zu tun vermögen, und heben dadurch deren physikalisch bedingte funktionale Beschränktheit auf; sie machen diese, wie man sagt, für den Benutzer „transparent"[1].

```
Maschinenebene

Mikroprogrammebene

Gatterebene

Transistorebene
```

Bild 1.2 Hardwareschichten

1.2 Architekturkriterien

Um den Bedürfnissen der Betreiber und Anwender möglichst entgegenzukommen, werden Rechnerarchitekturen auf bestimmte Entwurfsziele hin entworfen. Leistung, Handhabbarkeit, Verläßlichkeit, Erweiterbarkeit und Kompatibilität zu anderen Architekturen zählen ebenso dazu wie möglichst geringe Herstellungs- und Betriebskosten. Es ist offensichtlich, daß sich nicht alle diese Eigenschaften zugleich optimieren lassen. Der Rechnerarchitekt ist deshalb gezwungen, Kompromisse zu suchen. An Hand bestimmter Kriterien läßt sich beurteilen, ob und wie die erwähnten Entwurfsziele berücksichtigt wurden (Bild 1.3). Dazu zählen Fragen wie: Wurde der Rechner aus möglichst unabhängigen Teilsystemen, sogenannten Modulen, aufgebaut (Modularität)? Stellt jedes dieser Module dem Ganzen einen ihm eigenen Satz von Funktionen zur Verfügung, wird also dieselbe Funktion nicht von mehreren Modulen erbracht (Orthogonalität)? Entsprechen Leistung und Kosten eines Moduls seiner Bedeutung für das Ganze (Angemessenheit)? Wurde die physikalische Beschränkung, der die Hardwaremodule unterliegen, für den Benutzer aufgehoben (Virtualität)? Beispiel: Virtueller Speicher. Läßt sich aus einem Teil der Architektur,

---

[1] Transparent im Sinne von „unsichtbar" - und nicht im Sinne von „verständlich" - eher das Gegenteil!

z.B. einem Teil des Instruktionssatzes, auf die Funktion anderer Teile schließen (Symmetrie)? Und schließlich, wurden „unwichtige" Organisationsdetails vor dem Benutzer verborgen (Transparenz)? Beispiel: Transparenter Coprozessor.

```
Modularität

Orthogonalität

Angemessenheit

Virtualität

Symmetrie

Transparenz
```

Bild 1.3 Entwurfskriterien

Es gibt unterschiedliche Formen der Transparenz. Zugriffstransparenz ermöglicht die Benutzung identischer Operationen für den Zugriff auf unterschiedliche Medien, z.B. auf Hauptspeicher, Massenspeicher oder Netzwerk. Ortstransparenz läßt auf Daten zugreifen, ohne wissen zu müssen, wo diese sich befinden. Replikationstransparenz verbirgt vor dem Benutzer das Vorhandensein mehrerer Kopien ein und desselben Datenobjekts. Nebenläufigkeitstransparenz erlaubt, Dienstleistungen auszulagern und nebenläufig auszuführen, ohne daß davon der Benutzer betroffen ist. Leistungstransparenz ermöglicht es, das System lastspezifisch umzukonfigurieren. Skalierbarkeitstransparenz erlaubt, das Rechensystem und die Anwendung zu vergrößern, ohne Änderungen in der Hardwareorganisation und der Software vornehmen zu müssen. Fehlertransparenz verbirgt Ausfälle von Systemkomponenten (in Hard- und Software) derart, daß das System auch bei Auftreten von Fehlern seine Aufgabe erfüllen kann. Zugriffs- und Ortstransparenz erhöhen offensichtlich die Handhabbarkeit des Systems, Replikations- und Fehlertransparenz seine Zuverlässigkeit. Skalierbarkeits- und Nebenläufigkeitstransparenz tragen zu seiner Erweiterbarkeit bei. Den Entwurfszielen Leistung und Verläßlichkeit wird unsere besondere

1.2 Architekturkriterien

Aufmerksamkeit gelten. Dabei werden Virtualität und Transparenz eine wichtige Rolle spielen.

1.3 Bewertung von Rechnerarchitekturen

Bewerten heißt überprüfen, ob eine Architektur die vorgegebenen Entwurfskriterien erfüllt. Das Ziel dabei ist, Schwachstellen aufzuzeigen und unterschiedliche Architekturen miteinander zu vergleichen - sofern dafür eine Vergleichsbasis gegeben ist, z.B. dasselbe Anwendungsgebiet. In [Wald95, Kapitel 3 und 12] wird die Rolle der Bewertung bei der Konzeption neuartiger Hardware- und Softwarestrukturen, bei der Realisierung von Rechnerkomponenten und -familien, bei der Auswahl einer Konfiguration durch den Planungsingenieur oder bei der Feinabstimmung eines Rechensystems durch den Systemanalytiker näher beleuchtet.

Eine Bewertung erfordert zunächst, daß Bewertungsgrößen für Struktur- und Organisationskonzepte und Methoden zur Bestimmung dieser Größen bereitgestellt werden. Falls noch kein Rechner der betrachteten Architekturklasse existiert, sind Funktion und Zusammenwirken der Rechnerkomponenten erst zu modellieren. Dann können die Bewertungsgrößen durch Simulation oder analytische Berechnung bestimmt werden. Bei einem bereits existierenden Rechner lassen sich die Bewertungsgrößen auch durch Messungen bestimmen. Man unterscheidet demzufolge zwischen Architektur- und Systembewertung. Die Architekturbewertung ermittelt, inwieweit die Rechnerarchitektur die vorgegebenen Entwurfsziele erfüllt. In der Regel wird sie vorgenommen, noch bevor ein Rechner der Architekturklasse realisiert ist. Bei der Systembewertung wird das realisierte System bewertet.

1.3.1 Systembewertung

Die Systembewertung beurteilt das System nach denselben Kriterien wie die Architekturbewertung. Darüber hinaus wird sein Verhalten in der Einsatzumgebung studiert. Man unterscheidet hierbei zwischen Verifikation, Evaluierung und Validierung (Bild 1.4).

- Durch VERIFIKATION wird die Korrektheit der Systemimplementierung hinsichtlich der Spezifikation überprüft.
- Durch EVALUIERUNG werden die Systemeigenschaften anhand von meßtechnisch erfaßten Daten beurteilt.

- Durch VALIDIERUNG wird die Fähigkeit des Systems beurteilt, Benutzeranforderungen in der Einsatzumgebung adäquat zu erfüllen.

```
┌─────────────────────────────────────┐
│                                     │
│            Verifikation             │
│                                     │
│            Evaluierung              │
│                                     │
│            Validierung              │
│                                     │
└─────────────────────────────────────┘
```

Bild 1.4 Bewertungsmaßnahmen

Verifikation beschäftigt sich also mit der Frage: „Wurde das System richtig implementiert?", Evaluierung mit der Frage: „Was kann das System leisten?" und Validierung mit der Frage: „Wurde das richtige System implementiert?". Die Zuverlässigkeitsbewertung als Teil der Evaluierung versucht u.a. die Frage zu beantworten: „Wie lange werden wir das richtige System haben?". Die Verifikation kann, im Prinzip wenigstens, formal geschehen, d.h. durch rigoros geführte Beweise. Dazu muß eine präzise und vollständige, formale Spezifikation des Systems vorliegen. Man geht dann schrittweise vor und zeigt, daß die Merkmale einer Implementierungsebene auf die nächst niedrige Implementierungsebene - entstanden durch Hinzufügen weiterer Entwurfs- und Implementierungsdetails - korrekt abgebildet wurden.

Die Systembewertung nimmt eine zentrale Stellung innerhalb der systemorientierten, praktischen und technischen Informatik ein. Sie ist auch die Grundlage für die Gewährung von Gütegarantien (Zertifikate), die zurecht eine immer wichtigere Rolle spielen, denn mit dem zunehmenden Vordringen von Rechnersystemen in allen Anwendungsbereichen können Fehler zu hohen finanziellen Verlusten, Sachschäden und Schäden an der Gesundheit von Menschen führen. Grundlage der Zertifikation sind Normen (DIN/ISO), die auch die Richtlinien für die Systembewertung abgeben.

1.3.2 Architekturbewertung

Die wichtigsten Zielvorgaben, die an eine Rechnerarchitektur gestellt werden, betreffen die Kosten, die Leistung und die Verläßlichkeit des zu realisierenden Sy-

1.3 Bewertung von Rechnerarchitekturen

stems. Dementsprechend umfaßt die Architekturbewertung eine Machbarkeits-, eine Leistungs- und eine Verläßlichkeitsanalyse.

Leistungsbewertung

Ziel der Leistungsbewertung ist es, die Rechner- bzw. Systemarchitektur hinsichtlich vorgegebener Leistungskriterien zu bewerten, die ausdrücken, mit welcher Geschwindigkeit Anwendungen bearbeitet werden. Solche Bewertungsgrößen sind z.B.

Raten: maximale MIPS (Millionen Instruktionen pro Sekunde)
 maximale MFLOPS (Millionen Gleitkomma-Operationen pro Sekunde)
 maximale Anzahl der E/A-Operationen pro Sekunde

Bandbreiten: z.B. maximale Speicherbandbreite (Anzahl der übertragenen Dateneinheiten pro Zeiteinheit)

Für den Rechnerbenutzer sind aber weniger die Maximalwerte als die wirklich erzielbaren Werte maßgebend, die zudem immer auch in Relation zu den anderen Systemgrößen, wie Kosten oder Zuverlässigkeit, gesehen werden müssen. Als Bewertungsmethoden stehen Meßverfahren (Monitoring), modellbasierte (Analyse und Simulation) oder auch wissensbasierte Verfahren (z.B. Expertensysteme) zur Verfügung. Die wichtigsten, die Leistung beeinflussenden Faktoren sind, neben der Hard- und Software-Architektur, die verwendete Technologie und die Systemzuverlässigkeit. Daneben hängt die erzielte Leistung aber auch von der verwendeten Programmiersprache, der Compilertechnologie und nicht zuletzt von den Fähigkeiten des Programmierers ab.

Wie jedes komplizierte technische System muß auch ein Rechnersystem ausbalanciert sein, d.h. es muß ein ausgewogenes Verhältnis zwischen den Systemgrößen herrschen. Andernfalls können Flaschenhälse (bottlenecks) entstehen, die das Kosten/Leistungsverhältnis verschlechtern. Ob eine Architektur ausbalanciert ist oder nicht, läßt sich anschaulich durch ein sogenanntes KIVIAT-DIAGRAMM darstellen. In einem solchen Diagramm wechseln sich jeweils Bewertungsgrößen ab, für die ein großer Wert positiv, mit solchen, für die er negativ ist. Dabei ist es wichtig, die richtige Maßstabswahl zu treffen. Bild 1.5 zeigt ein Kiviat-Diagramm für ein gedachtes Multiprozessorsystem. An der Asymmetrie erkennt man die Nichtausgewogenheit der bewerteten Architektur. Amdahls Forderung (aus dem Jahre 1967!) an ein ausbalanciertes Rechensystem lautete:

$$\frac{\text{CPU} - \text{Geschwindigkeit}}{\text{MIPS}} = \frac{\text{Speichergröße}}{\text{MByte}} = \frac{\text{Speicherbandbreite}}{\text{MBits}/\text{sec}}$$

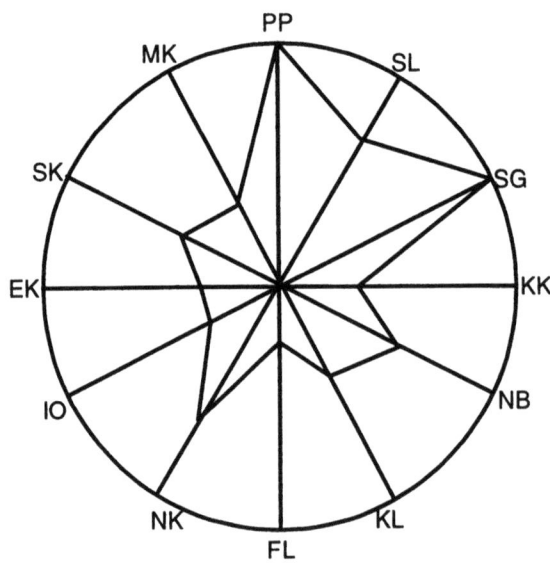

PP	Prozessorleistung	FL	Flexibilität im Verbindungsaufbau
SL	Speicherlatenz	NK	Netzwerkkosten
SG	Speichergröße	IO	Eingabe-/Ausgabeleistung
KK	Knotenkosten	EK	Energieaufnahme
NB	Netzbandbreite	SK	Skalierbarkeit
KL	Kommunikationslatenz	MK	Verwaltungsaufwand

Bild 1.5 Kiviat-Diagramm

Wir wollen nun ein bestimmtes, repräsentatives Programm betrachten, bei dem abhängig von den Eingabedaten im Mittel *IC* Befehle ausgeführt werden (*IC* instruction count). Zur Beurteilung der Leistung eines Rechners (hinsichtlich dieses Programms) ist die sogenannte *CPU-Zeit* aussagekräftiger als irgendwelche Raten, da sie eine lastabhängige Bewertungsgröße darstellt. Sie ist nämlich eine Funktion des Lastparameters *IC* sowie der Zykluslänge *l* (mittlere Zykluslänge, falls diese von Befehl zu Befehl variiert) und der mittleren Anzahl von Zyklen *CPI* (cycles (ticks) per instruction), die ein Maschinenbefehl des Rechners benötigt. Im Mittel benötige also ein Maschinenbefehl für seine Ausführung $l \times CPI$ Zeiteinheiten. Die CPU-Zeit CPUT ist dann definiert als:

1.3 Bewertung von Rechnerarchitekturen

$$\text{CPUT} = IC \times (CPI \times l) \tag{1.1}$$

Der Kehrwert der CPU-Zeit ist die *CPU-Performanz* (CPUP):

$$\text{CPUP} = \tau / (IC \times CPI) \tag{1.2}$$

mit $\tau = l^{-1}$ der Taktrate. Die CPU-Performanz kann als mittlerer CPU-Durchsatz, d.h. mittlere Anzahl der abgearbeiteten Programme pro Zeiteinheit, interpretiert werden.

Bei gegebenem Programm ist *IC* abhängig von der ISA und zudem von der Hardwareorganisation. Die Taktrate τ ist von der verwendeten Technologie abhängig. Sie ist aber auch durch die Hardwareorganisation bestimmt. In *CPI* gehen sowohl die Anzahl der von den Instruktionen benötigten Prozessorzyklen als auch die der Speicherzyklen pro Instruktion ein. Der Speicherzyklus betrage (im Mittel) das k-fache des Prozessorzyklus'. Dann werden - mit p der mittleren Anzahl der benötigten Prozessorzyklen und m der mittleren Anzahl der Speicherzugriffe pro Instruktion - bis zu $CPI = p + m \cdot k$ Zyklen pro Befehl nötig[1].

Für den Vergleich von Rechnerarchitekturen wird oft auch der GESCHWINDIGKEITSGEWINN (Beschleunigung oder Speed Up) herangezogen. Der Geschwindigkeitsgewinn, den eine Beschleunigungsmaßnahme bewirkt, ist:

$$S = \text{CPU-Zeit-alt} / \text{CPU-Zeit-neu} \tag{1.3}$$

mit *CPU-Zeit-alt* gleich der CPU-Zeit *ohne* Beschleunigungsmaßnahme
und *CPU-Zeit-neu* gleich der CPU-Zeit *mit* Beschleunigungsmaßnahme.

Es seien nun T_b der beschleunigbare Teil an *CPU-Zeit-alt* und *B* der Beschleunigungsfaktor. Dann ist *CPU-Zeit-neu* gleich: *CPU-Zeit-alt* - T_b + T_b/*B*. Beschleunigungsfaktoren können die Anzahl der Pipeline-Stufen oder die Anzahl der nebenläufigen Verarbeitungswerke sein. Mit $\beta = T_b / \text{CPU-Zeit-alt}$, dem beschleunigbaren relativen Zeitanteil, gilt dann:

$$S = \frac{1}{1 - \beta + \beta/B}$$

Dies ist das sogenannte Amdahlsche Gesetz [Amda67]; Grenzfälle sind $S = B$ für $\beta = 1$ und $S = 1$ für $\beta = 0$.

---
[1] Speicher- und Prozessorzyklen können sich aber teilweise überlagern.

CPUT und somit auch der Speed Up sind, wie gesagt, lastabhängige Leistungsgrößen. Weitere lastabhängige Leistungsgrößen sind z.B.:

- Der MITTLERE DURCHSATZ (throughput). Dies ist die mittlere Anzahl von Aufträgen, die pro Zeiteinheit ausgeführt werden. Ein solcher Auftrag kann die Ausführung einer Instruktion oder eines Programms (Job), das Abspeichern eines Datenblocks oder das Übertragen einer Botschaft sein.
- Die MITTLERE ANTWORTZEIT (response time). Dies ist die mittlere Zeitspanne bis ein Auftrag ausgeführt ist.
- Die AUSLASTUNG (utilization). Dies ist der mittlere (effektive) Durchsatz dividiert durch den maximal möglichen Durchsatz.
- Das AUSLASTUNGSVERHÄLTNIS (utilization ratio). Dies ist das Verhältnis der Zeit, die mit nützlicher Arbeit verbracht wird, zur gesamten Betriebsdauer.

In der Regel wird man solche Größen durch Messungen am System zu bestimmen versuchen. Messen sollte das System möglichst wenig stören, was am ehesten mit einem Hardwaremonitor erreicht werden kann. Oft aber erfolgt die Messung durch Instrumentieren eines Programms, d.h. durch Einfügen von messenden Anweisungen in den Programmcode (Bild 1.6). Schleifen- oder Zeitzähler sind typische Beispiele dafür. Das Instrumentieren kann durch den Anwender selbst, den Compiler, die Laufzeitbibliothek oder das Betriebssystem erfolgen.

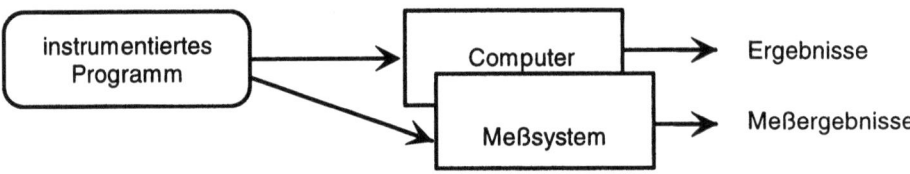

Bild 1.6 Instrumentierung

Während Definition (1.1) „für den Prozessor-Designer sehr wesentlich ist, ist sie doch für den Computerkunden nicht direkt brauchbar, denn sowohl IC als auch CPI sind stark von dem Programm abhängig, das zugrundegelegt wird; für eine allgemeine Formel kann man nur mit Mittelwerten rechnen. Ein solcher Mittelwert müßte aus einem oder mehreren repräsentativen Programmen gewonnen werden; und wenn man dies hat, dann kann man auch gleich ein solches Programm als "Benchmark-Programm" nehmen, d.h. seine Ausführungszeit auf mehreren Systemen messen und vergleichen" *R. Weikert* [Bode90].

1.3 Bewertung von Rechnerarchitekturen

Vergleichende Messungen werden also oft unter Zuhilfenahme von Benchmarks, Kernprogrammen oder Scripts durchgeführt [Dong87]. Benchmarks sind Sammlungen ausgewählter Programme oder Programmteile, deren Auswahl auf konkreten Lastprofilen beruht. Sie dienen als Entscheidungshilfen beim Rechnerkauf und für das Offenlegen von Leistungsengpässen einer Architektur, aber auch für die leistungsbewußte Entwicklung von Anwendungen.

Verläßlichkeitsbewertung

Verläßlichkeit eines Systems bedeutet objektiv, daß Systemfehler nicht zu Ausfällen führen und keine Gefahr heraufbeschwören, subjektiv die Gewißheit des Betreibers, daß er davor geschützt ist. Zur Verläßlichkeit zählen Sicherheit - d.h. die Verläßlichkeit im Hinblick auf das Vermeiden katastrophaler Folgen durch Fehlverhalten des Systems, Schutz vor mißbräuchlichen Eingriffen und Zuverlässigkeit, d.h. Verläßlichkeit im Hinblick auf ein kontinuierliches, korrektes Erbringen der geforderten Dienstleistung. Hinsichtlich Rechnerarchitekturen ist vor allem die Bewertung der Zuverlässigkeit von Bedeutung. Da aber Fehler und Fehlverhalten eines Rechners sehr komplex sein können, ist man dabei meist auf Wahrscheinlichkeitsanalysen angewiesen.

Die wichtigsten Zuverlässigkeitsmaße sind die Überlebenswahrscheinlichkeit, die Verfügbarkeit und der Verfügbarkeitsfaktor.

- Die ÜBERLEBENSWAHRSCHEINLICHKEIT $R(t)$ (Zuverlässigkeit, reliability) ist die Wahrscheinlichkeit, daß das System im Zeitintervall $[0, t]$ fehlerfrei bleibt, unter der Voraussetzung, es war zum Zeitpunkt 0 intakt.

- Die VERFÜGBARKEIT $A(t)$ (availability) ist die Wahrscheinlichkeit, daß das System zum Zeitpunkt t funktionsbereit ist, wobei davor beliebig viele Ausfälle und Reparaturen stattgefunden haben können.

- Der VERFÜGBARKEITSFAKTOR A ist das Verhältnis der (mittleren) Intaktzeit zur gesamten (mittleren) Betriebszeit des Systems.

Auf die Bestimmung der Leistung und Zuverlässigkeit von Rechnerarchitekturen an Hand von Modellanalysen wird in Anhang A näher eingegangen.

2 Klassifizierung von Rechnerarchitekturen

„Eine Klassifizierung zerlegt eine Menge von Objekten in Klassen aufgrund geeignet gewählter Merkmale und es muß dabei weder eine Hierarchie noch eine Ordnung begründet werden. Mit anderen Worten: Der Zweck einer Klassifizierung ist erfüllt, wenn annähernd gleiche Objekte der gleichen Klasse und hinreichend verschiedene Objekte verschiedenen Klassen zugewiesen werden" W. *Giloi* [Gilo93].

So einfach sich dies auch anhören mag, für Rechnerarchitekturen sind geeignete Klassifizierungen nur schwer aufzustellen. Als erstes sind Klassifizierungsmerkmale zu bestimmen - abgeleitet von den Anforderungen des Benutzers, den Entwurfszielen des Architekten und dem Operations- und dem Strukturkonzept des Rechners. Sodann sind Klassifizierungsschemata zu entwickeln und die existierenden Architekturen nach den Klassifizierungsmerkmalen einzuordnen.

Rechnerarchitekturen lassen sich nach vielen Gesichtspunkten klassifizieren, so u.a. nach Leistung, Spezialisierung, Benutzeranforderungen, Anwendungsgebieten, Rechnerfamilien oder strukturellem Aufbau. Die bekanntesten Klassifizierungsschemata sind: das Flynnsche Schema, ECS (Erlanger Classification Scheme) und PMS (Prozessor-Memory-Switch Scheme).

Das Flynnsche Schema klassifiziert Rechnerarchitekturen nach der Anzahl der vorhandenen Datenströme (SD single data stream, MD multiple data stream) und der Anzahl der vorhandenen Instruktionsströme (SI single instruction stream, MI multiple instruction stream). Daraus lassen sich die Kombinationen SISD, SIMD, MISD und MIMD bilden. Sie bezeichnen, mit Ausnahme von SISD, Klassen von Parallelrechnern. Diese unterscheidet man u.a. nach der Art der Parallelverarbeitung (Phasenparallelität oder Nebenläufigkeit) und der Ebene der Parallelität (Instruktions-, Prozeß- oder Jobebene). Parallelität auf Instruktionsebene findet man bei SIMD-Rechnern und den sogenannten Datenflußrechnern, aber auch bei modernen SISD-Rechnern. MIMD-Rechner verwirklichen Parallelität auf Prozeßebene. Parallelität auf Jobebene besteht hauptsächlich bei Mainframes, Workstation-Clustern oder Multi-Vektorrechnern.

Desweiteren unterscheidet man Parallelrechner nach der Art der Kommunikation zwischen ihren Verarbeitungseinheiten. Bei einem speicher- oder enggekoppelten Parallelrechner (Multiprozessor) haben alle Verarbeitungseinheiten Zugriff auf einen zentralen oder verteilten gemeinsamen Hauptspeicher. Bei einem losegekoppelten

Parallelrechner (Multicomputer) gibt es keinen gemeinsamen Hauptspeicher. Jede Verarbeitungseinheit besitzt ihren privaten (lokalen) Speicher. Statt von loser Kopplung spricht man auch von Botschaften- oder Nachrichtenkopplung.

Parallelrechner bestehen aus mehr als einer Verarbeitungseinheit. Sind diese Verarbeitungseinheiten alle gleich, hat man einen homogenen, andernfalls einen heterogenen Parallelrechner vor sich. Haben die Verarbeitungseinheiten eines Parallelrechners alle die gleiche Funktion (insbesondere das gleiche Betriebssystem), spricht man von einem symmetrischen, andernfalls von einem asymmetrischen Parallelrechner. SMP-Rechner (symmetric multiprocessors) sind enggekoppelte, homogene, symmetrische Parallelrechner. Unter einem Cluster versteht man oft ein lokales Rechner-Netzwerk (LAN local area network) mit einem leistungsfähigen Verbindungssystem, so daß es auch zur beschleunigten Bearbeitung einer einzigen Anwendung eingesetzt werden kann.

Für das folgende ist es wichtig, bei den Verarbeitungseinheiten eines Parallelrechners zwischen PROZESSORELEMENT und PROZESSOR zu unterscheiden. Ein Prozessor ist ein HW-Betriebsmittel, das autonom sowohl den Programmfluß steuern als auch die Operationen des Programms ausführen kann. Ein Prozessorelement ist ein HW-Betriebsmittel, das nichtautonom nur die Operationen eines Programms ausführt. Parallelität liegt vor, wenn Prozessoren oder Prozessorelemente mehrere Instruktionen gleichzeitig ausführen.

2.1 SISD-Architekturen

Das Operationsprinzip der SISD-Rechner ist die sequentielle Progammabarbeitung durch einen einzigen Prozessor, d.h. diesem Prinzip liegt die zentrale Steuerung durch ein Steuerwerk (Leitwerk) und die zentrale Verarbeitung durch ein Rechenwerk (Datenwerk) zugrunde. SISD-Architekturen sind entweder Princeton- oder Harvard-Architekturen.

- Die Princeton-Architektur (von Neumann Rechner) spezifiziert für Operanden und Instruktionen einen gemeinsamen Speicher und eine gemeinsame Speicher-Prozessorverbindung.

- Die Harvard-Architektur sieht dagegen getrennte Speicher und Verbindungen für Operanden und Instruktionen vor.

Abstrakte Maschinenmodelle wie die RAM (random access machine) können herangezogen werden, um solche Architekturprinzipien zu studieren. SISD-Rechner bilden die (heute noch) am häufigsten anzutreffende Architekturklasse. Man bezeichnet sie auch als Mono- oder serielle Rechner, obwohl sie - wie sich zeigen wird - durchaus intern Parallelität besitzen können. Die MISD-Klasse enthält keine realisierten Beispiele[1]. Die restlichen beiden Klassen beziehen sich auf Parallelrechner: SIMD- und MIMD-Rechner. Bei Parallelrechnern wird das Sparsamkeitsprinzip der SISD-Architektur zu Gunsten von Leistungssteigerung aufgegeben. Besteht dafür überhaupt eine Notwendigkeit? In Kapitel 8 wird versucht, auf diese Frage eine Antwort zu geben. Das Operationsprinzip von SIMD- und MIMD-Rechnern ist die Programm- und/oder die Datenparallelität. Programmparallelität setzt mehrere Kontrollflüsse, Datenparallelität mehrere Datenflüsse voraus.

2.2 SIMD-Architekturen

Zu den SIMD-Rechnern zählen sowohl die VEKTORRECHNER als auch die sogenannten FELDRECHNER. Vektorrechner (Bild 2.1) besitzen prozessorinterne Parallelität und zwar in Form einer oder mehrerer Pipelines (Kapitel 5) für Vektoroperationen.

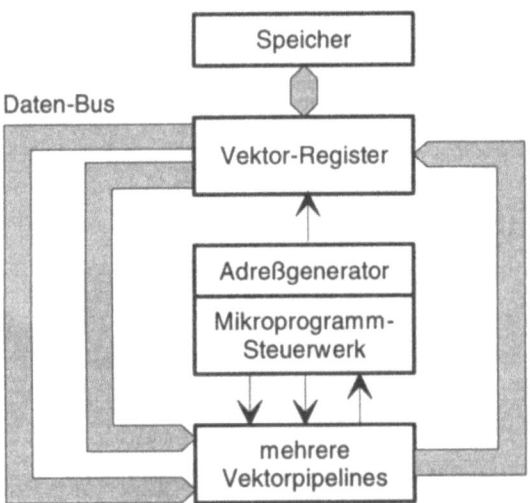

Bild 2.1 Struktur eines Vektorrechners

---

[1] Es sei denn, man will bestimmte Makropipelines oder Systolische Arrays darunter zählen.

2.2 SIMD-Architekturen

Wenn mehrere Vektorprozessoren zu einem homogenen, enggekoppelten Parallelrechner verbunden sind, spricht man von einem Multi-Vektorrechner. Die besonderen Merkmale dieser Architekturklasse sind: Parallelisierung nach dem Fließbandprinzip (Pipelines), extrem leistungsfähige, aber teuere Prozessoren (Hochgeschwindigkeits-Technologie), große Speicher und hohe Speicherübertragungsraten. Beispiele für diese Architekturklasse liefern die Vektorrechner der Firmen CRAY, NEC und Hitachi.

Feldrechner (Bild 2.2 processor arrays) besitzen viele von einem einzigen Steuerwerk gesteuerte Prozessorelemente. Die besonderen Merkmale dieser Architekturklasse sind zum einen die hohe Parallelisierung nach dem Nebenläufigkeitsprinzip, und zum anderen die strenge Synchronisation der Prozessorelemente, d.h. zu einem gegebenen Zeitpunkt führen alle Prozessorelemente dieselbe Instruktion aus. Beispiele für Feldrechner sind: MasPar und CM2.

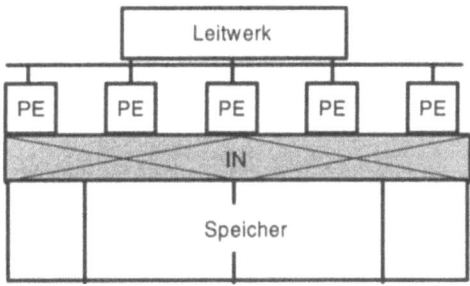

IN Verbindungsnetzwerk zwischen Speicher und Prozessorelementen

Bild 2.2 Struktur eines Feldrechners

2.3 MIMD-Architekturen

Das Operationsprinzip von MIMD-Rechnern besteht in nebenläufigen Kontrollflüssen, d.h. in paralleler Steuerung und Verarbeitung durch mehrere Prozessoren, die über gemeinsame Variable oder über Botschaften kommunizieren. Die Kopplung wird durch Busse oder Verbindungsnetzwerke hergestellt (interconnection network, interconnect, Bild 2.3). Die Leistung eines Parallelrechners hängt natürlich stark von der seines Verbindungssystems ab. Ein Bus besteht aus einem System von Leitungen, über das Daten ausgetauscht werden können, und stellt ein gemeinsames Kommunikationsmedium für mehrere Prozessoren dar. Verbindungsnetzwerke können statisch oder dynamisch sein. In statischen Netzwerken sind die Verarbeitungselemente (Knoten) direkt miteinander verbunden und führen den Verbindungsaufbau selbst durch. In dynamischen Netzwerken gibt es zwischen den Netzwerkknoten keine direkten Verbindungen. Die Knoten sind vielmehr mit Schaltelementen (Router) verbunden, die für den Verbindungsaufbau zuständig sind.

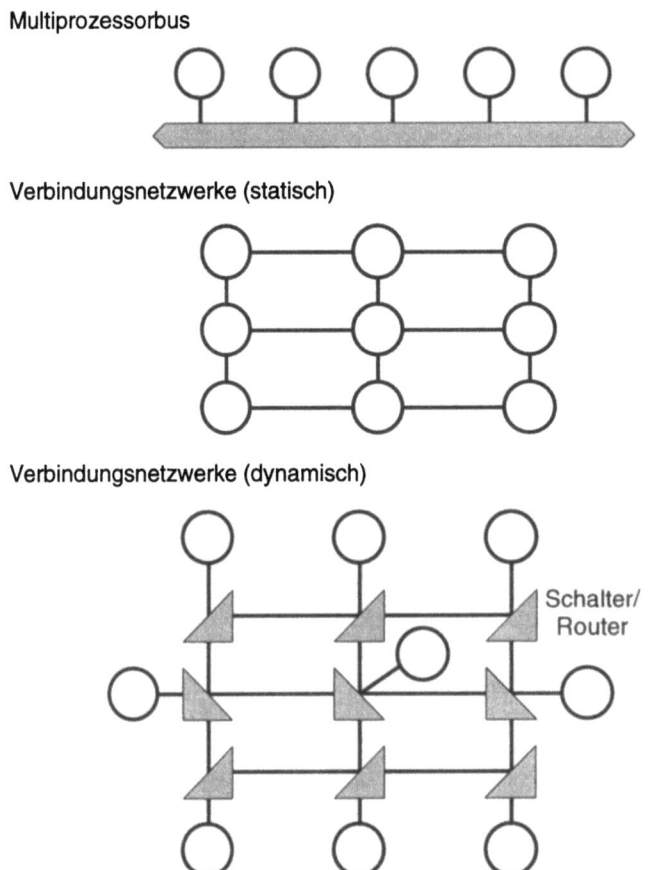

Bild 2.3 Verbindungsstrukturen

Das sogenannte BENES-NETZWERK ist ein Beispiel für ein dynamisches Verbindungsnetzwerk (Bild 2.4). Benes-Netzwerke (BN) sind rekursiv definiert. Das Grundelement ist ein 2×2 Crossbar (Kreuzschienenverteiler). Aus diesem läßt sich ein 4×4 Netzwerk und daraus wiederum ein 8×8 Netzwerk u.s.f. immer nach dem gleichen Muster aufbauen. Für $N=2^a$ Eingänge ergeben sich $2(log_2 N)-1$ Stufen und jede Stufe enthält $N/2$ Crossbars. Ein Benes-Netzwerk enthält also insgesamt

2.3 MIMD-Architekturen

$N(log_2N\text{-}1/2)$ Crossbars. Diese Netzwerke zeichnen sich dadurch aus, daß sie nicht blockierend sind, d.h. es gibt immer eine Einstellung der Schalter, welche die augenblicklichen Verbindungswünsche befriedigt. Ein Verbindungsnetzwerk, das zwar mit weniger Schaltern auskommt, dafür aber nicht blockierungsfrei ist, ist das sogenannte OMEGA-Netzwerk.

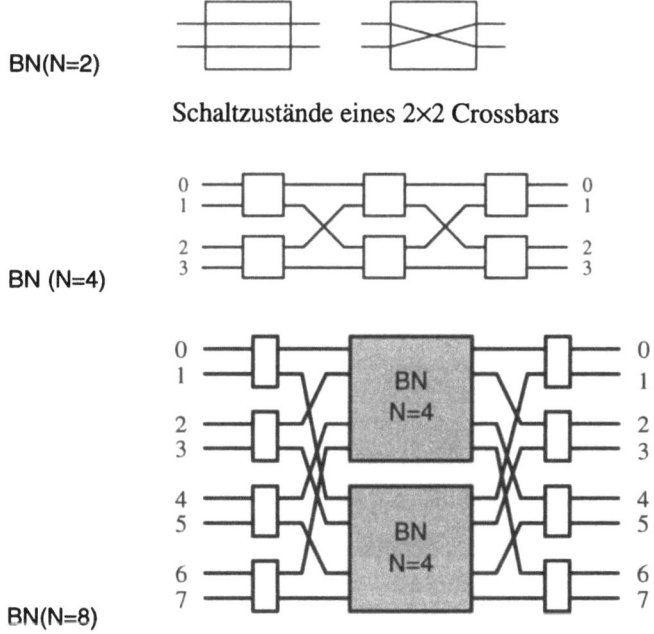

Bild 2.4 Benes Netzwerk

Verbindungssysteme lassen sich klassifizieren nach

- ihrer Verbindungstopologie: regulär, irregulär oder hierarchisch,
- der Art, wie Verbindungen aufgebaut werden: zentral oder verteilt,
- ihrem Blockierungsverhalten: blockierungsfrei, rearangierbar blockierungsfrei oder blockierend,
- ihrer Betriebsweise: synchron oder asynchron und
- der Vermittlungsart: Leitungs- oder Paketvermittlung.

Leitungsvermittlung: Bevor ein Datenaustausch erfolgt, wird eine Verbindung (Leitung) zwischen Quelle und Empfänger geschaltet, die dann exklusiv für diesen Austausch zur Verfügung steht.

28 Kapitel 2: Klassifizierung von Rechnerarchitekturen

Paketvermittlung: Die Daten werden in Teile, sog. Pakete, zerlegt und diese werden einzeln, eventuell über unterschiedliche Wege, von Schaltelement zu Schaltelement geschickt (store and forward). Dabei wird in jedem Knoten für jedes Paket eigens eine Verbindung zum nächsten Knoten geschaltet.

Das Cut-Through-Routing (Bild 2.5) kombiniert diese beiden Techniken. Der Paketkopf durchläuft sofort das Schaltelement, wenn der Ausgangsport frei ist; der Paketrest folgt dann. Er belegt eventuell gleichzeitig mehrere Schaltelemente (lokale Leitungsvermittlung und nur für Pakete).

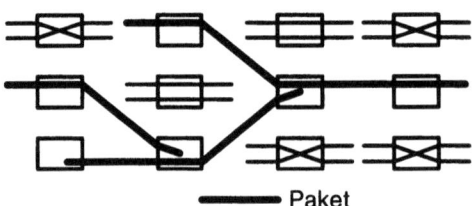

Bild 2.5 Cut-Through Routing

Über diese Verbindungsnetzwerke lassen sich die Prozessoren nicht nur untereinander, sondern auch mit Speichermodulen verbinden.

MIMD-Rechner werden, wie bereits erwähnt, auch nach der Art und Weise klassifiziert, wie die Verarbeitungselemente kommunizieren. Die beiden Kopplungsarten sind die Speicher- und die Botschaftenkopplung [Hwan93].

Bei der Speicherkopplung gibt es zwei Unterklassen (Bild 2.6):

- UMA-Architekturen mit einem zentralen Hauptspeicher und uniformem Speicherzugriff. D.h. die Speicherzugriffszeit auf jeden gemeinsamen Speicher ist für alle Prozessoren und unabhängig vom Ort des Zugriffs dieselbe (Uniform Memory Access). UMA-Maschinen besitzen als Verbindungsstruktur in der Regel ein gemeinsames Speicherbus-System oder einen Kreuzschienenverteiler.

- NUMA-Architekturen mit einem physikalisch verteilten gemeinsamen Speicher. Hier besteht kein uniformer Speicherzugriff. Die Zugriffsgeschwindigkeit hängt vom Ort des Zugriffs ab (Non-Uniform Memory Access). Als Verbindungsstrukturen werden neben Bussystemen oft auch statische oder dynamische (mehrstufige) Verbindungsnetzwerke verwendet.

2.3 MIMD-Architekturen

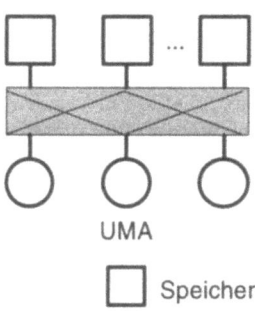
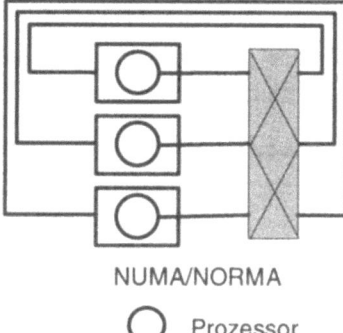

Bild 2.6 MIMD-Architekturen

Eine Sonderform der NUMA-Architektur bilden die cache-kohärenten NUMA- und COMA-Architekturen (Kapitel 8.1). Der Speicher eines COMA-Rechners (Cache Only Memory Access) besteht ausschließlich aus Caches. Alle Caches befinden sich in einem globalen Adreßraum. Der Zugriff auf entfernt liegende Caches wird durch spezielle Hardware unterstützt. Einzig bislang realisiertes Beispiel ist die KSR-2.

Rechner mit Botschaftenkopplung zählen zur NORMA-Architektur (No-Remote-Memory-Access). Die Prozessoren besitzen unterschiedliche lokale Adreßräume. Jeder Prozessor kann somit nur auf seinen lokalen Speicher direkt zugreifen. Daten anderer Prozessoren müssen explizit angefordert werden, bevor auf sie zugegriffen werden kann. Der Datenaustausch geschieht somit durch Versenden der Daten (Botschaften). Beispiele für diese Architekturklasse sind die massiv parallelen Rechner (MPP), wie der Parallelrechner PARAGON von Intel. Zur NORMA-Klasse zählen z.B. auch die Workstation-Cluster.

2.4 Weitere Architekturklassen

Weitere Rechnertypen, die sich nur schlecht in das Flynnsche Schema einordnen lassen, sind die DATENFLUßRECHNER und die SYNCHRONEN ARCHITEKTUREN, bei denen die Prozessorelemente gemeinsam getaktet werden, z.B. Systolische Felder oder Neuronale Netze.

Datenflußrechner (Kapitel 8.1) bilden eine eigene Klasse von Parallelrechnern, da ihre Ablaufsteuerung nicht auf dem Kontrollflußprinzip beruht. Einzig die Verfügbarkeit der Operanden löst die Ausführung einer Maschineninstruktion aus. Deren Resultat kann dann zur Ausführung weiterer Instruktionen führen. Die Steuerung erfolgt also durch den Datenfluß. Stehen ausreichend viele Operanden bereit (und gibt es keine Konflikte), so können mehrere Instruktionen nebenläufig ausgeführt werden (Parallelität auf Instruktionsebene).

Die einzelnen Verarbeitungselemente Systolischer Felder werden von einem zentralen Taktgeber gesteuert. Entlang der Felddimensionen findet eine pipelineartige Verarbeitung der Daten statt. Wellenfront-Felder sind eine Erweiterung Systolischer Felder. Der zentrale Takt, der bei großen Systolischen Feldern Schwierigkeiten bereitet, wird durch das Datenflußprinzip ersetzt. Sobald alle Daten einer „Wellenfront" bereitstehen, werden sie weitergereicht.

2.5 Spezielle Klassifizierungsschemata

Es seien noch kurz zwei speziellere Klassifizierungschemata für Rechnerarchitekturen vorgestellt, nämlich das ECS- und das PMS-Schema.

ECS - Erlanger Klassifizierungsschema [Händ77]

Die zwei Dimensionen des Erlanger Klassifizierungsschemas sind die Varianten des Parallelismus (Nebenläufigkeit, Phasenparallelität) und die verschiedenen Ebenen der Parallelität: Steuerung und Verarbeitung. ECS basiert auf einer Angabe der Anzahl von Leit- und Rechenwerken sowie der Anzahl von nebenläufig bearbeiteten Bitstellen pro Rechenwerk:

$$T \text{ (Rechnertyp)} = < k \times k', d \times d', w \times w' >$$

k: Anzahl der Leitwerke
k': Anzahl der Leitwerke, welche im Fließband arbeiten (Makropipelining)
d: Anzahl der Rechenwerke pro Leitwerk
d': Anzahl dieser Rechenwerke, die im Fließband arbeiten (Funktionspipelining)
w: Anzahl der nebenläufig verarbeiteten Bitstellen pro Rechenwerk
w': Anzahl der (Fließband-)Phasen einer Maschinenoperation (Pipelining des Maschinenbefehlszyklus')

PMS-Notation [Gehr87]

PMS (processor, memory, switch) ist eine Beschreibungssprache für Hardwarestrukturen. Die Beschreibung besteht aus Ausdrücken folgender Art:

$$X [a_1 : v_1; ...; a_n : v_n] \text{ ! Kommentar,}$$

2.5 Spezielle Klassifizierungsschemata

wobei X eine Strukturkomponente (Hardwarekomponente) beschreibt und a_i Attribute und v_i Attributwerte sind.

Beispiel: M[Funktion: Hauptspeicher;

Typ: RAM;

Größe: 1 MByte/Chip;

Anzahl Chips: 8 - 16;

Zykluszeit: 120 ns;

Wortbreite: 32 Bits;]!Beschreibung eines Hauptspeichers

Abkürzende Schreibweise: M_p[RAM; 1 MByte/Chip; 8-16, 120 ns, 32 Bits].

Weitere PMS-Symbole enthält die Tabelle 2.1. Eine PMS-Beschreibung wird durch Strukturdiagramme ergänzt, welche die Verbindung zwischen den Komponenten wiedergeben. Sie eignet sich auch als Ausgangspunkt für die Modellierung von Rechnerarchitekturen [Blec96].

Tabelle 2.1

Symbol	Bezeichnung	Erläuterung
C	Computer	Bezeichnung für die vollständige Beschreibung eines Rechners
P	Processor	komplexe Komponente, die in der Lage ist, ein gespeichertes Programm zu interpretieren
M	Memory	adressierbarer Speicher, der in Subkomponenten aufgeteilt werden kann
S	Switch	steuerbare Einrichtung zur Herstellung von Verbindungen zwischen Komponenten mit Adressen, Daten- und Steuerleitungen → Bus, Multiplexer
K	Control	aktive Komponente, die andere PMS-Komponenten steuert → Steuerwerk (Kontroller)
D	Data-Operation	Komponenten zur Verarbeitung von Daten → Rechenwerk
T	Transducer	Komponente zur Kommunikation zwischen Außenwelt und Computer mit Transformationen in der Darstellung von Daten
L	Link	Verbindung von Komponenten ohne Veränderung übertragener Informationen

p: primary (Haupt-); c: central; s: secundary; *I/O* Ein/Ausgabe, z.B. M_p Hauptspeicher; P_c Zentraleinheit

Diagramm 2.7 zeigt eine Feldrechnerstruktur und Bild 2.8 die Struktur eines fehlertoleranten Rechners. Er besteht aus einer Master-Checker-Konfiguration mit Verdopplung (Kapitel 5.5) und sogenannten Spiegelplatten (Kapitel 6.6); P_0 ist die Stromversorgung; L die Netzschnittstelle; HD eine Festplatte mit Plattenkontroller K und CP ein Comparator.

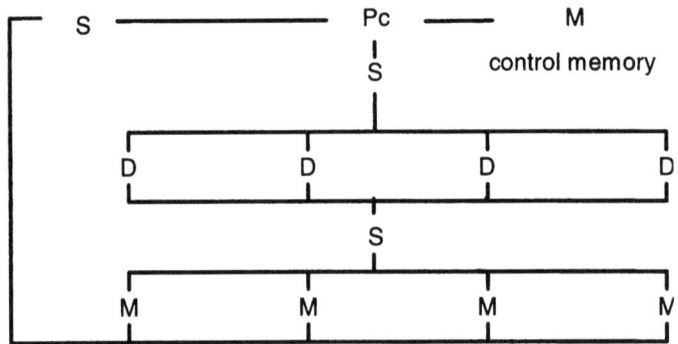

Bild 2.7 Feldrechner

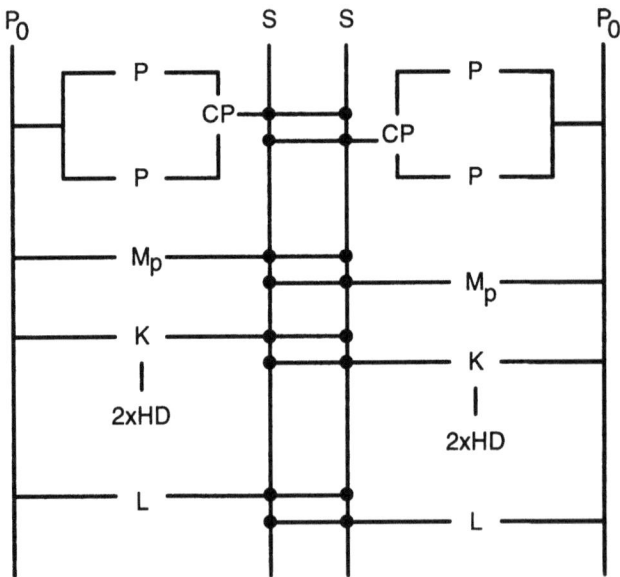

Bild 2.8 Fehlertolerante Architektur

3 Architektur und Organisation eines SISD-Rechners

3.1 SISD-Rechneraufbau

Ein SISD-Rechner besteht aus datenspeichernden und datenverarbeitenden Komponenten [Dres90, Tann90, Bähr91, Scra92, Mano93, Flik94, Unge95]. Die datenverarbeitenden Komponenten bilden den RECHNERKERN (Zentraleinheit, Prozessor). Speichereinheiten wie Caches, RAM und Peripheriespeicher machen das Speichersystem des Rechners aus. Dieses ist meist hierarchisch organisiert - nach Größe und Zugriffsgeschwindigkeit. Caches sind schnelle Pufferspeicher, die in der Regel dem Rechnerkern zugerechnet werden. Der Hauptspeicher ist dagegen eine prozessorexterne Komponente und viel größer als ein Cache. Eine Hardware, die MMU (memory management unit), unterstützt die Verwaltung des Hauptspeichers. Bei den heutigen Mikroprozessoren befinden sich neben dem Rechnerkern mit den Caches auch die MMU auf einem einzigen Chip (Bild 3.1).

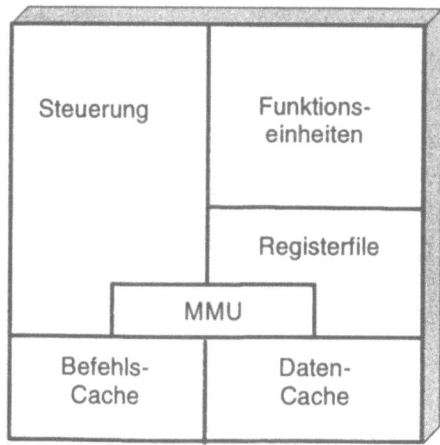

Bild 3.1 Genereller Aufbau eines SISD-Rechnerkerns

Der Rechnerkern ist in einen STEUER- und einen DATENPROZESSOR aufgeteilt (Bild 3.1). Der Steuerprozessor erzeugt die Steuersignale, Mikroorders genannt, zur Steuerung der Befehlsverarbeitung. Der Datenprozessor enthält eine Anzahl von Registern, oft als Registerfile, und eine oder mehrere Funktionseinheiten. Diese führen die Operationen aus, wie sie in den Maschinenbefehlen des Rechners spezifiziert sind. Unter ALU (arithmetic logic unit) versteht man eine Funktionseinheit für arithmetische und logische Operationen. Die Komponenten des Rechnerkerns sind über Signalleitungen untereinander verbunden. Die Verbindungsstruktur kann bus- oder multiplexer-orientiert sein (Bild 3.2 und 3.8).

Sämtliche Daten, d.h. sowohl die Operanden als auch die Instruktionen, befinden sich zunächst im Hauptspeicher, dessen Speicherzellen (mehr oder weniger) nach Belieben überschrieben werden können.

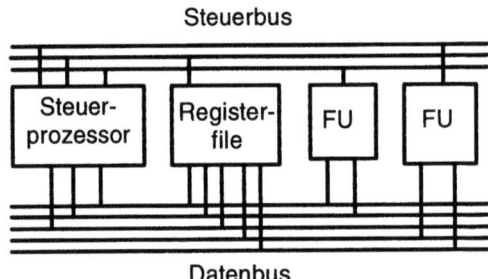

FU Funktionseinheit (functional unit)

Bild 3.2 Busorientierte Verbindungsstruktur

SISD-Rechner arbeiten sequentiell. In jedem Befehlszyklus wird höchstens ein Befehl aus dem Hauptspeicher geholt und dann ausgeführt. Dadurch entsteht ein sequentieller Kontroll- oder Steuerfluß[1]. Ein Befehlszyklus, d.h. die Folge von Aktionen, bis der nächste Befehl aus dem Hauptspeicher geholt wird, besteht also aus den Teilzyklen: Befehl holen (instruction fetch) und Befehl decodieren und ausführen (instruction execute); Bild 3.3. Weitere Charakteristika der Befehlsausführung durch einen SISD-Rechner sind - neben der Serialität - das Kontrollfluß- und das Zuweisungsprinzip.

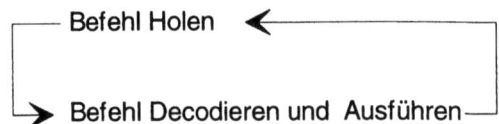

Bild 3.3 Befehlszyklus

---

[1] Man vergleiche dazu aber die superskalare Prozessorarchitektur (Kapitel 5.3)

3.1 SISD-Rechneraufbau

KONTROLLFLUßPRINZIP: Die Steuerung der Befehlsauswahl geschieht durch die Befehle selbst. D.h. jeder Befehl enthält (eventuell implizit) Information über die Adresse seines Nachfolgers. ZUWEISUNGSPRINZIP: Den Speicherzellen können immer wieder neue Inhalte zugewiesen werden, d.h. einmal verwendete Speicherzellen werden während einer Berechnung immer wieder und unterschiedlich verwendet.

SISD-Rechner werden u.a. üblicherweise klassifiziert nach:

- der Anzahl der separaten Pfade für Instruktionen und Operanden (Princeton- bzw. Harvardarchitektur),
- dem Ort, wo die Operanden für die Verarbeitung bereitstehen, z. B.
    - Speicher-Speicher-Maschine: Die Operanden werden direkt aus dem Hauptspeicher geladen. Auf schnelle Register als Zwischenpuffer für die Operanden wird hier verzichtet.
    - Virtuelle Registermaschine: Ein Teil des Hauptspeichers wird wie ein Registerfile verwendet, s. Transputer (Kapitel 4.3).
    - Register-Register-Maschine oder Load/Store-Architektur: Die Operanden müssen immer in schnellen Registern bereitstehen. Diese Architekturvariante wird im folgenden näher beschrieben.
- der Instruktionssatz-Architektur (CISC/RISC).

3.2 Instruktionssatz-Architektur

Die Instruktionssatz-Architektur (ISA) eines Rechners definiert, wie schon erwähnt, all diejenigen Aspekte der Rechnerhardware, die der Maschinenprogrammierer kennen muß, um den Rechner effizient programmieren zu können. Dies sind das Registermodell, die Maschinen-Datentypen, der Maschinenbefehlssatz, die Adressierungsarten und die Ein-/Ausgabeorganisation.

Registermodell

Prozessoren können weniger als 20 aber auch über 200 Register enthalten. Register sind nicht dafür gedacht, große Mengen von Daten über längere Zeit zu speichern. In Registern gespeicherte Daten sind aber viel schneller verfügbar als Hauptspeicherdaten. Außerdem benötigt die Benennung eines Registers nur wenige Bits im Befehl. Deshalb spezifizieren Maschinenbefehle oft Register und nicht Hauptspeicherzellen.

Sind alle Maschinenbefehle, bis auf Registerlade- und Speicherbefehle, von dieser Art, so spricht man von einer Load-Store-ISA. Man unterscheidet zwischen sichtbaren und unsichtbaren Registern. Die sichtbaren Daten- und Adreßregister bilden den eigentlichen Arbeitsbereich des Programmierers. Sie sind oft als Registerfiles (Registerfelder) realisiert. Unsichtbare Register sind Hilfsregister, die für den internen Ablauf in einer Zentraleinheit benötigt werden. Die sichtbaren (und unsichtbare) Register können unterschiedliche Funktionen haben. Das REGISTERMODELL spezifiziert diejenigen Register eines Prozessors, die für den Programmierer sichtbar, d.h. adressierbar, sind. Dies sind in erster Linie die Arbeitsregister und das Statusregister. Das Statusregister spielt unter den sichtbaren Registern eines Prozessors eine besondere Rolle. Es zeigt den Zustand des Prozessors in Form von Bedingungsbits, sogenannten Flaggen (flags) an. Im Statusregister wird z.B. der Prozessormodus, System- oder Benutzermodus, angezeigt. Zu den unsichtbaren Registern zählt das Instruktionsregister, das den Code des augenblicklich ausgeführten Befehls zwischenspeichert und so dem Steuerprozessor zur Verfügung stellt. Der Befehlszähler PC (program counter) enthält in der Regel die Adresse des als nächstes auszuführenden Befehls.

Die wichtigsten Spezialregister, die vom Steuer- oder Datenprozessor direkt benutzt werden, sind:

- das Instruktions- oder Befehlsregister (IR) zur Aufnahme des augenblicklichen Befehlscodes,
- der Befehlszähler (PC),
- das Statusregister (SR),
- der Akkumulator (AKKU) - falls vorhanden - zur Aufnahme von Berechnungsergebnissen,
- das Adreßpufferregister zur Zwischenspeicherung von Operandenadressen,
- die Speicherschnittstelle für die Übergabe eines Datums an den oder dessen Übernahme aus dem Hauptspeicher. Dafür dienen das Speicheradreßregister (SAR) und das Speicherdatenregister (SDR).

Maschinen-Datentypen

Unter einem Datentyp versteht man bekanntlich eine Menge von Werten und einen Satz von Operationen auf diesen Werten. Bei einem MASCHINEN-DATENTYP sind die Operationen des Datentyps als Maschinenbefehle implementiert. Man unterscheidet zwischen primitiven und nicht primitiven, sowie zwischen strukturierten

3.2 Instruktionssatz-Architektur

und nicht strukturierten Datentypen. Entsprechende Datentypen findet man auch in den Hochsprachen wieder.

Primitive Datentypen sind z.B.:

Bit: Wertemenge: 0, 1
 Operationen: AND, OR, ExOr, Negation, Vergleich, etc.

Byte: meist kleinste direkt adressierbare Speichereinheit
 Wertemenge: Bitmuster (8 Bits)
 Operationen: Vergleich auf Identität, Shift, bitweises ExOr, etc.

WORD: größte in einem Zugriff ansprechbare Einheit des Hauptspeichers
 Wertemenge: i.a. ein Vielfaches eines Bytes
 Operationen: wie oben

Nichtstrukturierte Datentypen sind z.B.:

Ganze Zahlen: Add, Mult, Sub, Div, Mod
(INTEGER) Vergleichsoperationen (=, >, ≥ etc.)
 Wertemenge ist endlich (z.B.: 16-Bit-Darstellung).
 Man unterscheide zwischen "signed" und "unsigned" Integer.

Fließkommazahlen: FAdd, FMult, FSub, FDiv
(FLOAT) Vergleichsoperationen

Zeichen: Vergleich auf Identität
(CHARACTER)

Als Beispiel für einen strukturierten Maschinen-Datentyp läßt sich ein Stapel (stack) nennen.

Die Werte der Datentypen können unterschiedlich dargestellt sein, z.B. in binär codierter Darstellung, in BCD-Darstellung, in Einer-/Zweierkomplement-Darstellung, oder in Betrags-/Vorzeichen-Darstellung, ASCII, EBCDIC etc.

Adressierungsarten

Ein WORT (Word) ist, wie bereits erwähnt, die größte Speichereinheit, die über eine einzige Adresse erreicht werden kann, bei Mikroprozessoren in der Regel 32 Bits groß. Ein Wort enthält mehrere Bytes, deren Adressierung relativ zur Wertigkeit der Bitstellen eines Worts erfolgt.

Maschinenbefehle enthalten meist Information über die Adressen der Operanden. Dies kann eine PHYSIKALISCHE ADRESSE sein, z.B. die Nummer eines Registers oder die Adresse einer Zelle des Hauptspeichers oder eine ADREßSPEZIFIKATION. Dies ist eine Vorschrift zur Berechnung einer Adresse.

Die Adreßinformation definiert also den Speicherplatz derjenigen Operanden, auf die sich der Befehl bezieht. Es gibt somit verschiedene Möglichkeiten, Operanden zu adressieren. Man spricht von unterschiedlichen Adressierungsmodi, z.B.

- unmittelbar: Der Operand ist im Befehl enthalten.
- speicher- und register-direkt: Die Adresse des Operanden ist im Befehl enthalten.
- register-indirekt: Die Adresse des Operanden steht in einem Register, dessen Nummer im Befehl enthalten ist. Üblicherweise wird diese Art der Adressierung in Assemblersprachen durch '(Registernamen)' ausgedrückt (Bild 3.4).
- speicher-indirekt: Bei der speicher-indirekten Adressierung wird eine Hauptspeicherzelle, die eine Hauptspeicheradresse enthält, verwendet, um über diese Adresse auf den Speicherbereich zuzugreifen.
- register-relativ: Die Operandenadressen werden als Summe aus Registerinhalt und einer Verschiebung, die im Maschinenbefehl angegeben ist, gewonnen.

Beispiel: Register-speicher-indirekt Modus (Bild 3.4). Der erste Quelloperand wird register-direkt, der zweite zweifach indirekt adressiert.

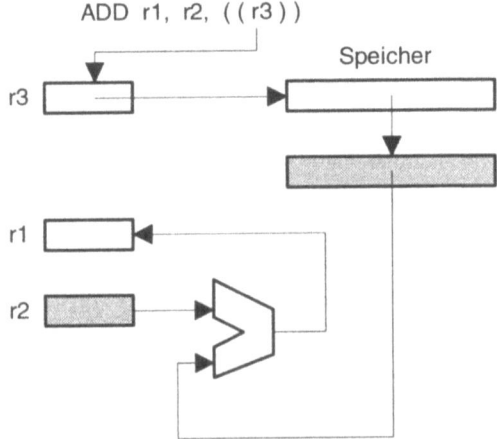

Bild 3.4 Indirekte Adressierung

3.2 Instruktionssatz-Architektur

Die EFFEKTIVE ADRESSE ist die von der Zentraleinheit (CPU) berechnete Adresse. Dies kann (muß aber nicht) eine physikalische Adresse sein.

Maschinenbefehlssatz

Der Maschinenbefehlssatz eines Rechners enthält in der Regel Befehle unterschiedlichen Formats, z.B. Ein- und Zweiadreß-Befehle. Befehle werden in sogenannte Felder aufgeteilt. Je mehr Adreßfelder ein Befehl enthält, desto kleiner ist (bei fester Befehlslänge) die Anzahl der Speicherzellen, die adressiert werden können, und/oder um so weniger verschiedene Befehle können im Operationsfeld des Befehlsformats, dem OP-Code, spezifiziert werden. Man kommt auch ganz ohne Adreßfelder aus - ausgenommen in Lade- und Speicherbefehlen. Dann beziehen sich die übrigen Befehle immer indirekt auf spezielle Register. Ein derartiger Rechner wird 0-Adreß- oder Stackmaschine genannt. Die Operanden befinden sich dort in einem Registersatz, der wie ein Stapel (stack) verwaltet wird.

Bild 3.5 zeigt typische Maschinenbefehle.

SUBc r3, r7, r21   Binärcode 11010 10101 00111 00011 1 0000000000
                    Hexcode   D54E 3800

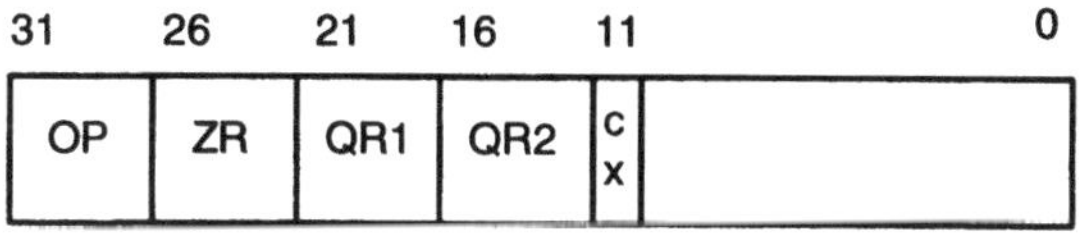

31	26	21	16	11		0
OP	ZR	QR1	QR2	c/x		

Befehlsformat: OP: Operationscode, ZR: Zielregister, QRn: Quellregister, c/x: setze / setze nicht Bedingungscode

Bild 3.5a Subtraktionsbefehl

STORE r24, 126(r5) Binärcode 00111 11000 00101 00000000001111110
                    Hexcode   3E0A007E

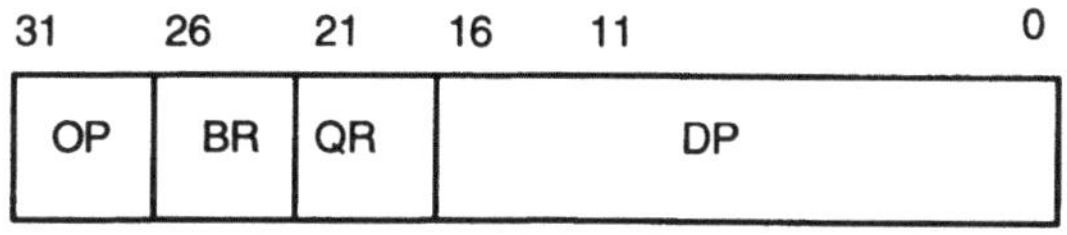

31	26	21	16	11	0
OP	BR	QR	DP		

Befehlsformat: OP: Operationscode, QR: Quellregister, BR: Basisregister
               DP: Verschiebung (displacement) mit Vorzeichen

Bild 3.5b Speicherbefehl mit register-relativer Adressierung

Der Inhalt des Quellregisters r24 wird in diejenige Speicherzelle kopiert, deren Adresse sich als Summe aus dem Inhalt des Basisregisters r5 und der Verschiebung 126 ergibt. Dabei werden die 17 Bits der Verschiebung zu 32 Bits erweitert, indem das Vorzeichenbit (Nr. 16) in die zusätzlichen Bits kopiert wird.

Hauptspeicheradressen sind Zahlen und können auch als solche behandelt werden. Damit dazu Adressen in Register übernommen werden können, enthält der Maschinenbefehlssatz in der Regel besondere Befehle. Man vergleiche dazu Anhang B4. Dort wird die Syntax einer einfachen Assemblersprache vorgestellt.

Der Maschinenbefehlssatz enthält ferner Befehle zur Steuerung des Kontrollflusses durch den Steuerprozessor. Dies sind z.B. unbedingte und bedingte Verzweigungsbefehle, Unterprogrammaufruf (call-Befehl) und Rückkehrbefehl oder der Haltebefehl.

Beispiel: CALL-Befehl, Bild 3.5c.

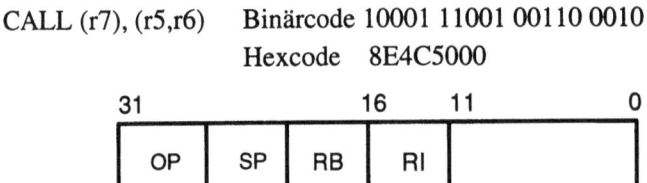

CALL (r7), (r5,r6)   Binärcode 10001 11001 00110 00101
                     Hexcode   8E4C5000

Bild 3.5c Unterprogrammaufruf

Der Inhalt des Befehlszählers wird in diejenige Speicherzelle geladen, auf die Register r7 (SP stack pointer) zeigt. Der Inhalt des Indexregisters r6 (RB) wird zu dem des Basisregisters r5 (RI) addiert. Dies ergibt die Adresse eines Befehls, die dann in den Befehlszähler geladen wird.

Für den Aufruf von - wie auch für die Rückkehr aus - Unterprogrammen besitzt also die ISA i.a. eigene Befehle, ebenso wie für den Aufruf von Routinen des Betriebssystems (Supervisor Calls oder Trap-Befehle) oder für den Aufruf einer Ausnahmebehandlung. Mit diesen Aufrufbefehlen und den unterschiedlichen Adressierungsmodi unterstützt die ISA sowohl das Sprach- (die Compiler) wie auch das Betriebssystem. Zu diesen Befehlen zählen z.B. auch Befehle, die der Synchronisation von Prozessen dienen (Kapitel 4.2).

3.2 Instruktionssatz-Architektur

Load-Store-Architektur

Je mehr Hauptspeicheradressen in einem Befehl spezifiziert sind, desto mehr Speicherzyklen erfordert die Ausführung des Befehls. In einer Load/Store-Instruktions-Satz-Architektur sind die einzigen Befehle, die Speicherzyklen erfordern, Register-Speicher- und -Ladebefehle, z.B.:

LOAD<Register,ea>; lade Register mit dem Datum in der Speicherzelle mit der effektiven Adresse ea

STORE<Register,ea>; speichere Registerinhalt in die Speicherzelle mit der effektiven Adresse ea

und eventuell auch Test-and-Set-Befehle (Kapitel 4.2). Mit diesen Befehlen werden die Register geladen bzw. Registerinhalte in den Hauptspeicher zurückgeschrieben. Alle anderen Befehle operieren nur mit Registeradressen.

Wenn ausreichend viele Register, z.B. große Registerfiles, vorhanden sind, verringert die Load/Store-Architektur die Anzahl der Hauptspeicherzugriffe und beschleunigt die Befehlsausführung. Die Register eines Registerfiles werden dazu in Blöcke, sogenannte Fenster, aufgeteilt, die jeweils von den Subroutinen eines Programms verwendet werden und sich überlappen können (MORS: multiple overlapping register set, Bild 3.6).

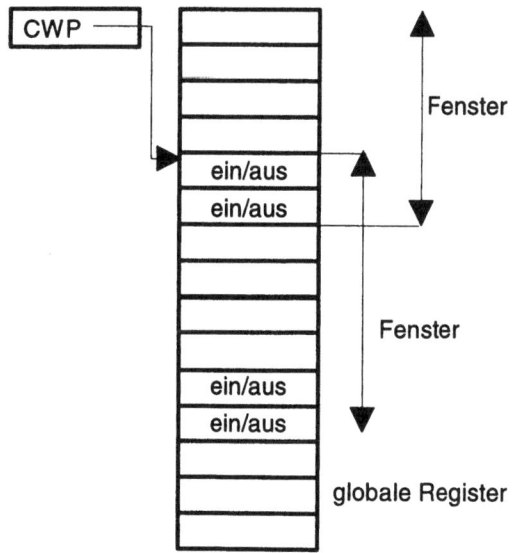

Bild 3.6 MORS

Ein solches Fenster enthält z.B. 32 Register, von denen jeweils acht zwei Fenstern zugeordnet sind. Die Register werden relativ zu einem Fensterzeiger (CWP: current window pointer) adressiert. Ein Subroutinenaufruf bedingt dann nur den Fensterwechsel. Dies vermeidet ein zeitraubendes Retten und Neuladen von Registern. Der Aufruf besteht i.w. im Retten des Befehlszählers und im Inkrementieren des Fensterzeigers. Für die Parameterübergabe werden Register im Überlappungsbereich benutzt. Auch der Inhalt des Befehlszählers (die Rückkehradresse) wird bei einem Unterprogrammaufruf in eines dieser Register übernommen. Bei einem Überlauf des MORS muß allerdings immer erst ein Fensterinhalt auf den Stack gerettet werden.

3.3 Daten- und Steuerprozessor

Die HSA des Rechnerkerns eines SISD-Rechners enthält einen steuernden und einen ausführenden Teil: den Steuer- und den Datenprozessor oder das Steuer- und das Rechenwerk. Im Datenprozessor (Rechenwerk), bestehend aus einem oder mehreren Datenpfaden, werden die einzelnen Rechenoperationen ausgeführt. Typische Komponenten eines Datenpfads sind: Busse, Register, Registerfiles, ALUs, Shifter, Multiplexer, Demultiplexer, Caches etc. Datenpfade führen Berechnungen auf Anforderung hin aus. Der Steuerprozessor (Steuerwerk, Steuereinheit, CCU: Computer Control Unit) bestimmt, wann welche Berechnungen auszuführen sind[1]. Bild 3.7 zeigt ein vereinfachtes Beispiel für eine multiplexer-basierte 3-Adreß-Load/Store-Architektur (Register-Register-Maschine). In diesem Beispiel sind getrennte Befehls- und Datenspeicher vorhanden (Harvard-Architektur). Diese können z.B. Caches sein.

Zur Befehlsausführung wird im Fetch-Zyklus die Instruktion in das Instruktionsregister IR gebracht und dann decodiert. SP ist der Steuerprozessor, der die Decodierung vornimmt. Aus der Decodierung des Befehls werden die Steuersignale für die ALU (**Op**eration) und die Multiplexer (**Select**), die Schreibsignale (**W**rite) und gegebenenfalls drei Registernummern gewonnen - zwei für einen lesenden, eine für einen schreibenden Zugriff auf das Registerfile (Drei-Tor-Registerfeld). Die ALU verknüpft zwei Operanden, die aus dem Registerfile und/oder als Teil der Instruktion geholt werden. Bei einer logisch/arithmetischen Operation wird das Ergebnis in

---

[1] Nicht immer werden beide Teile benötigt. Für reine Steueraufgaben, z.B. die Fahrstuhlsteuerung, genügt oft ein Steuerprozessor - und umgekehrt, für Aufgaben der Signalverarbeitung genügt oft ein Datenprozessor.

3.3 Daten- und Steuerprozessor

das Registerfile zurückgeschrieben. Bei einer LOAD-Instruktion berechnet die ALU aus den Operanden die effektive Adresse. Der Inhalt der so adressierten Speicherzelle wird in das Registerfile gebracht. Bei einer STORE-Instruktion ist dagegen eventuell zuvor die Berechnung der effektiven Adresse erforderlich. Die ALU erzeugt zudem Flaggenwerte (CC: Condition Codes), die vom Steuerprozessor ausgewertet werden können. Im Befehlszähler PC steht die Adresse des als nächsten auszuführenden Befehls. Im Normalfall wird er automatisch inkrementiert (+).

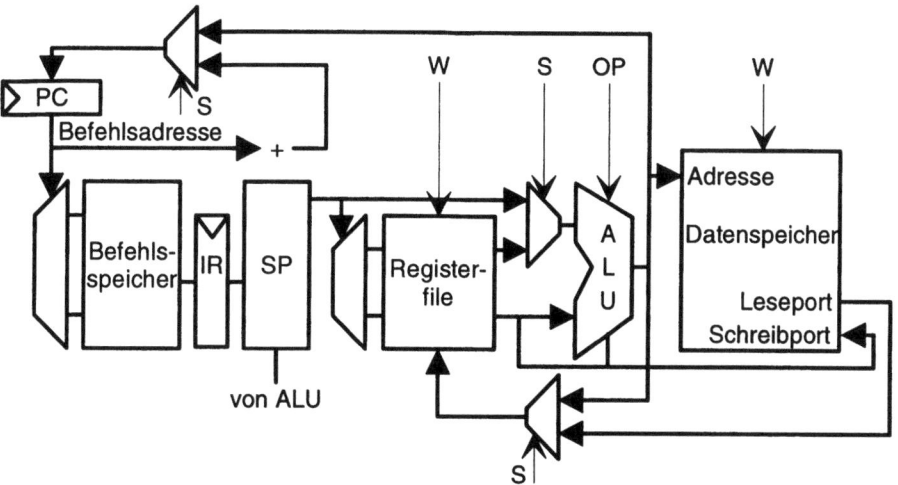

Bild 3.7 Register-Register-Maschine

In Kapitel 5 wird gezeigt, wie sich dieser Datenpfad zu einer Pipeline (einem Fließband) umgestalten läßt. Dazu wird der Befehlszyklus in einzelne Phasen aufgeteilt und für jede Phase wird ein eigenes Ausführungswerk (Pipelinestufe) bereitgestellt. Bei einer einfachen Befehlsdecodierung, d.h. unter anderem, wenn nur wenige unterschiedliche Befehlsformate verwendet werden, sind effiziente Pipelines möglich.

Die (Mikro-) Architektur von Universal- und Signalprozessoren unterscheidet sich vor allem in deren Datenpfad. Für manche Aufgaben der Signalverarbeitung ist ein eigenes Steuerwerk überhaupt nicht nötig. Bild 3.8 zeigt einen Teil eines typischen, multiplexerbasierten Datenpfads eines Signalprozessors. Dieser Datenpfad ist für die Ausführung bestimmter rekursiver Algorithmen der Signalverarbeitung ausgelegt.

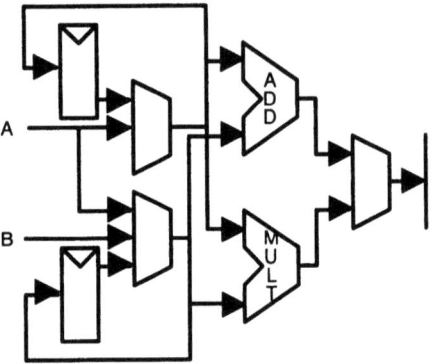

Bild 3.8 Ein Datenpfad

Das nächste Bild (Bild 3.9) zeigt den prinzipiellen Aufbau eines MIKROPROGRAMMIERTEN STEUERPROZESSORS. Die wichtigsten Bestandteile sind: der Mikroprogrammspeicher µPS - ein Festwertspeicher (ROM), der Mikrobefehlszähler µBZ, das Mikroinstruktions- oder Pipelineregister µIR und der Sequenzer. IR ist das Instruktionsregister für den auszuführenden Maschinenbefehl. Ein Decoder oder „mapping ROM" D bildet Op-Codes auf Mikroprogrammadressen ab.

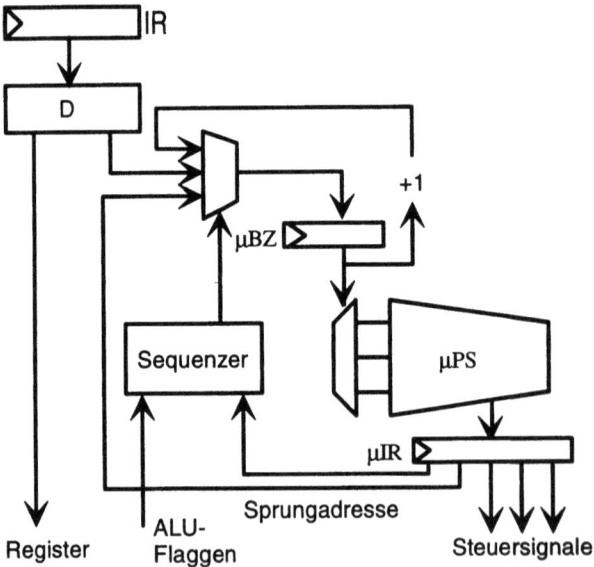

Bild 3.9 Steuerprozessor

3.3 Daten- und Steuerprozessor

Jeder Maschinenbefehl wird vom Steuerprozessor mit Hilfe eines Mikroprogramms interpretiert, das im Mikroprogrammspeicher niedergelegt ist. Ein Mikroprogramm besteht aus einzelnen Mikroprogrammbefehlen (Mikroinstruktionen). Bei der Ausführung eines Maschinenbefehls wird also eine Mikroinstruktionssequenz durchlaufen, deren Anfangsadresse im µPS aus dem OP-Code des Maschinenbefehls gewonnen (D) und in den µBZ geladen wird. Die so adressierte Mikroinstruktion wird ausgelesen, d.h. in das Mikroinstruktionsregister geladen. Aufgabe des (Mikroprogramm-) Sequenzers ist es, - unter Beachtung des Steuer- und Adreßcodes der aktuellen Mikroinstruktion (im µIR) sowie der Statussignale (Flaggen) der ALU - die Adresse der jeweils nächsten Mikroinstruktion auszuwählen. Diese Mikroinstruktion wird dann wieder in das Mikroinstruktionsregister µIR gebracht. Die Auswahl der nächsten Mikroinstruktionsadresse und die Steuerung des Datenpfads erfolgen nebenläufig.

Bei einer horizontalen Mikroprogrammierung entsprechen die Bits der Mikroinstruktion den Steuersignalen (Mikroorder). Bei einer quasihorizontalen Mikroprogrammierung ist jede Mikroinstruktion in Bit-Felder unterteilt, die decodiert werden müssen. Diese Felder können u.a. die Adresse des nächsten Mikrobefehls, die Mikroorder für die ALU, Registernummern oder Steuersignale für Multiplexer enthalten. Die zugehörigen Decodierwerke sind in der Regel Teil des Datenpfads. Wenn die codierten Mikrobefehle durch weitere Firmware decodiert werden, spricht man von einer Nanoprogrammierung.

Auf die Befehlsausführung wird in Kapitel 5 näher eingegangen. Meist wird dabei eine direkte (fest verdrahtete) Steuerung angenommen, die als Schaltnetz oder als Schaltwerk (endlicher Automat) realisiert werden kann. Die mikroprogrammierte Steuerung wird im Anhang B3 näher behandelt. Bild 3.10 zeigt die Möglichkeiten, einen Steuerprozessor zu realisieren. Die direkte Steuerung findet man hauptsächlich bei RISC-, die mikroprogrammierte Steuerung hauptsächlich bei CISC-Prozessoren.

Für die Befehlsausführung muß man sich im Prinzip zwischen einer variablen oder einer festen Zykluslänge und zwischen einem oder mehreren Zyklen pro Befehl entscheiden. Wir wollen dazu den folgenden Befehlsmix betrachten (Tabelle 3.1); d sei die Zeit, die die Befehlsausführung benötigt, und l die Zykluslänge.

direkte (festverdrahtete) Steuerung	mikroprogrammierte Steuerung
Automat	horizontal, vertikal
mehrere Grundzyklen	quasihorizontal
Schaltnetz	Mikrobefehlsdecodierung durch Hardware
ein Grundzyklus mehrere Phasen	Mikrobefehlsdecodierung durch Nanoprogramm

Bild 3.10 Steuerung

(1) CPI = 1 und eine feste Zykluslänge bedingt, daß l gleich dem Maximum von d ist; also $l = 40$ ns,

(2) CPI = 1 und eine variable Zykluslänge ergibt eine mittlere Zykluslänge von 31,6 Nanosekunden; also $l = 31,6$ ns.

Damit ist der

$$\text{Speed Up} = \frac{\text{CPU-Zeit}\,(l\text{ fest})}{\text{CPU-Zeit}\,(l\text{ variabel})} = 1,27$$

(3) Variable Zyklenzahl bei fester Zyklenlänge l^* (Tabelle 3.2). Die Befehle sollen die unten angegebene Anzahl an Zyklen benötigen. Dann folgt: CPI = 4,033. Eine Beschleunigung (Speed Up > 1) erhält man, wenn $l^* < 9,9$ ns ist. In der Regel betrachtet man nur feste Zykluslängen. Dies ist einfacher zu implementieren.

Tabelle 3.1

Befehl	d	Anteil
arithm.-log. Befehl	30 ns	49 %
Load-Befehl	40 ns	22 %
Store-Befehl	35 ns	11 %
Branch-Befehl	25 ns	16 %
Jump-Befehl	10 ns	2 %

3.3 Daten- und Steuerprozessor

Tabelle 3.2

	Zyklenzahl:
arithm.-log. Befehl	4
Load-Befehl	5
Store-Befehl	4
Branch-Befehl	3
Jump-Befehl	3

$$\text{Speed Up} = \frac{\text{CPU-Zeit } (l \text{ fest})}{\text{CPU-Zeit (CPI variabel)}} = \frac{1 \times l}{4{,}033 \cdot l*}.$$

CISC/RISC

Der RISC-Ansatz versucht die CPU-Zykluszeit sowie die mittlere CPI zu reduzieren. Das Ziel ist, daß immer ein Maschinenbefehl pro Taktzyklus beendet wird und die Taktzyklen kurz sind. Dies wird durch ein einfaches Befehlsformat und orthogonale Befehle erreicht. Die wichtigsten Aspekte einer RISC-ISA sind: wenige Adressierungsarten, wenige Befehlsformate, Load/Store-Architektur sowie viele sichtbare Prozessorregister. Die wichtigsten Aspekte einer RISC-HSA sind die direkte (festverdrahtete) Steuerung und das Fließbandprinzip. RISC-Architekturen führen zu einer einfachen (direkten) Befehlsdecodierung und kurzen Prozessor-Entwicklungszeiten. Die durch Wegfall des Mikroprogrammspeichers eingesparte Chipfläche steht für andere Funktionen zur Verfügung, z.B. für Register, Coprozessoren oder Funktionseinheiten. Festverdrahtete Steuerwerke sind weniger redundant als mikroprogrammierte und daher schneller. Komplexe Operationen müssen aber als Folgen einfacher Maschinenbefehle realisiert werden. Charakteristisch für eine CISC-ISA ist die Funktionsverlagerung in die Hardware durch viele mächtige Befehle und viele, mächtige Adressierungsarten. Dabei wird angestrebt, IC möglichst zu reduzieren. Dies vereinfacht die Programmierung, macht aber ein mikroprogrammiertes Steuerwerk notwendig. Durch das Zusammenfassen vieler Operationen läßt sich aber der Parallelitätsgrad auf Mikroprogrammebene steigern.

3.4 Mikroprozessorsysteme

Der Rechnerkern eines Mikroprozessorsystems [Bähr91, Flick94] enthält einen oder auch mehrere Mikroprozessoren. Heutige Mikroprozessoren haben in der Regel eine interne 32- oder 64-Bit-Struktur. Bild 3.11 zeigt noch einmal die grundsätzliche Architektur eines modernen Mikroprozessors.

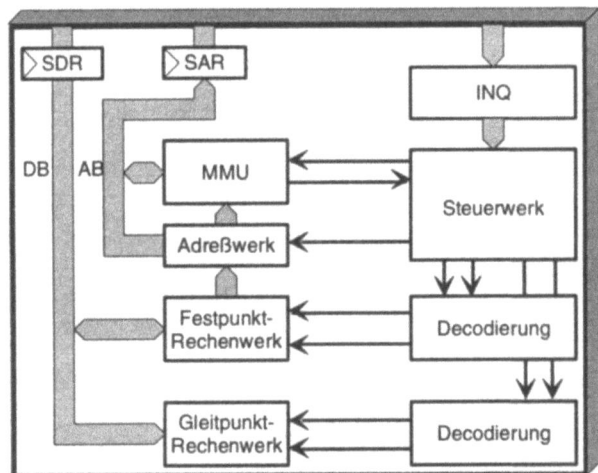

MMU Speicherverwaltung (Memory Management Unit), DB Interner Datenbus
AB Interner Adreßbus, SDR Speicherdatenregister, SAR Speicheradreßregister
INQ Warteschlange (Queue) für das Zwischenpuffern von Instruktionen

Bild 3.11 Mikroprozessor

Zur Entwicklung der Mikroprozessoren:

1948 Erfindung des Transistors

1959 Erstmals mehrere Transistoren auf einem Chip. Danach Entwicklung verschiedener Logikfamilien, die sich in Versorgungsspannung, Störspannungssicherheit, Verlustleistung und Geschwindigkeit sowie Komplexität unterscheiden.

1969 INTEL und TEXAS INSTRUMENTS erhalten den Auftrag, einen programmierbaren Prozessor zur Steuerung von „intelligenten" Terminals auf einem Baustein zu integrieren. INTEL gelang die Herstellung; der Baustein konnte jedoch aufgrund seiner geringen Verarbeitungsgeschwindigkeit nicht für den geplanten Einsatz verwendet werden. INTEL brachte den Prozessor daraufhin als programmierbaren Logikbaustein mit zwei Verarbeitungsbreiten heraus, den 4004 mit 4 Bit und den 8008 (1971) mit 8 Bit Datenbusbreite. Dies war der Beginn Mikroprozessortechnik.

3.4 Mikroprozessorsysteme

1974 Motorola führt den MC6800 ein. Mitte der 70er Jahre waren dann bereits etwa 40 verschiedene Mikroprozessoren auf dem Markt.

1987 Mehrere Hersteller liefern RISC-Mikroprozessoren. Viele der in den RISC-Prozessoren verwirklichten Ideen sind jedoch nicht neu; einige gehen bis in das Jahr 1952 zurück.

1990 Erste superskalare Mikroprozessoren.

Ein Mikroprozessorsystem (Mikrocomputer) enthält neben dem Mikroprozessor - wie natürlich auch jeder andere Rechner - weitere Subsysteme. Diese sind das Speichersubsytem (bestehend aus Caches, Hauptspeicher und Sekundärspeicher), Bussysteme, die die Subsysteme untereinander verbinden, und Ein-/Ausgabesubsysteme (Bild 3.12).

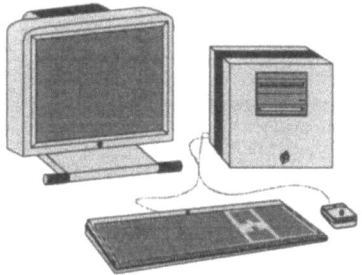

Bild 3.12 Mikrocomputer

Speichereinheiten wie Caches, RAM und Peripheriespeicher bilden das Speichersystem eines Rechners. Dieses ist meist - nach Größe und Zugriffsgeschwindigkeit - hierarchisch organisiert. Caches (schnelle Pufferspeicher) werden in der Regel dem Rechnerkern zugerechnet. Der Hauptspeicher ist dagegen eine prozessorexterne Komponente und viel größer als ein Cache. Er wird meist durch mehrere Sätze von RAM-Chips (random access memory) realisiert. Eine Hardware, die MMU (memory management unit), unterstützt die Speicherverwaltung. ROM-Speicher (Festwertspeicher) benutzt man zum Speichern nichtveränderlicher Daten, da sie ihre Inhalte permanent speichern können. Die wichtigsten Attribute eines Speichers sind:

- dessen Größe (in Bytes),
- die Wortbreite: Größe der mit einem Zugriff erreichbaren größten Speichereinheit,
- die Speicherzugriffszeit (Latenz): Zeit, die ein Speicherzugriff (Wortzugriff) benötigt von der Chip-Anwahl bis zur Aufnahme/Ausgabe des Datums,

- die Speicherzykluszeit: Mindestzeit, die zwischen Speicherzugriffen verstreichen muß.

Ein Bus ist ein System von Leitungen und zugehöriger Steuerlogik, über das Daten ausgetauscht werden und das gemeinsam von unterschiedlich vielen Rechnerkomponenten benutzt wird (Bild 3.13).

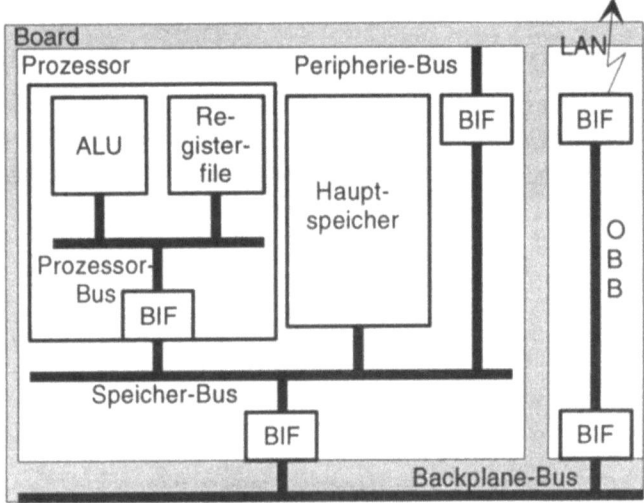

BIF Busschnittstelle (bus interface), LAN Netzwerkbus (local area network), OBB On-Board-Bus

Bild 3.13 Busse

Busse befinden sich auf allen Ebenen einer Rechnerarchitektur: Prozessorbus (lokaler Bus), Systembus (Speicherbus, on-board-bus), Eingabe-/Ausgabe-Busse. Busse zeichnen sich im Vergleich zu dedizierten Verbindungen durch Flexibilität aus. Denn zusätzliche Systemkomponenten lassen sich einfach hinzufügen. Sie verursachen auch geringere Kosten, da ein Bus ein gemeinsam benutztes Kommunikationsmedium darstellt. Ein Nachteil liegt in der begrenzten Kommunikationskapazität. Außerdem muß, wenn mehrere Busteilnehmer den Bus treiben können, dafür gesorgt sein, daß zu einem bestimmten Zeitpunkt dies nur einem der Teilnehmer möglich ist.

Für die Ein- und Ausgabe und die Speicherung von Daten in Sekundärspeichern werden unterschiedliche Geräte über sogenannte Schnittstellen mit Rechnerkern und Hauptspeicher verbunden (Bild 3.14). Es gibt eine große Vielfalt peripherer Geräte.

3.4 Mikroprozessorsysteme

Auf Grund ihrer spezifischen Eigenschaften können sie nicht direkt an den Bus des Rechnerkerns angeschlossen werden und benötigen deshalb Adapter. Diese Schnittstellen besitzen Register, auf die der Rechnerkern zugreifen können muß. Diese Register enthalten Steuer- und Statusinformation und sind entweder speicherabgebildet (memory mapped) oder mit speziellen Befehlen ansprechbar. Im zweiten Fall spricht man von einer isolierten Ein-/Ausgabe, da die Adressen der Schnittstellenregister einen eigenen Adreßraum bilden. Speicherabgebildet (oder speicherbezogen) heißt, die für den Rechnerkern sichtbaren Register der Schnittstellen besitzen Hauptspeicheradressen und können mit Speicherbefehlen gelesen oder geladen werden. Schnittstellen können unterschiedlich komplex sein und in der Regel den Rechnerkern in seiner Arbeit unterbrechen (Interrupts).

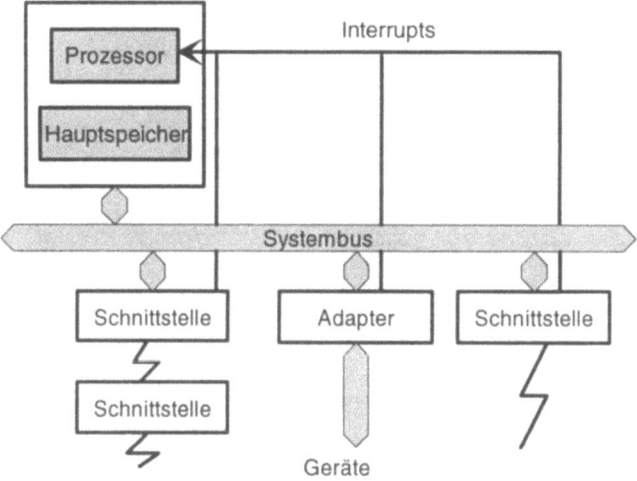

Bild 3.14 Eingabe-/Ausgabesystem

Es ist offensichtlich, daß die Ein-/Ausgabe ganz entscheidend die Antwortzeiten beeinflußt, die ein Rechnerbenutzer vom System erwarten kann.

In den Kapiteln 6 und 7 werden diese Subsysteme näher behandelt.

3.5 Großrechner

Großrechner (Mainframes) dienen in erster Linie für die Massendatenverarbeitung und die Verwaltung großer Datenbanken (Transaktionsverarbeitung). Sie besitzen einen sehr leistungsfähigen Rechnerkern oft mit mehreren CPUs, wobei die Gleitkommaverarbeitung in den Hintergrund tritt. Außerdem besitzen sie sehr große Speichersysteme mit Haupt- und Erweiterungsspeicher sowie eine hochleistungsfähige Ein-/Ausgabe (Bild 3.15a).

Bild 3.15a Mainframe

Bild 3.15b zeigt den prinzipiellen Aufbau eines solchen Großrechners.

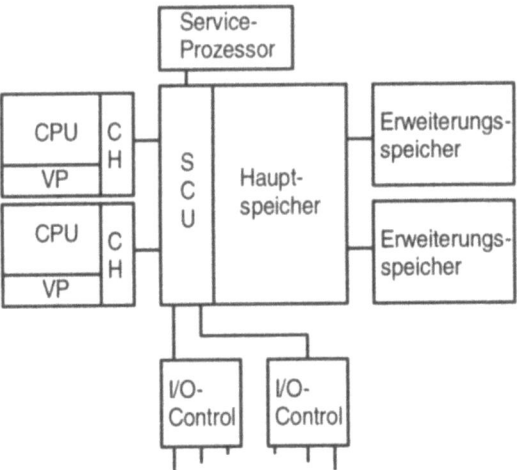

SCU System-Steuereinheit, VP Vektorprozessor, CH Cache

Bild 3.13b Großrechneraufbau

4 Unterstützung des Betriebssystems

Zur Unterstützung des Betriebssystems besitzt ein Prozessor in der Regel spezielle Maschinenbefehle und eigene Hardwarekomponenten, wie es ja auch hinsichtlich des Sprachsystems der Fall ist. So bilden z.B. die sogenannten Systemaufrufe als Bestandteil der Instruktions-Satz-Architektur die Schnittstelle des Prozessors zum Betriebssystem. In diesem Kapitel werden die Unterstützung der Ausnahmebehandlung und der Prozessorverwaltung sowie der Intraprozessor-Kommunikation durch den Rechnerkern behandelt; die Unterstützung der Speicherverwaltung und der Ein-/Ausgabe ist Thema der Kapitel 6 und 7.

Im folgenden sei unter PROZESSORZUSTAND die (momentane, aktuelle) Belegung aller Prozessorregister verstanden. Dazu gehört insbesondere auch der Programmzählerstand. Ein PROZEß ist ein durch ein Programm gesteuerter rechnerinterner Ablauf (program in execution).

4.1 Ausnahmen

Ausnahmen (exceptions) sind Unterbrechungen der Programmausführung durch prozessorinterne oder äußere Ereignisse. Man unterscheidet demzufolge zwischen intern und extern erzeugten Ausnahmen. Außerdem unterscheidet man zwischen synchronen und asynchronen Ausnahmen.

Synchrone Ausnahmen entstehen, wenn der Prozessorzustand oder das Programm eine Änderung des Kontrollflusses erfordert[1]. Sie treten entweder erwartungsgemäß bei bestimmten Anweisungen auf, z.B. bei Systemaufrufen, oder aber sie entstehen unerwartet, z.B. bei dem Versuch durch 0 zu teilen. Adressierungsfehler (Stack- oder Segmentoverflow, Alignmentverletzung), Privilegierunsverletzungen und 'illegale Instruktion' sind typische Fehler, die unerwartet synchrone Ausnahmen bewirken. Asynchrone Ausnahmen entstehen, wenn unabhängig von der Programmausführung interne oder externe Signale eine Kontrollflußänderung erfordern.

Seitenfehler (Kapitel 6.5) sind synchrone externe, Interrupts asynchrone externe Ausnahmen. Beispiele für Interrupts: Unterbrechungen durch Spannungsabfall, Ein-/Ausgabegeräte (Konsole, Drucker) und durch die Fehlererkennungshardware oder

---

[1] Bestimmte Unterbrechungen erfordern nur eine Verzögerung des Kontrollflusses, z.B. Cache-Fehlzugriffe.

ein Reset. Ein Systemaufruf ist eine synchrone interne, die Unterbrechung durch den Timer ist eine asynchrone interne Ausnahme. Die Hardware initialisiert jedesmal die Behandlung der Ausnahme auf ähnliche Weise.

Interne Ausnahmen können in unterschiedlichen Phasen des Befehlszyklus' auftreten. Beispiele dafür sind:

Fetchzyklus:

    Instruktion holen: Adressierungsfehler, Seitenfehler, Lesefehler
    Instruktion decodieren: illegale Instruktion, Privilegierungsfehler
                                 Systemaufruf, Breakpoint

Execute-Zyklus:

    Operanden holen: Adressierungsfehler, Lesefehler, Seitenfehler
    Operation ausführen: Division durch 0, Overflow, ungültiger OP-Code
    Ergebnis abspeichern: Adressierungsfehler, Seitenfehler

Die Reaktion auf ein Ereignis, das zur Unterbrechung des Befehlsstroms führt, erfordert mehrere Schritte: Erkennen des Ereignisses, Retten von Zustandsinformation, Identifikation der Ereignisquelle, Auswahl der Behandlungsroutine, Durchführung der Ausnahmebehandlung und Restauration des ursprünglichen Zustands.

Die Behandlung der Ausnahme erfolgt im privilegierten Prozessormodus (so vorhanden), wobei die Reaktion auf synchrone Ausnahmen in der Regel sofort zu erfolgen hat, d.h. die Ausführung des aktuellen Befehls wird unterbrochen. Die Behandlung von Interrupts geschieht dagegen frühestens nach der Beendigung des augenblicklichen Befehlszyklus' - und zwar in einem sogenannten Interruptzyklus. (Die Interruptbehandlung wird in Kapitel 7 genauer behandelt). Der erste Schritt nach der Entgegennahme eines Unterbrechungswunsches ist die Initialisierung der Ausnahmebehandlung durch die Hardware. Sie bewirkt im wesentlichen, daß der Programmzähler und eventuell auch das Statuswort und der Stapelzeiger auf den Systemstack gerettet, oder daß auf einen neuen Satz dieser Register umgeschaltet wird. Danach wird die Adresse einer Ausnahmebehandlungs-Routine (Interrupt Handler oder Interrupt-Serviceroutine) in den Programmzähler geladen.

Der Aufruf der Ausnahmebehandlungs-Routine geschieht meist indirekt über eine sogenannte Vektortabelle. Sie enthält die Startadressen (Vektoren) der Ausnahmebehandlungs-Routinen (Bild 4.1). Die Vektornummer wird entweder vom Prozessor selbst erzeugt, von der Interruptquelle geliefert oder ist Teil eines Trap-Befehls.

4.1 Ausnahmen

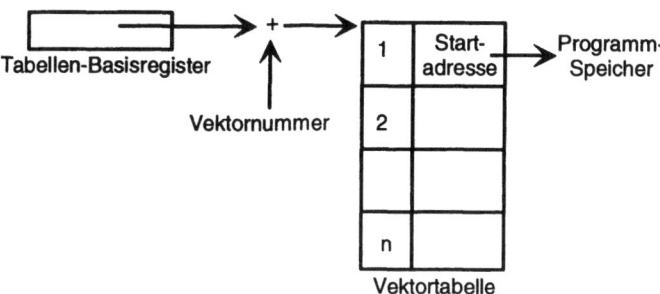

Bild 4.1 Vektortabelle

War die Ausnahmebehandlung erfolgreich, wird in das unterbrochene Programm zurückgekehrt. Dies muß durch einen speziellen Befehl, den RTE-Befehl (return from exception), veranlaßt werden. Dieser Befehl stellt den alten Prozessorzustand wieder her. (Bei einer Befehlspipeline sind eventuell delay slots zu berücksichtigen, Kapitel 5.2). War jedoch die Ausnahmebehandlung nicht erfolgreich, wird sie an höhere Schichten des Systems weitergereicht (exception propagation) oder der Prozessor angehalten. Bild 4.2 zeigt eine Erweiterung eines mikroprogrammierten Steuerwerks durch eine Dispatch-Tabelle ExP (mapping ROM) für den Aufruf von Mikroprogrammen, die die Ausnahmebehandlung initialisieren. Bei einer Ausnahme, die durch das Interruptsignal oder den Prozessorzustand angezeigt wird, wird - abhängig vom Maskierungsbit M und den ALU-Flaggen - das entsprechende Mikroprogramm gestartet. Dieses rettet den Prozessorzustand, sendet eventuell der Interruptquelle eine Bestätigung und startet die Ausnahmebehandlungs-Routine - oder hält den Prozessor an.

4.2 Prozesse

Neben der Behandlung von Ausnahmen besteht eine weitere Aufgabe des Betriebssystems in der Verwaltung des Betriebsmittels „Prozessor". Wenn nämlich mehrere Prozesse zugleich ablaufen sollen, braucht es dafür offensichtlich mehrere Prozessoren. Ist aber nur ein physikalischer Prozessor vorhanden, so muß dieser den Prozessen reihum zugeteilt werden (Quasiparallelität). In anderen Worten, man implementiert die benötigten Prozessoren als VIRTUELLE PROZESSOREN. Die Implementierung besteht in dem Speicherabbild des Prozessorzustands zu einem bestimmten Zeitpunkt. Diese Datenstruktur nennt man einen Prozeßleitblock (PCB process control block).

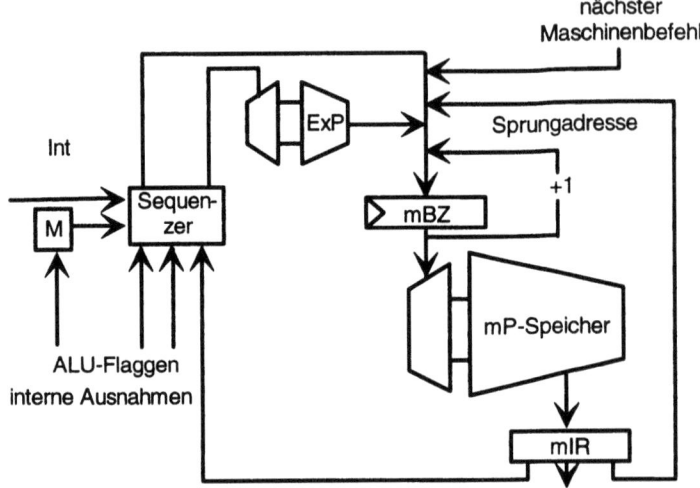

Int Interrupt-Signal; M Maskierungs-Flip-Flop

Bild 4.2 Ausnahmen-Steuerung

Für die Verwaltung der virtuellen Prozessoren enthält der PCB - neben dem Prozessorzustand zum Zeitpunkt der Unterbrechung - auch Information über den zugeordneten Prozeß, z.B.:

- den Prozeßtyp (Anwenderprozeß, Systemprozeß) und die Prozeß-ID
- die Prozeßpriorität
- die erhaltene Prozessorzeit (des physikalischen Prozessors)
- die Eigenschaft unterbrechbar oder nicht unterbrechbar zu sein.

Bei einem Prozeßwechsel (Kontextwechsel) wird im wesentlichen erst der PCB des zu deaktivierenden Prozesses aktualisiert und dann der Prozessorzustand, wie er im PCB des zu aktivierenden Prozesses enthalten ist, in die Register des physikalischen Prozessors geladen. Ein Prozeß kann somit unterschiedliche Zustände einnehmen.

existent: Der Prozeß ist erzeugt worden, d.h. es ist ihm ein virtueller Prozessor (ein PCB) zugeteilt worden.
bereit: Der Prozeß ist lauffähig, man sagt auch aktiv.
laufend: Der virtuelle Prozessor des Prozesses ist auf den physikalischen Prozessor abgebildet. (Dem Prozeß „gehört" der Programmzähler).
blockiert: Der Prozeß wartet auf die Zuteilung eines Betriebsmittels oder auf das Eintreffen eines Ereignisses.

4.2 Prozesse

Die Prozeßverwaltung umfaßt also im wesentlichen das Scheduling (to schedule: festlegen, planen), d.h. das Einordnen virtueller Prozessoren in Warteschlangen (bereit/blockiert) nach Priorität, und das Prozeß-Dispatching (to dispatch: befördern, abfertigen), d.h. das Laden eines der virtuellen Prozessoren auf den physikalischen Prozessor (Kontextwechsel) und die Übergabe der Kontrolle (Übergabe des Programmzählers). Beide Aufgaben können ganz oder teilweise von der Hardware übernommen werden. Die PCBs bereiter und blockierter Prozesse werden dazu in Warteschlangen eingereiht. Diese Warteschlangen müssen verwaltet werden. Die ISA kann dafür eigene Maschinenbefehle vorsehen. Während seiner Existenz kann ein Prozeß wiederholt seinen Zustand wechseln. Die Zustandswechsel können ebenfalls durch spezielle Maschinenbefehle veranlaßt werden.

Kommunikation

Prozessen muß es möglich sein, Daten auszutauschen - entweder durch den Zugriff auf gemeinsame Datenbereiche (in einem gemeinsamen Speicher) oder durch den Austausch von Botschaften - d.h. durch Kopieren von Daten in prozeßprivate Datenbereiche. Für den Zugriff auf gemeinsame Daten benötigt man nichtunterbrechbare Speicherzugriffsoperationen, für den Austausch von Botschaften nichtunterbrechbare Speicherkopieroperationen. Solche Operationen, die in der Regel mehrere Speicherzyklen benötigen, können als Maschinenbefehle implementiert sein (Read-Modify-Write Speicherzyklus).

Beispiele für solche Maschinenbefehle sind TAS (Test and Sct), WAIT (Wait on Semaphore) oder SIGNAL (Signal Semaphore). Damit lassen sich Prozesse synchronisieren, d.h. ihre Ablauffreihenfolge beeinflussen, und PCB-Warteschlangen verwalten. Bei einem Mehrprozessorsystem muß darüber hinaus - z.B. durch ein Sperrsignal (Lock) an den Speicher - verhindert werden können, daß während einer solchen (atomaren) Operation ein anderer Prozessor auf dieselbe Speichereinheit zugreifen kann.

Beispiel: Die Instruktion `tas: Speicherzelle ⇒ Reg` lese (in einem einzigen read-modify-write-Zyklus) den Wert der adressierten Speicherzelle und schreibe einen Wert ungleich 0 zurück. Damit kann ein Prozeß die adressierte Speicherzelle als Sperrvariable wie folgt benützen.

Beispiel: Einfügen eines Listenelements, z.B. eines PCBs, am Listenanfang. Die Variable HEAD enthalte den Pointer auf die Liste (Warteschlange) und Register *reg1* den Pointer auf das einzufügende Element. Der Wert von HEAD wird inkonsistent, wenn z.B. Prozeß P1 beginnt, das Element einzuhängen, dabei aber von Prozeß P2 unterbrochen wird, der seinerseits den Wert von HEAD ändert. Bei richtiger Verwendung des TAS-Befehls kann dies ausgeschlossen werden.

Einfügen am Listenanfang (GAL, Anhang B4):

```
LOOP:tas:word        Lock     ⇒ reg0
     compare:word    reg0     ⇒ 0
     jump : not_equal → LOOP; spin lock
     copy:word        HEAD    ⇒ (NEXT,reg1)
         ;der Pointer wird in die Komponente NEXT
         ;des Record kopiert, auf den reg1 zeigt.
     copy:word        reg1    ⇒ HEAD
     copy: word       0       ⇒ Lock
```

4.3 Threads

Das MULTI-THREADING basiert auf einer Modifikation des Prozeß-Konzepts. Ein Thread (Faden, Kontrollfaden) ist eine Programmeinheit (genauer ein sequentieller Kontrollfluß), die nebenläufig zu anderen Threads im selben Adreßbereich ausgeführt werden kann. Diese Threads bilden ein sogenanntes Team und besitzen, im Gegensatz zu Prozessen eine gemeinsame Umgebung und einen gemeinsamen Adreßraum (Kapitel 6).

Multi-Threaded Prozessoren realisieren einen schnellen Wechsel zwischen den Kontrollfäden desselben Teams. Der Prozessor besitzt dafür mehrere Registersätze (Bild 4.3). Jeder Registersatz wird einem anderen Thread zugeteilt. Eine Dispatcheinheit veranlaßt die Threadwechsel durch Umschalten zwischen diesen Registersätzen. Diese Hardwareunterstützung ist zwar sehr effizient, beschränkt aber natürlich die Teamgröße. Durch den schnellen Wechsel zwischen den Kontrollfäden lassen sich Verzögerungszeiten verbergen, die z.B. durch Speicherzugriffe oder durch Warten auf eine Hardwareresource entstehen können. Der Prozessor kann so fortwährend mit sinnvoller Arbeit beschäftigt werden. In einem Parallelrechner vom UMA- oder NUMA-Typ mit Multi-Threaded Prozessoren arbeiten die Kontrollfäden eines Teams zwar auf einem gemeinsamen Speicherbereich, können jedoch auf die Prozessoren des Rechners verteilt sein. Durch den schnellen Threadwechsel lassen sich dann auch Kommunikationslatenzen verbergen.

4.3 Threads

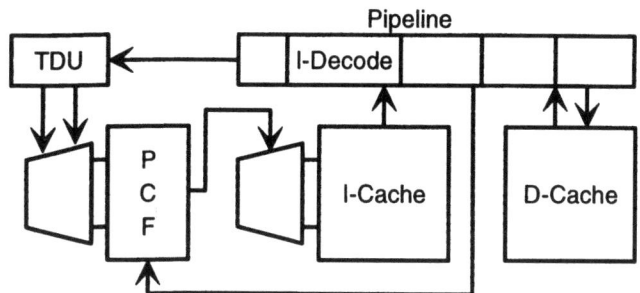

TDU Dispatch Unit für Threads; PCF Programmzähler-File für Threads;
I/D-Cache Instruktions-/Daten-Cache

Bild 4.3 Schema eines Multi-Threaded-Prozessors

Threadwechsel können nach jedem Cache-Miss, jeder Ladeoperation, jedem Instruktionsblock oder jeder Instruktion erfolgen. Im letzteren Fall (fine grained multithreading) sind konsekutiv ausgeführte Instruktionen voneinander unabhängig, da sie zu unterschiedlichen Kontrollfäden gehören. Es entstehen weniger Datenabhängigkeiten. Tiefe Pipelines (Kapitel 5.2) werden somit möglich; jedoch sind öfter Cache-Misses zu erwarten, da dann keine Referenzlokalität besteht (Kapitel 6.2).

Multi-Threading erhöht also die Auslastung des Prozessors, da die Kontrollfäden verschränkt ausgeführt werden. Das Verschränken besorgt die Thread-Dispatch-Unit, die auch Daten- und Kontrollfluß-Hemmnisse zu erkennen und aufzulösen hat.

Auslastung

Mit $U(p)$ sei die Auslastung (Effizienz) eines Multi-Threaded-Prozessors bezeichnet. Ferner sei (Bild 4.4): p die Anzahl der Kontrollfäden (Threads) eines Teams; $t(p)$ die mittlere Anzahl der Zyklen zwischen den Aktivierungen aufeinanderfolgender Threads; T die mittlere Anzahl der Zyklen, die ein deaktivierter Thread verzögert werden muß, und c die Anzahl der Zyklen, die ein Treadwechsel benötigt.

Falls $T \geq (p-1)\,t(p)$ gilt, erhalten wir für die Auslastung:

$U(p) = p(t(p) - c) / (t(p) + T)$. Ist das Team genügend groß, d.h. ist $T = (p-1)t(p)$, folgt $U(p) = 1 - c/t(p)$.

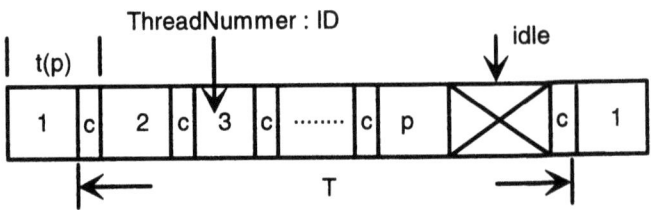

Bild 4.4 Threads

Architekturbeispiel

Als Beispiel für eine thread-orientierte Architektur und die Verlagerung der Prozeß-verwaltung in die Hardware sei der TRANSPUTER von INMOS angeführt. Der Transputer T9000 ist ein superskalarer Prozessor (Kapitel 5.3). Er enthält u.a. einen Workspace-Cache (WSC) - dieser entspricht einem 3-Port-Register-File, zwei parallele Adreßgeneratoren und zwei parallele Ausführungsstufen (Funktionseinheiten) für Fixpunkt- und Fließpunkt-Operationen (ALU, FPU). Daneben befinden sich weitere Bausteine auf dem Chip; die wichtigsten (Bild 4.5) sind:

Steuern:	Steuersubsystem (Control Unit und C(ontrol)-Links)
Prozeß verwalten:	Scheduler, Interrupts, Event-Links
Speichern:	On-Chip-Cache / On-Chip-RAM
	Speicherschnittstelle
Kommunizieren:	Kommunikationsprozessor (VCP: Virtual Channel Prozessor)
	Kommunikationsverbindungen (Links)

Links sind spezielle Funktionseinheiten zum Austausch von Daten und Steuerinformation. Die Data-Links (Link0 bis Link3) sind serielle bidirektionale DMA-Ports.

Es können mehrere Prozesse quasi-gleichzeitig aktiv sein. Ihr Scheduling übernimmt eine Hardwareeinheit, so daß dafür kein Betriebssystem nötig ist. Jeder erzeugte Prozeß besitzt seinen eigenen Arbeitsbereich (WSPx: work space; virtuelle Register-Maschine). Die Arbeitsbereiche sind miteinander als Warteschlange verkettet und werden von der Hardware verwaltet. Es gibt eine Warteschlange für hoch- und eine für niederpriore Prozesse (Front1, Front2). Das Workspace-Pointer-Register (Wptr) enthält die Basisadresse des Arbeitsbereichs des gerade laufenden Prozesses. Bild 4.6 zeigt das Registermodell mit dem Register-Stack.

4.3 Threads

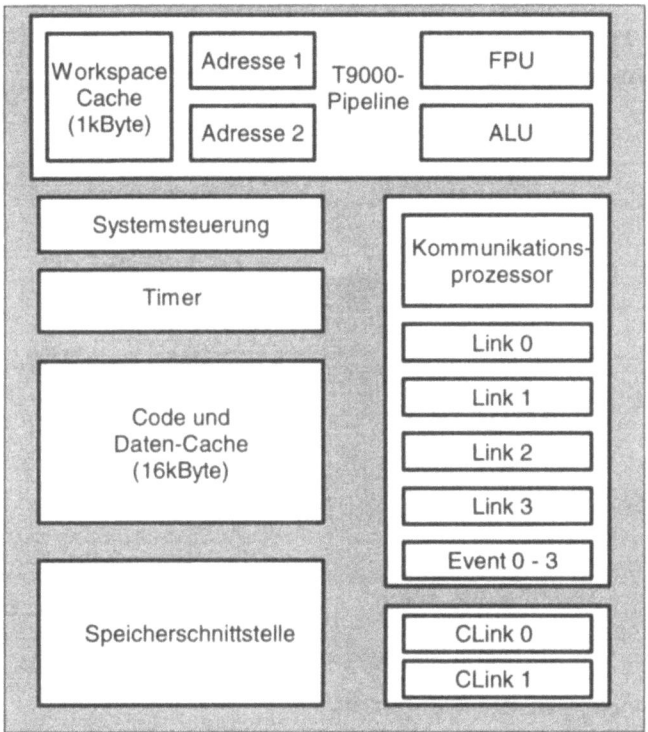

Bild 4.5 T9000

Prozesse können durch den Austausch von Botschaften nach dem Rendezvous-Prinzip synchron miteinander kommunizieren. Dazu wird eine sogenannte Kanalvariable benutzt. Die Kommunikationsbefehle sind u.a. *in* und *out*. Ihre Argumente müssen zuvor auf den Register-Stack gebracht werden - in Register A die Anzahl der Bytes, die übertragen werden sollen, in Register B einen Zeiger auf die Kanalvariable und in Register C einen Zeiger auf den auszutauschenden Datenbereich. Derjenige Prozeß, der als erstes seinen Kommunikationsbefehl erreicht, belegt die Kanalvariable mit der Adresse seines Arbeitsbereichs, der wiederum einen Zeiger auf denjenigen Speicherbereich enthält, dessen Inhalt ausgetauscht werden soll. Danach erfolgt ein Kontextwechsel. Das heißt, der Prozeß wird blockiert (synchrone Kommunikation). Sobald der zweite Prozeß seinen Kommunikationsbefehl erreicht, führt er den Datenaustausch durch. Daß sein Kommunikationspartner bereits wartet, erkennt er daran, daß die Kanalvariable belegt ist. Über die Adressen in den Registern B und C findet er die Speicherbereiche, zwischen denen die Daten ausgetauscht werden sollen. Anschließend wird die Kanalvariable wieder freigegeben und der erste Prozeß wieder aktiviert, d.h. er wird wieder in die Warteschlange der aktiven Prozesse eingereiht.

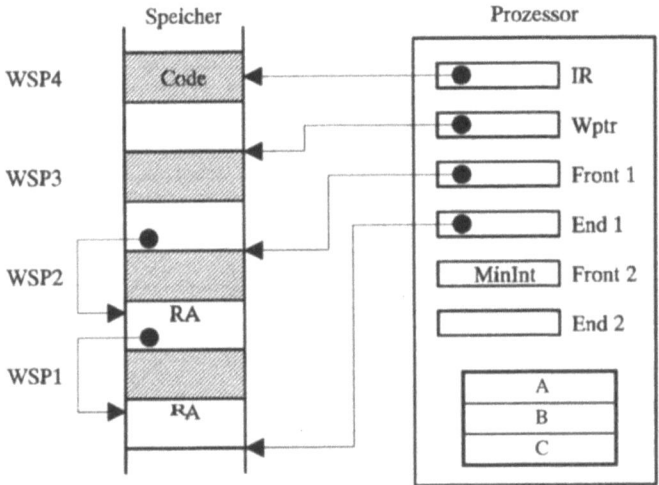

RA: Rücksprungadresse, ABC Register-Stack

Bild 4.6 Registermodell des Transputers

Der Maschinenbefehlssatz des Transputers T9000 enthält (etwa) 27 Befehle für die Prozeßverwaltung. Einige davon sind:

- Scheduling-Befehle
    ◊ startp: starte Prozeß
    ◊ endp: terminiere Prozeß
    ◊ runp: führe Prozeß aus
    ◊ stopp: halte Prozeß an
    ◊ ldpri: lade augenblickliche Priorität

- Warteschlangenbefehle
    ◊ insertqueue: trage Prozeß am Anfang der Warteschlange ein
    ◊ swapqueue: vertausche die ersten Einträge in der Warteschlange der laufbereiten Prozesse

- Prozeßwechsel
    ◊ settimeslice: initialisiere Zeitscheibenverfahren
    ◊ ldproc: lade Prozeß
    ◊ stshadow: speichere Schattenregister

4.3 Threads

- Kanal-Befehle
  - ◊ stopch: stop Channel
  - ◊ ldvlcb: lade Kanalsteuerblock (virtual link control block)
- Semaphore-Befehle
  - ◊ wait: warte an Semaphore
  - ◊ signal: setze Semaphore

Für die Interprozessorkommunikation besitzt der Transputer, wie bereits erwähnt, vier eigenständige Funktionseinheiten (Daten-Links). Diese können nebenläufig zur Befehlsausführung den Datenaustausch bidirektional mit anderen Transputern abwickeln. Bild 4.7 zeigt ihr Registermodell.

Es ist CH das Kanalregister, welches den Zeiger auf den PCB des wartenden Prozesses aufnimmt; SHR ist ein Schieberegister für die bitserielle Datenübertragung und DBR ein Datenpufferregister; BCR ist das Byte-Zählregister und PTR ein Register, das den Zeiger auf die zu übertragenden Daten aufnimmt. Das Kommunikations-Protokoll ist dasselbe wie für den Datenaustausch zwischen lokalen Prozessen - mit dem Unterschied, daß beide Kommunikationspartner solange blockiert sind, bis der Datenaustausch von den Links vollzogen ist. Während des Datenaustauschs können auf den beiden beteiligten Prozessoren andere Prozesse laufen. Dies erlaubt das Verbergen der Kommunikationslatenz (Multithreading). Für die Verwaltung der Links besitzt der T9000 einen eigenen „Coprozessor" (VCP virtual channel processor).

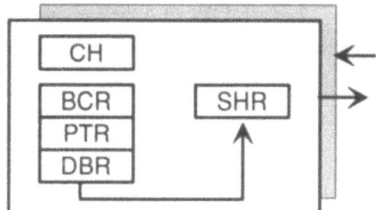

Bild 4.7 Registermodell der Transputer-Links

5 Maßnahmen zur Steigerung der Leistung und Verläßlichkeit

5.1 Beschleunigung durch Parallelität

Parallelität ist das wichtigste Architekturprinzip für Beschleunigungsmaßnahmen. Man findet es auf allen Ebenen der Rechnerarchitektur realisiert, auf Bitebene (Wortparallelität), auf Mikroarchitekturebene (Prozessorebene) wie auch auf Systemebene. Für Parallelität gibt es bekanntlich zwei Erscheinungsformen: NEBENLÄUFIGKEIT und PHASENPARALLELITÄT (Bild 5.1). Beide Techniken lassen sich für die parallele Ausführung mehrerer Befehle durch einen Prozessor einsetzen.

Nebenläufigkeit bedeutet, daß mehrere Befehle gleichzeitig abgearbeitet werden. Phasenparallelität bedeutet, daß die Befehlsabarbeitung in Phasen unterteilt wird und unterschiedliche Phasen mehrerer Befehle gleichzeitig abgearbeitet werden. Phasenparallelität beruht auf dem Fließbandprinzip und erfordert im Vergleich zur Nebenläufigkeit einen geringeren Hardwareaufwand.

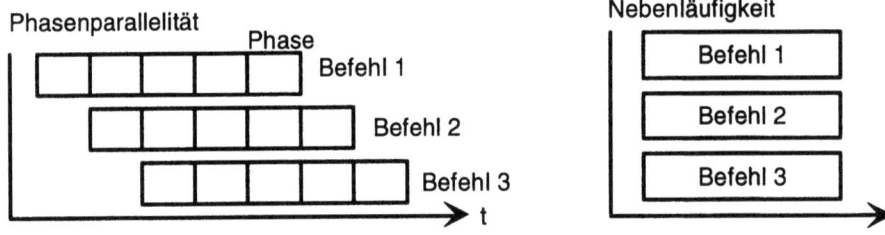

Bild 5.1 Parallelität

In der Rechnerarchitektur spricht man statt von einem Fließband von einer PIPELINE. Die Fließbandtechnik besteht darin, Kontroll- und Datenpfad in einzelne Teilwerke, sogenannte Pipeline-Stufen, aufzuteilen und diese über Register sequentiell miteinander zu verbinden (Bild 5.2a). Die Pipelineregister trennen die Stufen voneinander, so daß die Stufen nebenläufig ansteuerbar sind. In jedem Taktzyklus (oder Halbtakt) wird der Befehl und das Zwischenergebnis von einem Pipelineregister zum nächsten „weitergereicht". In jedem Takt wird also Information vom Inputregister in das Outputregister einer jeden Stufe übertragen (Bild 5.2b). Zu seiner Ausführung be-

5.1 Beschleunigung durch Parallelität

nötigt ein Befehl keine Komponenten bereits durchlaufener Stufen. Generell ist beim Entwurf einer Pipeline darauf zu achten, daß die Phasen möglichst gleichviel Zeit beanspruchen, damit innerhalb der Phasenzyklen keine Leerzeiten entstehen. Ferner sollte die Zahl der Phasen einerseits möglichst groß sein; dann sind kurze Taktzyklen und damit eine große Beschleunigung möglich. Andererseits aber sollte sie möglichst klein sein, um nach einer Unterbrechung eine kurze Füllzeit für die Pipeline zu erhalten. Schließlich soll in jedem Taktzyklus ein Befehl gestartet werden können.

Bild 5.2a Pipelinestufen

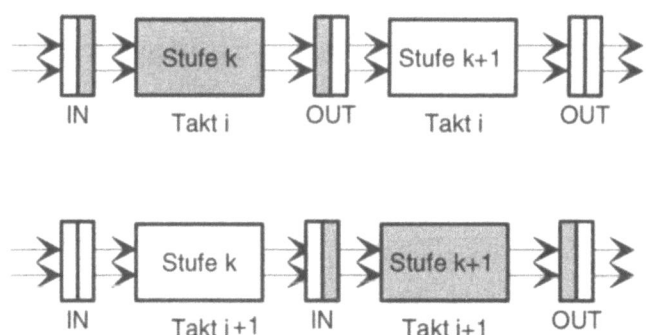

Bild 5.2b Informationsfluß

Ausgehend von der CPU-Zeit lassen sich beide Arten der Parallelität unter verschiedenen Gesichtspunkten bewerten und vergleichen. Die Bearbeitungszeit für n Aufträge, z.B. für n Instruktionen oder n Programme, betrage $T(n)$ Zeiteinheiten. Datentransport- oder Kommunikationszeiten werden im folgenden nicht berücksichtigt. Es gilt dann für die serielle Auftragsbearbeitung:

$T^S(n) = n t_S$, wobei t_S die mittlere Bearbeitungszeit für einen Auftrag ist;

für die phasenparallele Auftragsbearbeitung: $T^P(n) = (k + (n-1)) t_P$,

wobei t_P die Zeit für eine Phase und k die Anzahl der Phasen ist; und

für die nebenläufige Auftragsbearbeitung: $T^N(n) = ((n+p-1) \ div \ p) \cdot t_N$,
wobei p die Anzahl der Verarbeitungseinheiten und t_N der Zeitverbrauch in einer Verarbeitungseinheit ist. In der Regel gilt: $t_N \geq t_S$ und $t_P \geq t_S / k$.

Bei Phasenparallelität ergibt sich dann für die Beschleunigung:

$$S^P(n) = \frac{T^S(n)}{T^P(n)} = \frac{nt_S}{(k+(n-1))t_P} \quad \text{mit } t_S = kt_P$$
$$\cong \frac{nk}{k+n-1} \to k \quad \text{für } n \to \infty \quad (5.1)$$

Der maximale Speed Up S^* ist also gleich der Anzahl der Phasen.
Für die Effizienz $E^P(n) = S^P(n)/n$ ergibt sich:

$$E^P(n) = \frac{n}{k+n-1} \to 1 \quad \text{für } n \to \infty$$

Die Effizienz ist ein Maß für die Auslastung der Pipelinestufen. Entsprechend erhält man im Idealfall für die Beschleunigung durch Nebenläufigkeit den Wert p. Bevor die Aufträge ausgeführt werden können, ist i.a. eine Vorbereitung nötig, z.B. das Füllen der Pipeline oder die Verteilung der Instruktionen auf die Verarbeitungseinheiten bei Nebenläufigkeit. Mit Berücksichtigung der dazu nötigen Zeit ist:

$T(n) = t_0 + nt_e$, wobei t_0 die Initialisierungszeit und t_e der Zeitverbrauch pro Auftrag nach der Vorbereitung ist. Bei Serialität ist $t_e = t_s$ und $t_0 = 0$ und bei Phasenparallelität gilt $t_0 = (k-1)t_p$ und $t_e = t_p$.

Also ist $T(n) = t_0 + nt_e = t_e(t_0/t_e + n) = r_\infty^{-1}(n_{1/2} + n)$ mit $r_\infty = 1/t_e$ der Maximalrate und $n_{1/2} = t_0/t_e$ dem sogenannten Halbwert.

Die *Verarbeitungsrate* oder *Durchsatz* ist (Bild 5.3): $r(n) = \dfrac{n}{T(n)} = r_\infty \dfrac{n}{n_{1/2}+n}$. (5.2)

Für $n = n_{1/2}$ ist die Verarbeitungsrate gleich der halben Maximalrate. Das heißt, bei der Verarbeitung von $\lfloor n_{1/2} \rfloor$ Aufträgen zeigt das System nur die halbe Leistung, die es im Idealfall erbringen könnte; r_∞ ist abhängig von der Rechnertechnologie (z.B. Taktrate) und $n_{1/2}$ ist abhängig von der Architektur. Für eine Pipeline ist $n_{1/2} = k-1$. Idealerweise ist r_∞ möglichst groß und $n_{1/2}$ möglichst klein.

5.2 Pipelines

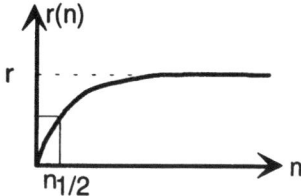

Bild 5.3 Durchsatz

5.2 Pipelines

Pipelines unterscheiden sich in ihrer Art, Struktur und Betriebsweise. In einer BEFEHLSPIPELINE wird die Befehlsabarbeitung, in einer RECHENWERKPIPELINE wird der Befehlsausführungszyklus in einzelne Phasen unterteilt, so daß der Datenprozessor dann entsprechend viele Pipelinestufen enthält. Eine MULTIFUNKTIONALE Pipeline ist konfigurierbar. Welche Zweige der Pipeline durchlaufen werden, ist von der jeweiligen Operation abhängig. Eine LINEARE Pipeline hat keine Verzweigungen. Sie heißt STATISCH, wenn jede Instruktion alle Pipelinestufen durchläuft, DYNAMISCH, wenn Stufen in Abhängigkeit von der auszuführenden Operation ausgelassen werden können. Eine SYNCHRONE Pipeline arbeitet mit, eine ASYNCHRONE Pipeline ohne zentralen Takt. In einer MAKROPIPELINE werden ganze Prozessoren zu einem linearen oder multifunktionalen Fließband zusammengeschaltet. Dies ist eine Spezialform eines Parallelrechners.

5.2.1 Eine Befehlspipeline

Wir wollen nun eine Befehlspipeline eines RISC-Rechners näher betrachten [Patt93]. Die Befehlsabarbeitung läßt sich z.B. in folgende Phasen unterteilen:

Befehl **h**olen	BH
Befehl **d**ecodieren	BD
Operanden **h**olen	OH
Befehl **a**usführen	BA
Ergebnisse speichern/Daten **l**aden	LS
In Register **s**chreiben (write back)	WB

Die ersten beiden Phasen gehören zur BEFEHLSBEREITSTELLUNG (instruction issue), die restlichen zur BEFEHLSAUSFÜHRUNG. Jeder Befehl durchläuft alle Stufen der

Pipeline. In jedem Phasenzyklus wird Information vom Inputregister in das Outputregister einer jeden Pipelinestufe übertragen.

Bild 5.4a zeigt ein vereinfachtes Schema einer statischen, sechsstufigen, linearen, synchronen Befehlspipeline (ohne Steuersignale). Es ist ISP der Speicher für die Instruktionen, z.B. der Instruktions-Cache (I-Cache), und DSP der Datenspeicher, z.B. der Daten-Cache (D-Cache). IR ist das Instruktions- und STR ein Steuerregister. RF ist ein Registerfile mit einem Schreib- und zwei Leseports (Drei-Tor- oder 3-Port-Speicher). PCU (program control / program counter unit) ist die Befehlszähler-Einheit. Sie stellt die Adresse des nächsten Befehls sowohl dem I-Cache als auch dem Sprungzieladressen-Cache (s.u.) zur Verfügung. Sie besorgt außerdem das Retten von Befehlsadressen, damit die Pipeline nach der Behandlung einer Ausnahme wieder gestartet werden kann.

BH ist die Befehlsholstufe, DE die Befehlsdecodierstufe. Die aus der Decodierung gewonnenen Steuersignale (nicht gezeigt) müssen teilweise (mit Hilfe von Registern) verzögert werden, damit sie zum richtigen Zeitpunkt, d.h. in der richtigen Befehlsphase wirken können (Weiterreichen des Befehls). Die OH-Stufe liefert die Operanden.

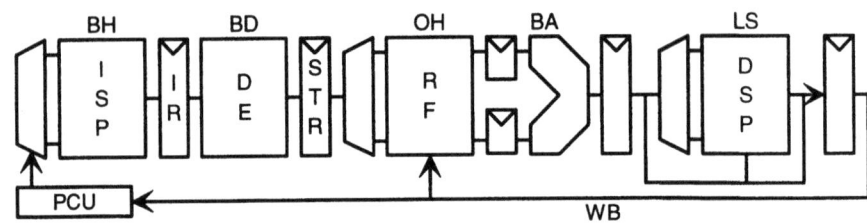

Bild 5.4a 6-stufige Befehlspipeline

Bei einfacher Befehlsdecodierung kann das Instruktionsregister IR mit dem (zweiten) Pipelineregister, dem Steuerregister STR, zusammenfallen. Man spricht dann von einem horizontalen Maschinenbefehlsformat. Dann entfällt der Decodierblock. „Befehl decodieren" und „Operanden holen" können auch eine einzige Phase (BD/OH) bilden, wobei die Decodierstufe i.a. aus einem Schaltnetz (PLA) besteht (Bild 5.4b). In der vierten Stufe BA werden die logisch/arithmetischen Operationen ausgeführt oder effektive Adressen berechnet. Logisch/arithmetische Befehle umgehen die fünfte Stufe. Ihr Ergebnis wird einfach in das nächste Pipeline-Register übernommen und dann erst in der letzten Phase WB in das Registerfile zurückge-

5.2 Pipelines

schrieben. Durch das „internal forwarding" (s.u.) werden nachfolgende Instruktionen dennoch nicht verzögert. Das Rückschreiben in Register 0, z.B. bei einem STORE, bleibe ohne Wirkung.

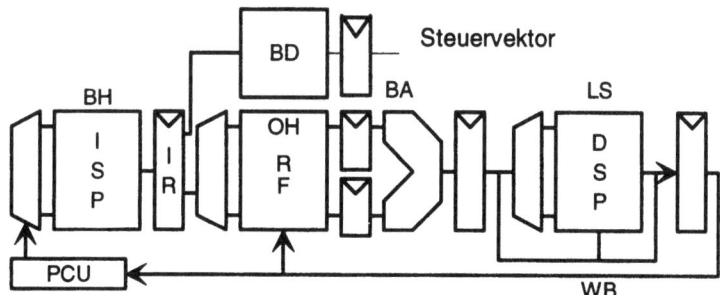

Bild 5.4b 5-stufige Befehlspipeline

Die LS-Stufe speichert die Ergebnisse oder entnimmt Daten aus dem Daten-Cache (Load/Store). Die Tatsache, daß das Registerfile erst in der letzten Stufe aktualisiert wird, obwohl das ALU-Ergebnis schon in der dritten Phase feststeht, erleichtert die Ausnahmebehandlung. Instruktionen, die auf die unterbrechende Instruktion folgen, haben dann nämlich den Prozessorzustand noch nicht verändert, da dies erst in der letzten Phase möglich ist. Die Ausnahmebehandlung kann dann so erfolgen, als wären nach der Unterbrechung keine Instruktionen mehr bereitgestellt worden.

Bild 5.5 zeigt die Befehlsholstufe mit einer einfachen PCU etwas genauer. Der Befehlszähler wird nebenläufig zum Holen der Instruktion erhöht; dafür ist ein eigenes Adreßwerk nötig. Das reine Kontrollflußprinzip würde diese Aufteilung der Befehlsbereitstellung nicht zulassen[1], da frühestens nach der Decodierung eines Befehls sein Nachfolger feststeht. In einer SISD-Architektur ist jedoch im Normalfall der Befehl mit der nächsten Adresse der Nachfolgebefehl. Diese Adresse kann in der BH-Stufe in den PC übernommen werden (im Bild durch Erhöhen des PC um 4). Wenn jedoch ein Sprungbefehl auszuführen ist, muß erst die Sprungadresse berechnet und die Sprungbedingung ausgewertet sein. Die PCU aus Bild 5.5 unterstützt die PC-relative Adressierung für Sprünge. Die Sprungzieladresse ist die Summe aus

---

[1] Das Datenflußprinzip legt dagegen die nebenläufige Befehlsbereitstellung nahe. Denn alle Befehle, deren Operanden verfügbar sind, können gleichzeitig decodiert (und ausgeführt) werden.

der Adresse des Sprungbefehls und einer Verschiebung, die im Sprungbefehl angegeben ist, oder ein Registerinhalt. Es wurde weiter angenommen, daß das Steuersignal aus dem Test (T) des Inhalts eines ebenfalls im Sprungbefehl angegebenen Registers gewonnen wird (Test auf 0 oder Vorzeichen). Dieser Test erfolge in der BD/OH-Stufe. Unabhängig davon, ob ein Sprung erfolgt oder nicht, wird immer der auf den Sprungbefehl folgende Befehl ausgeführt. Dies verzögert die Ausführung des Sprungs. Was soll die Pipeline in der Zwischenzeit dann tun? (s. Kapitel 5.1.2)

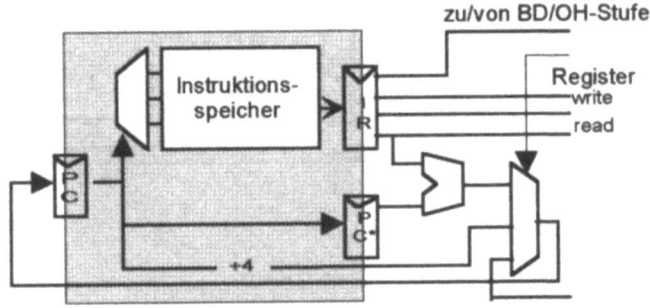

Bild 5.5 BH-Stufe und PCU

Bild 5.6 zeigt auch die Stufen für das Holen der Operanden und die Befehlsausführung etwas detaillierter. Man mache sich die Abarbeitung typischer Instruktionen an Hand dieses Bilds klar.

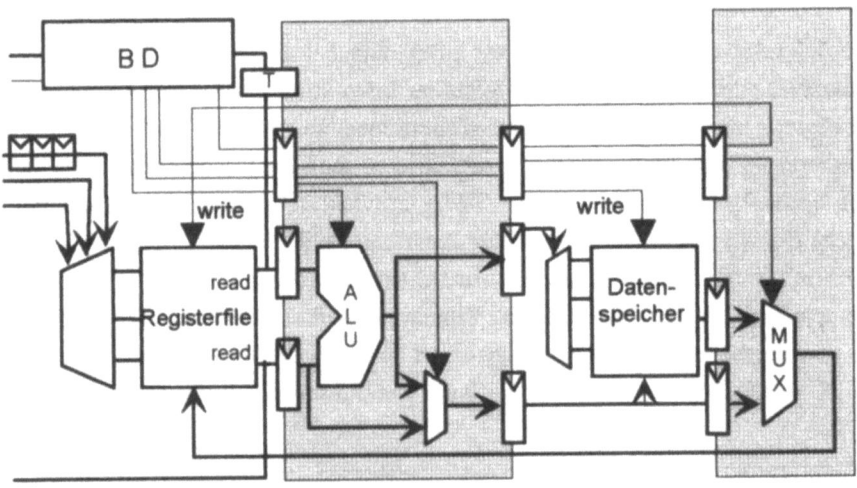

Bild 5.6 Befehlsausführung

5.2 Pipelines

Der Zugriff auf den Daten-Cache benötige einen einzigen Taktzyklus. Die Steuersignale und Registernummern werden aus dem Steuerregister gewonnen. Im STORE-Befehl kann - anders als im LOAD-Befehl - nicht zugleich die Berechnung der effektiven Adresse erfolgen, da das Registerfile nur zwei Leseports hat, die für die Adresse und das abzuspeichernde Datum benötigt werden. Für die basisrelative und die indizierte Adressierung (Bild 3.5) wäre es aber sinnvoll, den Datenpfad in der BA-Stufe um ein Werk für Adreßrechnungen zu erweitern. Es kann als weitere Pipelinestufe oder als nebenläufige Einheit integriert werden [Flyn95].

Die Befehlsausführung läßt sich oft noch in weitere Phasen unterteilen. Man erhält dann eine Rechenwerkpipeline. So kann z.B. die Fließpunkt-Addition in die folgenden Phasen unterteilt werden:

- Operanden übernehmen
- Exponenten anpassen und Mantissen angleichen
- Addition
- Ergebnis normalisieren.

Mikroprogammierte Steuerung

Bild 5.7 zeigt das Schema eines CISC-Prozessors mit mikroprogrammiertem Steuerwerk und einer zweistufigen Datenpipeline [Dres90]. Die Steuerung (F) des Befehlsstroms ist aufwendiger, da nicht in jedem Zyklus ein neuer Befehl geholt werden soll. Komplexere Maschinenbefehle benötigen mehrere Zyklen (LZ letzter Zyklus des aktuellen Befehls).

Befehlslatenz und Durchsatz

Unter Befehlslatenz versteht man die Dauer der Ausführung einer einzelnen Instruktion und unter Latchzeit die Zeit, um das Zwischenergebnis abzuspeichern. Im Idealfall ist die Befehlslatenz gleich der Stufenzahl k der Pipeline mal der Summe aus Durchlaufzeit τ einer Stufe und der Latchzeit l. Je kleiner die Stufen um so kürzer die Durchlaufzeit und um so größer aber die Summe der Latchzeiten, da es dann mehr Stufen gibt. Für die Befehlslatenzen L gilt somit: $L_S = k\tau + l$ ohne Pipelining und $L_P = k(\tau + l)$ mit Pipelining. Angenommen die Ausführungszeit einer Instruktion benötigt ohne Latchzeiten T Nanosekunden. Bei einer Einteilung in k Phasen ergibt sich eine Zykluszeit der Pipeline von $(T/k) + l$ Nanosekunden. Weiter sei nun angenommen, daß mit der relativen Häufigkeit b ($0 < b < 1$) die Pipeline nach einer

Instruktion neu gefüllt werden muß, wozu $k-1$ Zyklen benötigt werden. Dann ist der Durchsatz *ID* der Pipeline an Instruktionen gleich:

$$ID = \frac{1}{\left(1+(k-1)\cdot b\right)\left(\frac{T}{k}+l\right)} \qquad (5.3)$$

Das Maximum des Durchsatzes ergibt sich für $k_{opt} = \sqrt{\frac{(1-b)\cdot T}{b\cdot l}}$.

Numerisches Beispiel: Für $T = 120$ ns, $l = 5$ ns und $b = 0{,}22$ erhält man als optimale Stufenzahl $k = 9$. Mit $k = 9$ ist $ID \approx 20$ MIPS bei einer Zykluslänge von 18 ns. Die Befehlslatenz beträgt 165 ns. Ohne Pipelining hätte man 8 MIPS.

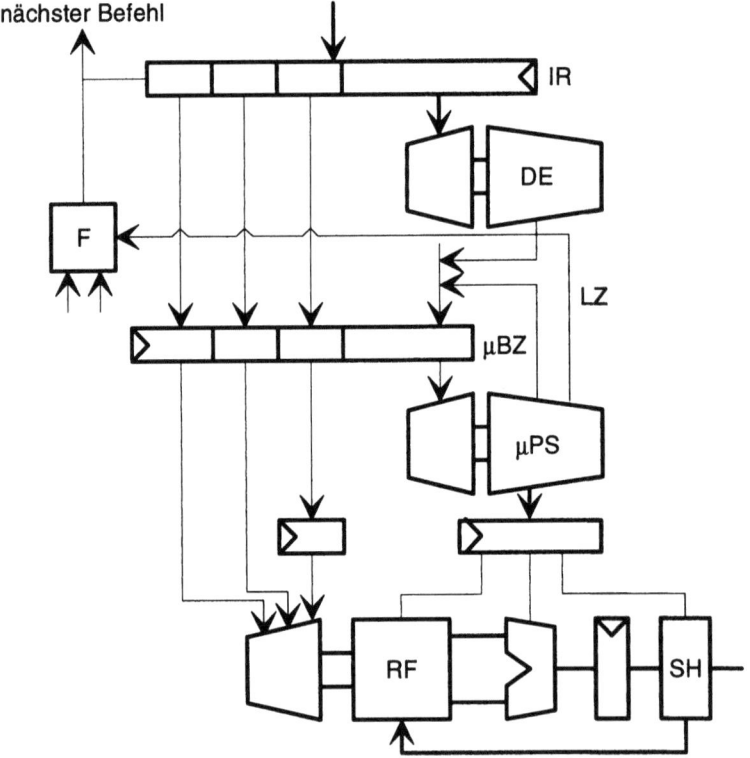

DE Decodierung; F Befehlsfortschaltung; SH Shifter

Bild 5.7 Mikroprogrammierte Steuerung

5.2 Pipelines

Eine SUPERPIPELINE ist eine Befehlspipeline mit mehr als 6 Stufen. Beispiel: MIPS R4000. Beim Übergang vom R3000- zum R4000-Mikroprozessor wurden die zeitkritischen Stufen wie Fetch und Speicherzugriffe in je zwei Stufen unterteilt und eine weitere Stufe, die Cache-Tags überprüft (Kapitel 6), hinzugenommen.

In gewissem Sinne besteht eine Analogie zwischen RISC-Maschinen- und CISC-Mikroprogrammbefehlen. Somit läßt sich der Instruktions-Cache eines RISC-Prozessors mit dem Mikroprogramm-ROM vergleichen, wobei jedoch der Cache viel flexibler als ein ROM genutzt werden kann. Ähnlich dem Pipelineregister des Steuerprozessors enthält das Instruktionsregister der RISC-Pipeline die Steuersignale. Ein Maschinenprogramm eines RISCs ähnelt daher einem Mikroprogramm und ist auch weit schwieriger zu erstellen als ein CISC-Maschinenprogramm.

5.2.2 Pipeline-Hemmnisse

Nicht immer ist es möglich, das Befehlsfließband fortwährend mit den richtigen Befehlen zu füllen. Hemmnisse entstehen u.a. durch Datenabhängigkeiten, Kontrollflußabhängigkeiten, Speicher- und Ladebefehle oder Betriebsmittelkonflikte. Betriebsmittelkonflikte sind strukturelle Hemmnisse. Sie können auftreten, wenn z.B. zu wenige interne Busse vorhanden sind oder das Registerfile zu klein ist. Das Erkennen und Vermeiden von Pipeline-Hemmnissen kann statisch durch den Compiler oder dynamisch, d.h. zur Laufzeit eines Programms, durch die Hardware geschehen. Ob eine Befehlspipeline effizient benutzt werden kann, hängt somit im wesentlichen von der Verfügbarkeit der Betriebsmittel, der Vermeidbarkeit von Datenabhängigkeiten und der Vorhersagbarkeit von Verzweigungen ab. Im folgenden werden besprochen:

- Datenabhängigkeiten: Sie entstehen, wenn ein Befehl das Ergebnis des vorhergehenden Befehls benötigt, bevor dieses zurückgeschrieben ist.
- Kontrollfluß-Abhängigkeiten: Sie entstehen durch bedingte Sprünge.
- Lade-/Speicherkonflikte: Sie entstehen, da Lade- und Speicherbefehle in der Regel mehrere Zyklen benötigen.

(a) Datenabhängigkeiten

Befehl B_{i+1} benötige zur Zeit t Daten des vorhergehenden Befehls B_i; B_i hat aber diese Daten noch nicht erzeugt, da seine Ausführung noch nicht beendet ist. Es entsteht ein sogenannter read-after-write-Konflikt. Als Lösungsmöglichkeiten bieten sich an:

74   Kapitel 5: Maßnahmen zur Steigerung der Leistung und Verläßlichkeit

(A) statisch: Einfügen von NOP-Befehlen in den Instruktionsstrom oder Umordnen von Befehlen.

(B) dynamisch: internes Weiterreichen (internal forwarding) oder Anhalten von Teilen der Pipeline (pipe-stall, to stall: hinhalten).

Beispiel (in GAL, s. Anhang B4): Wir wollen das folgende Programmstück betrachten.

```
subtract    reg0 ⇒ reg1
and         reg1 ⇒ reg2
add         reg1 ⇒ reg3
subtract    reg5 ⇒ reg6
```

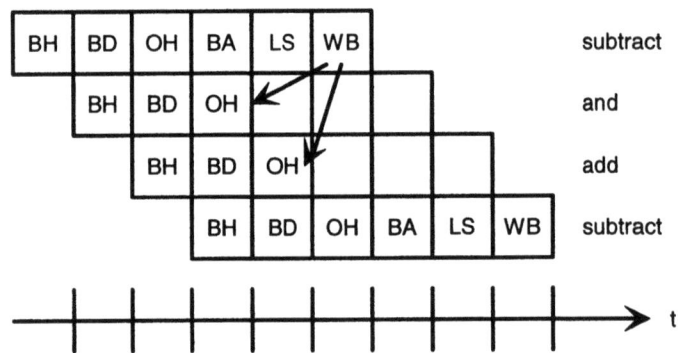

Bild 5.8 Datenabhängigkeit

Die Befehle 2 (and) und 3 (add) sind in der Operanden-Hol-Stufe, bevor der erste Befehl in die Rückschreib-Stufe gelangt (Bild 5.8). Damit verwenden sie die falschen Operanden. Die Befehle 2 und 3 müssen deshalb verzögert werden. Dies kann durch Einfügen von NOP-Befehlen oder durch das Umordnen unabhängiger Befehle erfolgen (Bild 5.9).

Pipeline Stalls: Unter Pipe(line) Stalls versteht man das Einfügen von NOPs (Blase, bubble) in den Befehlsstrom durch die Hardware. Dies geschieht durch die PIPELINE-INTERLOCK-EINHEIT (Blockierlogik). Sie erkennt, wann die Befehlsbereitstellung zu verzögern ist. Falls dies notwendig wird, ändert die Blockierlogik die Steuersignale für diejenigen Pipeline-Stufen, die auf die Decodierstufe folgen, derart, daß die Wirkung eines oder mehrerer eingeschobener NOP-Befehle entsteht (Bild 5.10a).

5.2 Pipelines

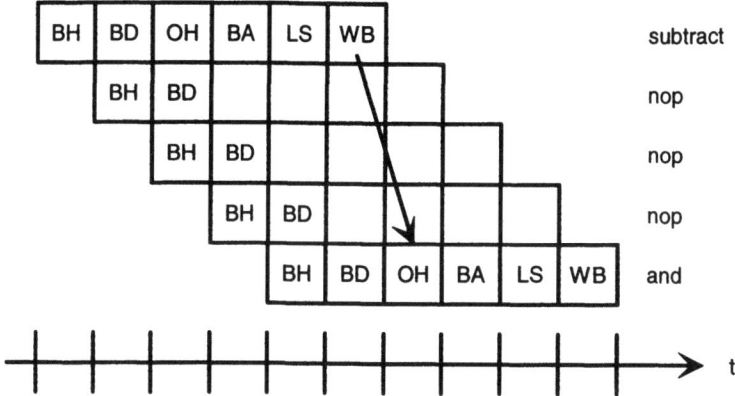

Bild 5.9a Einfügen von NOP-Befehlen

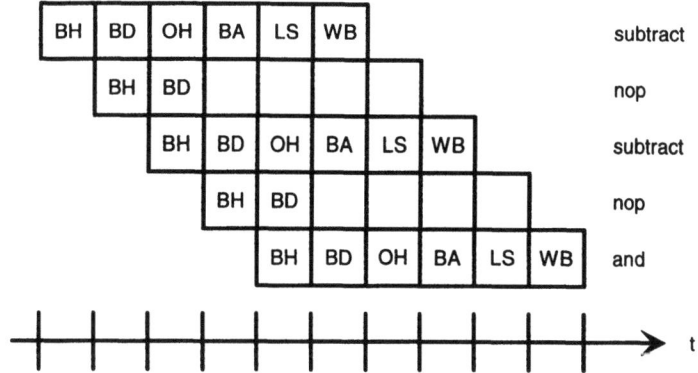

Bild 5.9b Umordnen

Der Compiler kann versuchen, den Code so umzustellen, daß möglichst wenige Pipe-Stalls auftreten (statisches Pipeline- oder Instruktions-Scheduling). Pipe-Stalls werden in der Regel auch bei Ausnahmen nötig, z.B. bei einem Cache-Miss.

Beispiel (Bild 5.10b): Zum betrachteten Zeitpunkt befinden sich die Befehle 1B bis 6B in den sechs Pipelinestufen; 5B und 3B seien datenabhängig. (3B muß sein Ergebnis erst zurückschreiben, bevor 5B seine Operanden holen kann). Deshalb müssen vor 5B zwei Blasen eingefügt werden. Die Befehle 5B und 6B benötigen jetzt 8 statt 6 Zyklen.

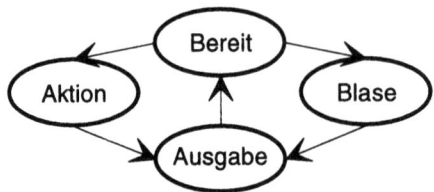

Bild 5.10a Aktionen einer Pipeline-Stufe

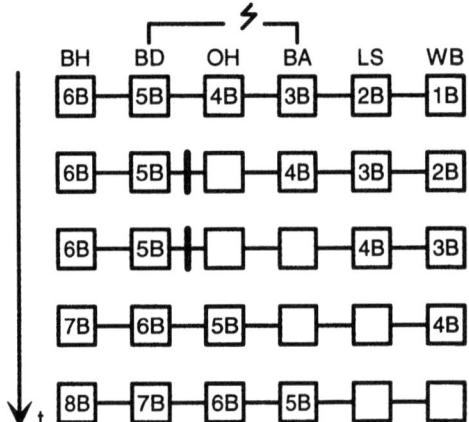

Bild 5.10b Annullieren von Pipelinephasen durch die Blockierlogik

Das nächste Bild (Bild 5.11) zeigt die Wirkung von Stall-Zyklen im Pipelinediagramm („zusätzliche" Stall-Phase).

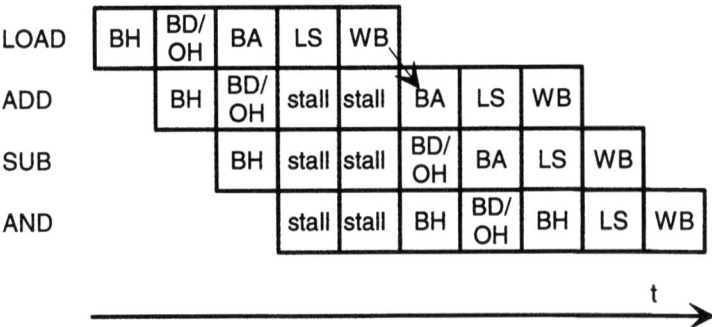

Bild 5.11 Pipe-Stalls

5.2 Pipelines

Die Hardwareeinheit, die erkennen kann, ob Datenabhängigkeiten (oder Betriebsmittelkonflikte) entstehen, nennt man SCOREBOARD (Reservierungstafel). Sie enthält für jedes Hardware-Betriebsmittel im wesentlichen ein Bit, das, falls der Befehl das Betriebsmittel benötigt, zu Beginn der Befehlsausführung zurückgesetzt sein muß. Vor Zugriff auf ein Betriebsmittel wird dessen Scoreboard-Bit geprüft und bei gesetztem Bit wird der Zugriff - und damit die Befehlsausführung - verzögert. Durch Setzen dieses Bits während der Ausführung belegt der Befehl dann das Betriebsmittel. So wird z.B. vom Befehl im Register-Scoreboard (Bild 5.12) das Zielregister belegt (setSCB). Nachfolgende Befehle prüfen das Scoreboard-Bit der Register, aus denen gelesen werden soll (check). Wenn eines davon belegt ist, wird die Befehlsausführung solange verzögert, bis das Scoreboard-Bit zurückgesetzt wird (resetSBC).

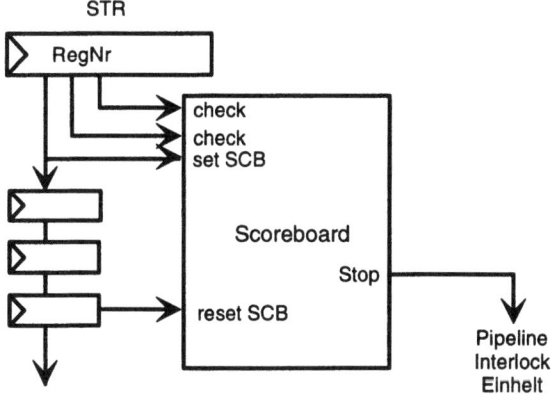

SCB Scoreboard - Bit des adressierten Registers

Bild 5.12 Scoreboard

Forwarding: Bei Internal Forwarding werden die Ergebnisse der ALU, falls sie für die nächsten Befehle benötigt werden, unter Umgehung des Registerfiles direkt der ALU-Stufe zugeführt (Bypass Bild 5.13 und 5.14). Dies bewirkt ein Verkürzen der Pipeline bei einem Datenkonflikt statt einem Verzögern der Befehle. Man erhält also eine dynamische Pipeline

Delayed Load: Das Laden eines Registerinhalts bzw. das Zurückspeichern in den Hauptspeicher benötigt in der Regel mehrere Maschinenzyklen. Wenn nun ein auf einen Ladebefehl folgender Befehl auf das Register zugreift, sind daher die Daten noch nicht vorhanden. Als Lösung bieten sich wieder an:

78 Kapitel 5: Maßnahmen zur Steigerung der Leistung und Verläßlichkeit

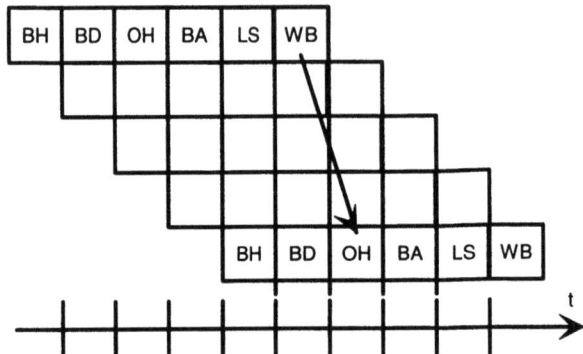

Bild 5.13a Ohne Forwarding

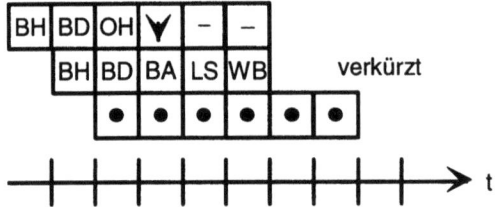

Bild 5.13b Mit Forwarding

statisch: Einfügen von NOP Befehlen und/oder Umordnen der Befehlssequenz;

dynamisch: Bypass (forwarding): Die benötigten Ergebnisse werden unter Umgehung des Registerfiles direkt der ALU übergeben oder Pipe Stall (Bild 5.14).

(b) Kontrollfluß-Hemmnisse

Auch Sprungbefehle stören die Fließbandverarbeitung, wie wir bereits gesehen haben, da nach einem Sprungbefehl das Fließband eventuell die falschen Befehle enthält und neu gefüllt werden muß (Unterbrechung des Befehlsstroms). Je länger das Fließband ist, desto größer ist seine Füllzeit. Messungen haben ergeben, daß dieser Typ von Hemmnissen die größte Verzögerung verursachen kann. Nach einem Sprungbefehl entstehen sogenannte delay slots (Verzögerungsschlitze) im Befehlsstrom (Bild 5.15).

5.2 Pipelines

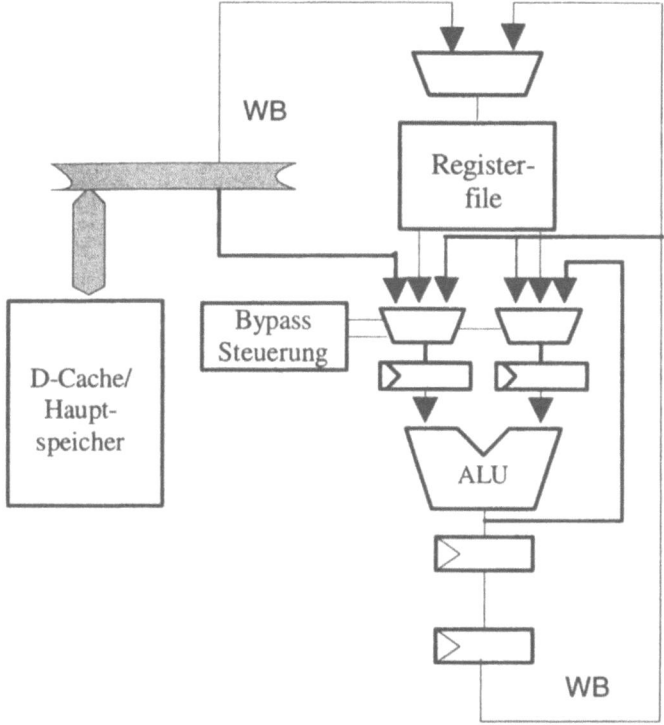

Bild 5.14 Bypass

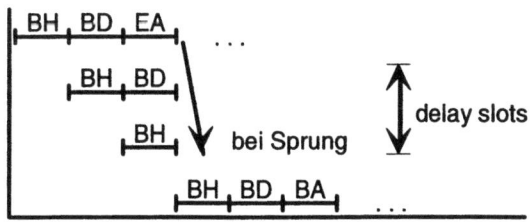

Berechnung der EA effektiven Sprungzieladresse

Bild 5.15 Delay Slots

Die Behebung dieser Kontrollfluß-Hemmnisse kann wieder statisch durch den Compiler geschehen - entweder durch Einfügen von NOP-Instruktionen oder durch ein Instruktions-Scheduling nach der Wahrscheinlichkeit, mit der ein Sprung erfolgt.

Delayed Branch (verzögerte Verzweigung): Die dem Sprungbefehl folgenden Befehle in den delay slots werden immer ausgeführt (Bild 5.16). Die delay slots sind dann mit vom Sprungbefehl unabhängigen Befehlen (notfalls mit NOPs) zu füllen.

Beispiel (GAL): label   subtract reg0 ⇒ reg1
                         load_address reg2 ⇒ reg3
                         jump: zero → label
                         nop:

mit Verwendung eines delayed jump:

                label   subtract reg0 ⇒ reg1
                         deljump: zero → label
                         load_address reg2 ⇒ reg3

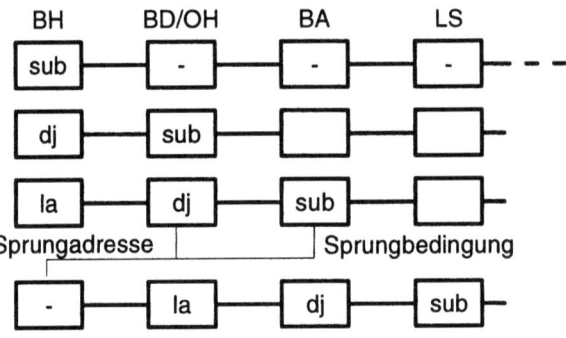

Bild 5.16 Delayed Branch mit Forwarding des Bedingungcodes

Der *load_address* Befehl wird unabhängig vom Ergebnis des *subtract* Befehls immer ausgeführt. Gibt es keinen unabhängigen Befehl, muß ein NOP eingefügt werden.

Dynamische Sprungvorhersage

Delayed Branches behindern die Programmportabilität, da unterschiedliche Prozessoren unterschiedlich viele delay slots aufweisen können. Wenn es z.B. getrennte BD und OH Stufen gibt, entsteht - anders als in unserem Beispiel - noch ein zweiter delay slot, der gefüllt werden muß. Oder aber die Hardware annulliert, falls der Sprung erfolgt, den auf *load_adress* folgenden Befehl. Dies ist eine einfache Form der Sprungvorhersage (nämlich „nicht springen").

5.2 Pipelines

Sprungzieladressen-Cache: Für die dynamische Sprungvorhersage werden in einem SPRUNGZIELADRESSEN-CACHE (branch target address cache, kurz auch BTC: branch target cache) Adressen von Sprungbefehlen und zugehörigen Sprungzieladressen vermerkt. Die Adressen der Sprungbefehle dienen als Tags, mit denen der jeweilige Befehlszählerstand verglichen wird. Auf diese Weise kann schnell, noch bevor der nächste Befehl decodiert ist, festgestellt werden, ob dies ein Sprungbefehl und welches das Sprungziel ist (Bild 5.17). Das Lokalitätsprinzip (zeitliche Lokalität, Kapitel 6.1) besagt außerdem, daß meist derselbe Sprung öfters hintereinander ausgeführt wird, so daß häufig Cachetreffer zu erwarten sind. Die Sprungvorhersage geschieht wie folgt:

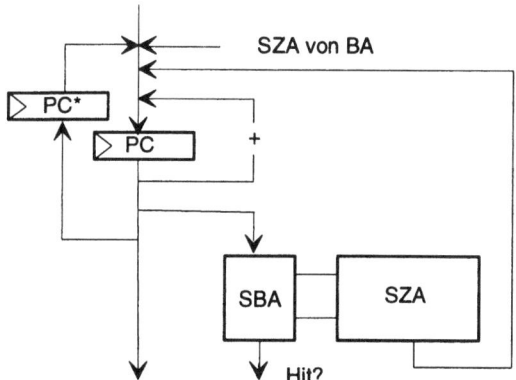

SBA Sprungbefehlsadresse, SZA Sprungzieladresse

Bild 5.17 Sprungzieladressen-Cache

Sprungvorhersage:

(1) Wenn die Befehlsadresse im PC mit einer der im Tag-Speicher des Caches gespeicherten Sprungbefehlsadressen übereinstimmt, dann ist der nächste zu holende Befehl ein Sprungbefehl, für den ein Sprung (*taken*) vorhergesagt wird.

(2) Dementsprechend enthält der Cache-Speicher die zugehörige Sprungzieladresse, die dann nach dem Holen des Sprungbefehls verwendet wird. (Voraussageverfahren). Bei einem Cachefehlzugriff ist der nächste Befehl entweder kein Sprungbefehl oder aber es wird kein Sprung vorhergesagt.

(3) Sollte sich, nachdem die Sprungbedingung ausgewertet wurde, herausstellen, daß die Sprungvorhersage nicht zutraf, wird die Pipeline „geleert" (flush, s.u.)

und der zum Sprungbefehl nächste Befehl geholt. Außerdem wird der Eintrag im Cache gelöscht.

(4) Ist der durch den Befehlszähler adressierte Befehl ein Sprungbefehl, aber seine Adresse nicht im Cache, wird „kein Sprung (*not taken*)" vorhergesagt. Bei falscher Vorhersage, wird der Sprung „nachgeholt" und der Cache aktualisiert.

Bei richtiger Vorhersage entsteht kein Zeitverlust. Angenommen aber, nach Verlassen einer Schleife wird zu einem späteren Zeitpunkt wieder zur Schleife zurückgekehrt. Dann führt die Sprungvorhersage sofort wieder zum Verlassen der Schleife, was aber nicht die Regel sein dürfte. Um diese falsche Vorhersage zu vermeiden, empfiehlt es sich, zwei Bits (oder auch mehr, sogenannte History-Bits) für jeden Cache-Eintrag zur Vorhersage zu benutzen.

Die folgenden Anweisungen spezifizieren ein mögliches Vorhersageprotokoll. Es verwendet für die Vorhersage 4 Zustände und verringert die Zahl der Fehlvorhersagen bei zwei verschachtelten Schleifen.

```
/* Vorhersage */
        IF state = 0 OR state = 1
        THEN nicht springen
        ELSE springen
        END;
/* Aktualisierung */
        IF gesprungen
        THEN IF state < 3 THEN
                IF state is even THEN INC(state)
                ELSE INC(INC(state))END
             END
        ELSE IF state > 0 THEN
                IF state is odd THEN DEC(state)
                ELSE DEC(DEC(state)) END
             END
        END;
```

Delayed Branch ist für kurze, Sprungvorhersage für tiefe Pipelines i.a. die bessere Lösung.

5.2 Pipelines

Statische Sprungvorhersage

Eine statische Verzweigungsvorhersage kann z.B. darin bestehen, den dynamischen Kontrollfluß je nach Typ des aktuellen Sprungbefehls vorherzusagen. So kann z.B. bei Sprungbefehlen, die vorwiegend für die Programmierung von Schleifen verwendet werden, *taken*, bei den anderen *not taken* vorausgesagt werden. Oder es wird bei einem negativen Displacement im Sprungbefehl *taken*, bei einem positiven *not taken* vorhergesagt.

Bei einer Verzweigungsvorhersage (allgemein bei einem Instruktions-Scheduling nach Wahrscheinlichkeiten) muß es möglich sein, einen Teil der bereits geholten Befehle nicht zur Ausführung gelangen zu lassen, um die Pipeline neu zu laden. Diejenigen Befehle, die nicht ausgeführt werden sollen, werden annulliert, d.h. in NOP-Befehle gewandelt. Man nennt dies einen Pipeline-Flush (to flush: ausspülen). Um bei falscher Vorhersage die Zeitverluste zu minimieren, kann man einen SPRUNGZIELE-INSTRUKTIONS-CACHE vorsehen. In ihm werden Sprungziel-Befehle und einige Folgebefehle eingetragen. So kann dann nach einem Pipeline-Flush die Pipeline aus diesem Cache heraus wieder schnell gefüllt werden. Seitenfehler und Interrupts können ebenfalls ein Flush erfordern.

Prepare-To-Branch: Der Sprungbefehl wird in zwei Befehle aufgeteilt: in einen den Sprung vorbereitenden Befehl und in den eigentlichen Sprungbefehl.

- Prepare-To-Branch: Dieser Befehl führt die Adreßrechnung durch und lädt den Zielbefehl in ein Sprungziel-Register.

- Eigentlicher Sprungbefehl: Er überprüft die Sprungbedingung und lädt gegebenenfalls den Zielbefehl aus dem Sprungziel-Register in das Instruktionsregister.

Zieht man den Prepare-To-Branch-Befehl vor, so ist der Zielbefehl rechtzeitig verfügbar.

Die Überwindung von Kontrollfluß-Hemmnissen ist insbesondere für Prozessoren mit nebenläufiger Befehlsausführung, sogenannte supersalare Prozessoren, wichtig. Für diese Prozessoren ist vor allem eine möglichst sichere Sprungvorhersage von großer Bedeutung.

5.3 Superskalare Prozessoren

Superskalare oder Multi-Unit- Prozessoren besitzen mehrere nebenläufig nutzbare Funktionseinheiten, z.B. für die Verzweigungsvorhersage, für Load/Store-Operationen (Kapitel 6.5.2), für Fest- oder Gleitkomma-Operationen. Andere Funktionseinheiten führen graphische Operationen oder Indexberechnungen aus. Diese Einheiten sind in der Regel Pipelines mit gemeinsamem oder getrennten Registerfiles (Bild 5.18). Ein gemeinsames Registerfile hat idealerweise drei Ports pro beteiligter Funktionseinheit- damit es nicht zum Flaschenhals wird. Wenn der Befehlstrom es erlaubt, werden in jedem Takt so viele Befehle fertig, wie es Funktionseinheiten gibt. Also ist CPI < 1 möglich. Die Vergabe der Betriebsmittel (Register, Funktionseinheiten, interne Busse) an die Instruktionen nennt man Instruktions-Scheduling. Für das dynamische Scheduling, d.h. für die Zuordnung während der Programmausführung, ist eine eigene Befehlszuordnungseinheit, die INSTRUCTION-DISPATCH-UNIT zuständig, die durch das Scoreboard unterstützt wird (Bild 5.18). Diese Nebenläufigkeit auf Instruktionsausführungsebene (ILP instruction level parallelism) ist für den Benutzer transparent. Durch sie entstehen aber zwischen den Befehlen verstärkt Abhängigkeiten [Henn96].

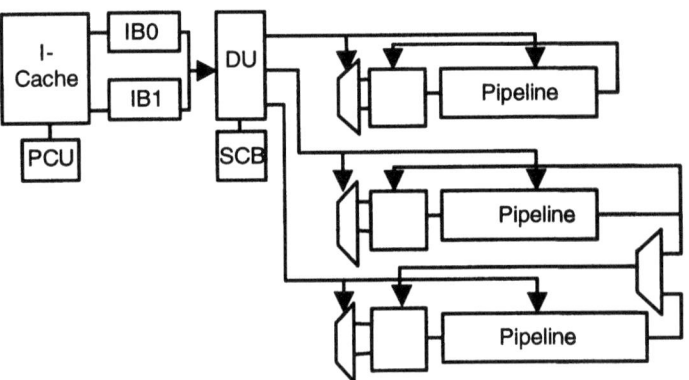

IB Instruktionspuffer; DU Instruktions-Dispatch-Einheit; SCB Scoreboard
Bild 5.18 Superskalar

Nebenläufig nutzbare Funktionseinheiten sind vor allem dann sinnvoll, wenn sie unterschiedlich viele Zyklen benötigen. Dann verzögert ein Befehl, dessen Ausführung länger dauert (z.B. LOAD bei Cache-Miss) nicht notwendigerweise die Ausführung nachfolgender Befehle. Dies führt aber zur sogenannten out-of-order-Ausführung von Instruktionen und damit zu einer Beendigung der Befehlsausführung, die von der im Programm vorgeschriebenen Reihenfolge abweichen kann. Also muß dafür gesorgt sein, daß die Ergebnisse in der richtigen Reihenfolge zurückgeschrieben werden. Jetzt kann auch ein sogenannter write-after-read-Konflikt (Antiabhängigkeit) entstehen. Befehl B_{i+1} folge auf Befehl B_i und Quellregister R von B_i sei zugleich Zielregister von B_{i+1}. Dann darf B_{i+1} nicht zurückschreiben, bevor B_i Register R ausgelesen hat. Diese potentiellen Konflikte sind bei der Betriebsmittelvergabe zu berücksichtigen. Außerdem ist zu beachten, daß jetzt nahezu in jedem Taktzyklus Verzweigungsbefehle bereitgestellt werden. Es macht deshalb bei superskalaren Prozessoren wenig Sinn, NOPs in den Instruktionsstrom einzuschieben, um Kotrollflußhemmnisse zu berücksichtigen, und ein *delayed branch* brächte keinen Leistungsgewinn. Geeigneter ist die Verzweigungsvorhersage, also das spekulative Ausführen von Instruktionen bis die Sprungbedingung ausgewertet ist.

Die Befehlshohlstufe überträgt die Befehle in einen (von evt. mehreren) Instruktionspuffer (Bild 5.18). Die Instruktionsbereitstellung sorgt für die Vergabe der benötigten Betriebsmittel an die Instruktionen. Write-after-read-Konflikte lassen sich mit Hilfe von Reservierungsregistern, sogenannten RESERVIERUNGSSTATIONEN oder Reservierungstafeln, und durch Registerumbenennen beheben. In ein solches Reservierungsregister kann B_i den Inhalt von R zu Beginn der Befehlsausführung für sich kopieren. Für das korrekte Rückschreiben der Ergebnisse läßt sich eine zusätzliche Pipelinestufe (REORDER BUFFER) vorsehen, die die Ergebnisse der Funktionseinheiten solange puffert, bis sie in der vorgegebenen Reihenfolge zurückgeschrieben werden können.

Reservierungsstationen

Der Grad der Nebenläufigkeit läßt sich erhöhen [Henn96, Flyn95], wenn man mit Hilfe spezieller Register, den Reservierungsstationen, die Betriebsmittelvergabe dezentralisert. Die auszuführenden Befehle werden dann sogleich nach ihrer Decodierung von der Instruction-Dispatch-Unit (zusammen mit den Operanden, falls diese bereits verfügbar sind) den Funktionseinheiten zugewiesen, die dafür spezielle Pufferregister besitzen (Bild 5.19a). Jede Funktionseinheit (FU) besitzt eine oder mehrere dieser Reservierungsstationen (RS). In ihnen wird Information über die von der FU auszuführenden (pending) Instruktionen eingetragen, nämlich der OP-Code und die Operanden oder die Quellen der Operanden. Damit besitzt die FU die Information, welche FUs die noch nicht verfügbaren Operanden liefern werden. Sobald alle

86   Kapitel 5: Maßnahmen zur Steigerung der Leistung und Verläßlichkeit

Operanden verfügbar sind, kann die entsprechende Instruktion von der FU ausgeführt werden. Das Ergebnis wird zusammen mit einer Kennung der FU (genauer der entsprechenden Reservierungsstation der FU) über den Ergebnisbus zurückgeschrieben und zugleich allen Reservierungsstationen mitgeteilt, damit diese das Ergebnis übernehmen können (Internal Forwarding mit Rundspruch). Die einzelnen Funktionseinheiten können so weitgehend unabhängig voneinander arbeiten.

Beispiel (Bild 5.19b): Von der Additionseinheit ist die Subtraktion (SUB) auszuführen, wobei ein Operand (FFFFFFFF) bereits verfügbar ist und die Multiplikationseinheit den anderen Operanden zu liefern hat. In der Reservierungsstation der Additionseinheit ist diejenige Reservierungsstation der Multiplikationseinheit vermerkt, die die auszuführende Operation spezifiziert (MULT1). Das Ergebnis der Additionseinheit soll nach Register 2 des Registerfiles geschrieben werden. Die Tags sind gewissermaßen Namen virtueller Register und beziehen sich auf die Reservierungsstationen. Ein Tag gibt an, welche Reservierungsstation die Instruktion enthält, die den Registereintrag liefern wird. Ein spezielles Tag wird verwendet, wenn der Operand sich bereits im Register befindet.

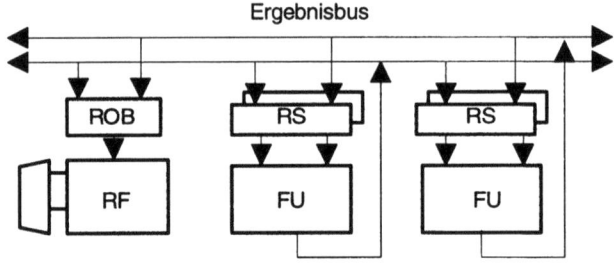

Bild 5.19a Reservierungsstationen

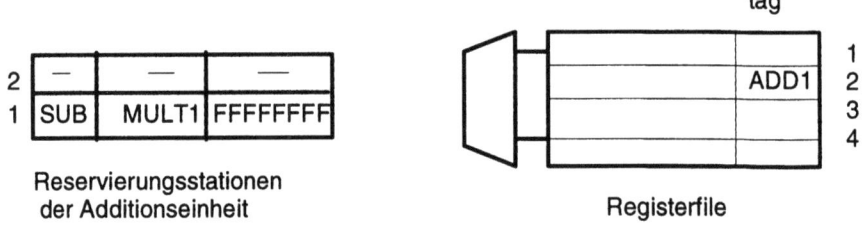

Bild 5.19b Reservierungsstationen und Registertags

Reorder-Buffer

Ein Reorder-Buffer ersetzt die Registertags (und auch das Scoreboard). Ergebnisse werden dann (durch internal forwarding) den Reservierungsstationen mitgeteilt und zunächst gleichzeitig in den Reorder-Buffer (ROB, Bild 5.19a) übernommen. Dieser Schritt ergibt eine zusätzliche Pipeline-Phase in der Befehlsausführung. Aus dem Reorder-Buffer werden die Ergebnisse dann in der erforderlichen Reihenfolge zurückgeschrieben (retiring oder graduation). Ergebnisse von Instruktionen, die fälschlicherweise spekulativ ausgeführt wurden, bleiben unbeachtet.

Auch die Bereitstellung der Befehle kann - wie die Befehlsausführung - die Anweisungsreihenfolge des Programms berücksichtigen (in-order issue) oder davon abweichen (out-of-order issue). Dem out-of-order Scheduling liegt das Datenflußprinzip zugrunde (Kapitel 2), d.h. mehrere ausführungsbereite Instruktionen werden von der Dispatch-Unit den Funktionseinheiten ohne Berücksichtigung einer Reihenfolge zugeteilt und sofort ausgeführt. In der Decodierphase werden dazu mehrere Instruktionen gleichzeitig decodiert und auf Abhängigkeiten überprüft. Dabei werden die Abhängigkeitsbeziehungen, gewissermaßen ein Datenflußgraph, zwischen den Instruktionen festgestellt. Die Anzahl N gleichzeitig überprüfter Instruktionen ist durch ein sogenanntes Instruktions-Fensters bestimmt. In jedem Maschinenzyklus werden dann bis zu M ($M \leq N$) unabhängige Instruktionen für die Ausführung bereitgestellt.

Beispiele für superskalare Prozessoren

Der 21164 ALPHA Mikroprozessor der Firma Digital Equipment (DEC) besitzt zwei 7-stufige Integer-Pipelines, zwei 9-stufige FP-Pipelines und eine 12-stufige Speicher-Pipeline. Die Pipeline für die Befehls*bereitstellung* ist 4-stufig: 1. Stufe: Lesen des Instruktions-Caches; 2. Stufe: Puffern der Instruktionen; Decodieren von Verzweigungsbefehlen und Bestimmung der nächsten Befehlsadresse; 3. Stufe: Zuordnen der Instruktionen zu den Funktionseinheiten; 4. Stufe: Bestimmung, ob die Instruktionen ausgeführt werden können, und Lesen des Integer-Register-Files.

Der Mikroprozessor PENTIUM PRO (P6) von INTEL ist ein typischer Vertreter fortgeschrittener Mikroprozessorarchitekturen. Er besitzt eine Superskalar-Superpipeline Architektur (mit bis zu 12 Pipeline-Stationen), einen Intel Instruktionssatz und „out-of-order"-Befehlsausführung (Bild 5.20). Der Instruktions-Cache der BH-Einheit liefert immer zwei Cache-Zeilen (16 Bytes). Die Decoder erzeugen aus jeder der in diesen Cache-Zeilen enthaltenen Instruktion bis zu 4 Mikrooperationen. Komplexere

Instruktionen werden mit Hilfe des sogenannten Microcode-Instruction-Sequencer (MIS) decodiert, der für diese Instruktionen die nötigen Sequenzen von Mikrooperationen bereitstellt, die ein Mikrooperations-Speicher liefert. Die Registerbezüge der so erhaltenen Mikrooperationen werden dann in physikalische Registernummern umgesetzt und Statusinformation hinzugefügt (RAT: register alias table, register renaming). Die Mikrooperationen gelangen nun in den „Instruction-Pool" (ROB: reorder buffer). Dieser ist als CAM-Speicher (Kapitel 6) ausgelegt. Die Dispatcheinheit wählt aus diesem Pool ausführbereite Mikrooperationen aus und führt sie den Funktionseinheiten zu.

Der Prozessor kann pro Zyklus bis zu 5 Mikrooperationen ausführen. Eine sogenannte Retire-Unit (RRF: retirement register file) überprüft den Status der Mikrooperationen im ROB. Diejenigen, die definit ausgeführt sind, werden entfernt und ihre Ergebnisse (in der richtigen Reihenfolge) zurückgeschrieben. Damit das Rückschreiben in der richtigen Reihenfolge erfolgt, wird der ROB nach dem FiFo-Prinzip geleert.

In gewissem Sinne handelt es sich hierbei um die Wandlung (Compilation) von Maschinenbefehlsfolgen in Folgen von Mikrooperationen, die nebenläufig von „mikroprogrammierbaren" (Micro-) Maschinen ausgeführt werden. Die CISC-Instruktions-Satz-Architektur von INTEL wird auf diese Weise gewissermaßen in eine RISC-ISA umgesetzt[1].

Die „Level 1"-Data-Cache Einheit (D-Cache) ist eine der FUs des Prozessors (vgl. auch Bild 6.30). Sie kann in jedem Zyklus einen Speicher- oder Ladeauftrag entgegennehmen mit einer Ladelatenz von drei Zyklen.

1965 erscheint die CDC 6600 als erster superskalarer Rechner mit 10 Datenprozessoren, 60-Bit Datenwortlänge, 3 Registerbänken à 8 Register (1x60-Bits Daten, 2x18-Bits Adressen), Load/Store-Architektur und 10 (virtuellen) peripheren Prozessoren (virtuelle Eingabe-/Ausgabe-Kanäle, Kapitel 7). Nachfolger war die CYBER 74. 1990 brachte INTEL den I860 als einen der ersten superskalaren Mikroprozessoren auf den Markt.

Eine weitere Möglichkeit, prozessorintern Parallelismus auf Instruktionsebene zu realisieren, ist mit den sogenannten VLIW-PROZESSOREN verwirklicht (VLIW: very long instruction word). Dabei werden nebenläufig ausführbare Operationen für die

---

[1] In der Literatur wird auch die Möglichkeit diskutiert, einen Mikroprozessor sowohl mit einem RISC- wie auch mit einem CISC-Kern zu versehen.

5.3 Superskalare Prozessoren

einzelnen Funktionseinheiten des Prozessors zu einem einzigen Instruktionswort zusammengefaßt. Dies ist vom Compiler zu bewerkstelligen. Die Hardware stellt dann jedesmal ein VLIW bereit und führt dieses aus. Vorraussetzung ist, daß alle Operationen die gleichen Ausführungszeiten haben.

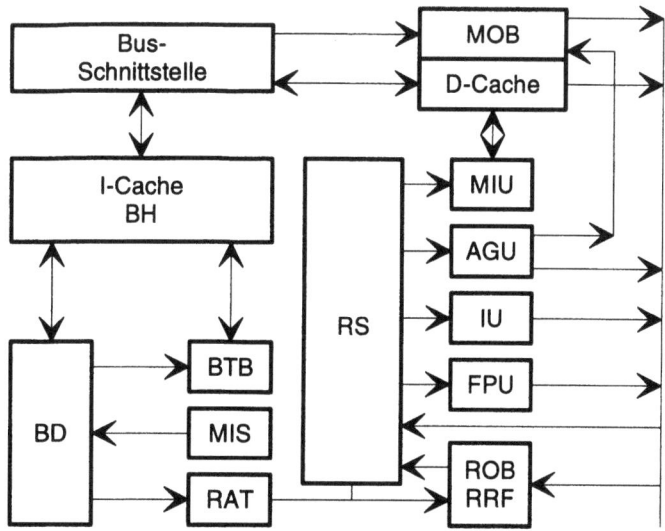

BTB Branch Target Buffer; RS Reservierungsstationen; MOB Memory Reorder Buffer; AGU Adreßgenerierung; MIU Speicherschnittstelle; IU Integer-, FPU Floating Point Unit

Bild 5.20 Pentium-Pro Blockdiagramm

Beschleunigung und Durchsatz

Die Ausführungszeit eines superskalaren Superpipeline-Prozessors für ein bestimmtes Programm ist (vgl. 5.3):

$$T^{ss}(n) = \left(k + \frac{n-m}{m}(1+(k-1)b)\right)(t_p + l) \tag{5.4}$$

mit k der Stufenzahl der Pipelines, m dem Nebenläufigkeitsgrad, n der Länge des Instruktionsstroms und t_p der Zykluszeit. Man erhält somit für die Beschleunigung:

$$S^{ss} = \frac{T^s(n)}{T^{ss}(n)} = \frac{mn(t_s + l)}{(mk + (n-m)(1+(k-1)b))(t_p + l)} \ .$$

Im Idealfall $l=b=0$ erhält man für den Durchsatz (vgl. 5.2):

$$d^{SS} = \frac{mn}{(mk+n-m)t_p} \to \frac{m}{t_p} \text{ für } n \to \infty.$$

Mit $t_s = kt_p$ ist die Beschleunigung im Idealfall gleich $S^{SS} = km$.

Numerisches Beispiel:

Für die Werte aus Kapitel 5.1.1: t_p = 18 ns, l = 5 ns, b = 0,22 und k = 9 und einem Nebenläufigkeitsgrad m = 3, erhält man t_s = 167 ns und S^{SS} = 8 für n = 1000. Bei einer 100% korrekten Verzweigungsvorhersage, also $b=0$, erhält man dagegen S^{SS} = 22. Der ideale Durchsatz ist d^{SS} = 0,17 Instruktionen pro Nanosekunde.

Grenzen für die Implementierung der funktionalen Nebenläufigkeit ergeben sich vor allem aus verstärkten Betriebsmittel-Konflikten, der Interruptbehandlung und der Begrenzung der Portzahl für Registerfiles.

5.4 Coprozessoren

Die Leistung des Rechnerkerns läßt sich nicht nur durch Pipelining und mehrere Funktionseinheiten steigern, sondern auch durch die Integration von COPROZESSOREN und ATTACHED PROZESSOREN. Diese bieten für spezielle Aufgaben eine besonders hohe Leistung. Attached Prozessoren bearbeiten einen eigenen Instruktionsstrom (mit spezifischen Instruktionen) und haben einen eigenen Speicher. Rechner mit attached Prozessoren sind eine Sonderform von Multiprozessoren. Rechner mit Coprozessoren sind dagegen eine Sonderform von Multi-Unit-Maschinen. Coprozessoren bearbeiten keinen eigenen Instruktionsstrom und besitzen keinen eigenen Speicher (Bild 5.21).

Beispiele für Coprozessoren sind: Gleitkomma- und Vektor-Coprozessor, die Memory-Management-Einheit und Graphik- oder Kommunikations-Coprozessoren oder Coprozessoren für die Verschlüsselung von Daten.

Die Spezialisierung der Coprozessoren erlaubt es, spezielle Aufgaben wesentlich schneller zu bearbeiten, als dies der (universelle) Hauptprozessor könnte. Beispielsweise stellen Vektor-Coprozessoren komplexe Instruktionen zur Verfügung, die auf Vektoren und Matrizen operieren. (Eine solche Vektorinstruktion mag einer ganzen Schleife von FP-Operationen entsprechen, wobei zwischen den einzelnen Operationen keine Datenabhängigkeiten auftreten). Es entstehen somit nur wenige Kontrollfluß-Abhängigkeiten, vor allem keine Verzweigungen, und die Instruktions-Hol-

5.4 Coprozessoren

Rate wird erheblich reduziert. Deshalb sind für Vektoroperationen tiefe arithmetische Pipelines sinnvoll. Vektorinstruktionen erzeugen ferner einen homogenen Datenstrom (Bewegung langer Vektoren). Daraus folgt, daß eine einfache Adressierung (Lokalität) ausreicht und auf Caches zu Gunsten von Load-Store-Pipelines und großen Vektorregistersätzen verzichtet werden kann (Load-Store-Architektur).

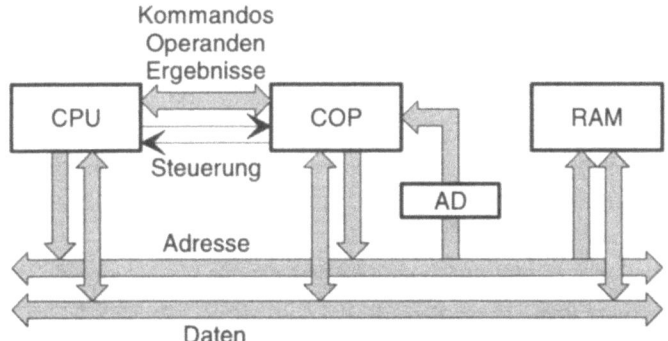

Ad Adreßdecodierung bei Speicherabbildung
Bild 5.21 Coprozessor

Wenn wir Vektoren der Länge n betrachten und k die Stufenzahl der Vektorpipeline ist, dann erhalten wir für den Durchsatz $D = n/(k+n-1)$. Mit $n = 512$ und $k = 10$ ist $D = 0,982$; pro Addition sind im Mittel 1,02 Zyklen nötig.

Coprozessoren lassen sich unterschiedlich integrieren:

(a) sichtbar für die CPU: Der Instruktionssatz der CPU enthält Coprozessorbefehle;

(b) teilweise sichtbar für die CPU: Die CPU kann nur zwischen CPU- und COP-Befehlen unterscheiden. Während der Decodierung und Ausführung eines COP-Befehls durch den Coprozessor führt die CPU NOP-Befehle aus. Wahlweise kann aber schon die nächste Instruktion ausgeführt werden. Dies Verfahren ist flexibler als (a).

(c) transparent für die CPU: Der Coprozessor ist speicherabgebildet, d.h. bestimmte Speicherbefehle der CPU sprechen den Coprozessor an. Sie werden dann vom Coprozessor als eigene Befehle interpretiert.

Sichtbarer Coprozessor

CPU:	COP:
Instruktion holen	.
OPCODE decodieren	
Kommando generieren →	Kommando übernehmen
Adressen generieren →	Adressen übernehmen
Operanden holen →	Operanden übernehmen
nächste Instruktion holen	Operation ausführen
	.
OPCODE decodieren	
	.
ev. auf Ergebnis von	Ergebnis abspeichern
Coprozessor warten	Ende anzeigen
Ergebnis übernehmen	
nächstes Kommando generieren →	
oder Befehl ausführen	

Es ist nicht möglich, mehrere und unterschiedliche Coprozessoren dieser Art zu integrieren, da die Coprozessorbefehle durch die ISA der CPU vorgegeben sind. Andererseits sind diese Coprozessoren relativ einfach in ihrem Aufbau, da für die Berechnung der Adressen und die Befehlsdekodierung keine eigene Logik nötig ist.

Teilweise sichtbarer Coprozessor:

CPU:	COP:
Fetch-Phase anzeigen →	
Befehl holen	Befehl übernehmen
und decodieren	und decodieren
Falls Cop-Befehl:	
	Adressen generieren
"NOP"	Operanden holen
"NOP"	Operation ausführen
"NOP"	Ergebnis abspeichern

Der Coprozessor „schnüffelt" sozusagen am Speicherbus und übernimmt diejenigen Befehle, die für ihn gedacht sind. Bei einem Hauptprozessor mit Befehlspipeline ist aber zu beachten, daß der Coprozessor möglicherweise bereits geholte Befehle nicht ausführen darf. Außerdem ist bei Einsatz von Befehlspuffern oder eines I-Cache das Schnüffeln (snooping) eventuell gar nicht realisierbar. Als Alternative zum Schnüffeln kann die CPU, sobald sie einen Coprozessor-Befehl erkennt, diesen an den zugehörigen Coprozessor übergeben.

Beispiel: MC68020 Coprozessor: Der OP-Code der Befehle unterscheidet zwischen CPU- und COP-Befehlen. An der COP-ID erkennen die Coprozessoren, für welchen von ihnen der Befehl bestimmt ist. Dieser zeigt dann der CPU an, daß er den Befehl übernimmt, andernfalls wird eine interne Ausnahme erzeugt und die Ausnahmebehandlung emuliert die Ausführung des COP-Befehls.

5.5 Maßnahmen zur Erhöhung der Verläßlichkeit

Auf einen Rechner ist nur Verlaß, wenn seine fehlerhaften Zustände rechtzeitig erkannt werden - wie selten sie auch sein mögen. Deshalb sind geeignete Fehlererkennungsmaßnahmen unerläßlich. Sie bilden in der Regel den Ausgangspunkt für die Fehlerlokalisierung und die Wiederherstellung des korrekten Systemzustands. Fehlererkennung basiert entweder auf Tests oder auf Überwachung. Tests erfordern einen eigenen Betriebsmodus, während Überwachung im Normalbetrieb des Rechners stattfindet. Beides läßt sich durch die Hardware-System-Architektur des Rechners unterstützen.

5.5.1 Fehlererkennung

Als Beispiele für die Harwareunterstützung des *Testens* seien hier Rechnerselbsttests (bist), das Speicherdurchsuchen (scrubbing) und Prüfpfade (scan path) erwähnt.

BIST (built-in self test): Auf dem Prozessor-Chip lassen sich in einem ROM Testprogramme unterbringen, die einzelne Rechnerkomponenten auf ihre Funktionstüchtigkeit überprüfen und durch einen Maschinenbefehl, z.B. RUNBIST, im Systemmodus gestartet werden können.

MEMORY SCRUBBING: Durch Scrubbing wird der Speicher regelmäßig gelesen und fehlerkorrigierend zurückgeschrieben. Die Daten müssen dafür fehlerkorrigierend codiert sein.

BOUNDARY-SCAN: Darunter versteht man ein Verfahren, das für Testzwecke den Zugriff auf die Input- und Output-Pins eines Chips über spezielle Schieberegister ermöglicht [McCl86, Kräg96]. Zwischen jedem Pin und der Chiplogik wird eine sogenannte Boundary-Scan-Zelle angebracht (Bild 5.22). Im normalen Betriebsmodus werden die Zellen so geschaltet, als wären sie nicht vorhanden. Im Testmodus werden sie zu einem Schieberegister verschaltet. Dadurch entsteht ein sogenannter Prüfpfad, über den Testinputs geladen und Testergebnisse ausgelesen werden können. Zugleich kann der Prüfpfad auch für den Test der Verbindungen zwischen den

94 Kapitel 5: Maßnahmen zur Steigerung der Leistung und Verläßlichkeit

Chips benutzt werden. Dazu sind eine Teststeuerlogik und einige zusätzliche Pins auf den Chips nötig, sogenannte Test-Access-Ports. Diese bilden eine genormte Schnittstelle für das Testen sowohl der Chiplogik als auch der Verbindungen zwischen Chips. Bild 5.22 zeigt das Zusammenschalten mehrerer Chips zu einem Prüfpfad für das Boundary Scan. Über TDI lassen sich Testmuster für die einzelnen Chips laden und über TDO Testergebnisse weiterreichen oder auslesen.

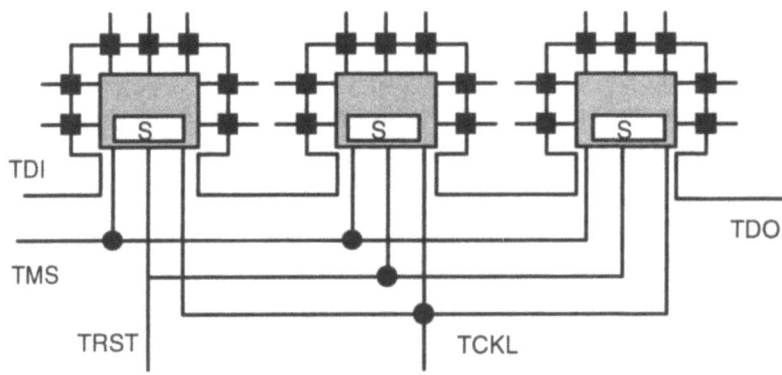

S TAP-Steuerung; Test-Access-Port:
TDI/O Test Data In/Out; TMS Test Mode Select; TRST Test Reset; TCKL Test Clock
Bild 5.22 Testanordnung

Die Boundary-Scan-Technik erhöht offensichtlich die Testbarkeit (und Testfreundlichkeit) des Rechnerkerns. Einen sich selbsttestenden Rechner erhält man, wenn man einen testbaren Rechnerkern, für den Selbsttestroutinen zur Verfügung stehen, mit einer Testeinheit verbindet. Diese kann ein eigener Rechner sein, der die Testeingaben erzeugt, Selbsttestroutinen anstößt und die Testergebnisse analysiert. Ein sogenannter Scan-Bus verbindet den Tester mit dem Prüfpfad des Rechnerkerns (Bild 5.23).

Während des Betriebs können Fehler - z.B. durch Paritätsüberprüfung bei fehlererkennender Codierung von Daten und Adressen (EDC: error detection coding) - erkannt werden. Watchdog-Timer lassen erkennen, ob die CPU produktive Arbeit leistet. Sie signalisieren einen Fehler, wenn sie von der CPU nicht rechtzeitig zurückgesetzt werden. Bild 5.24 illustriert den kombinierten Einsatz von Fehlererkennungsmaßnahmen in einem Rechner: Selbsttests (CPU-Selbsttest, RAM-Speicher-

5.5 Maßnahmen zur Erhöhung der Verläßlichkeit

Scrubbing und periodisches Überprüfen der Prüfsummen im ROM), Vergleich der Ausgaben mit den erzeugten Werten, Paritätsüberprüfung und Watchdog-Timer.

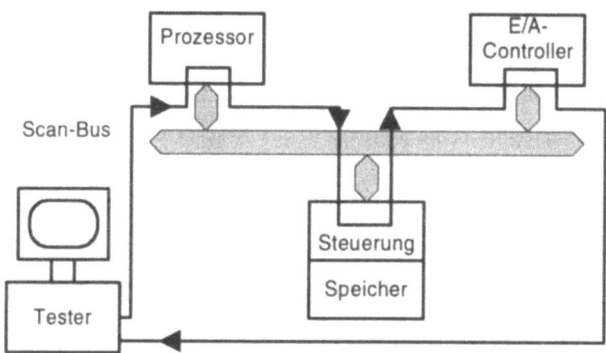

Bild 5.23 Sebsttestender Rechner

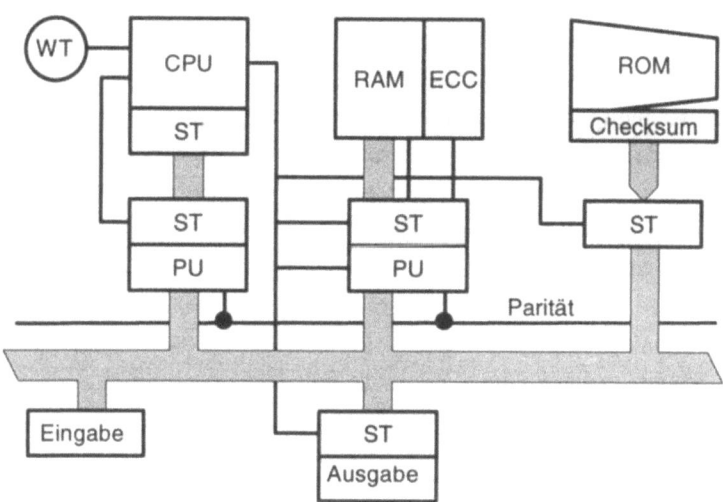

WT Watchdog Timer, PU Paritätsbit-Generator und -Checker,
ECC fehlerkorrigierender Code, ST Selbstests

Bild 5.24 Fehlererkennungsmaßnahmen

Die folgenden beiden *Überwachungsverfahren* erfordern eine Verdopplung des Prozessors. Sie ergänzen die oben erwähnten Verfahren, falls vom Rechnerkern eine sehr hohe Fehlererkennungsleistung (hohe Fehlerüberdeckung) gefordert wird. Damit lassen sich dann sogenannte Fail-Stop Systeme für sicherheitskritische Anwendungen realisieren. Von einem Fail-Stop System wird verlangt, daß es sein Fehlverhalten sofort erkennt und in den Stopzustand übergeht, ohne irgendwelche Seiteneffekte zu verursachen.

Beim sogenannten FUNCTIONAL REDUNDANCY CHECKING (FRC oder Master-/Checker-System) werden zwei identische Prozessoren taktsynchron zu einem Master-Checker-Paar zusammengeschaltet. Der Master treibt den Systembus, während der Checker die Bustransaktion des Masters mit seinen intern erzeugten Werten vergleicht. Im Fall einer Abweichung erzeugt er ein Fehlersignal. Prozessoren wie der Motorola MC 88000 und der Intel Pentium besitzen die dazu nötige Vergleichslogik auf dem Prozessor-Chip.

Andererseits läßt sich auch ein sogenannter WATCHDOG-PROZESSOR als attached Prozessor für die Überwachung einsetzen. Dieser kann z.B. die Speicherzugriffe des Hauptprozessors überwachen oder mittels Plausibilitäts- oder Akzeptanztests dessen Ergebnisse überprüfen. Er kann auch den dynamischen Kontrollfluß des Hauptprozessors überwachen (controlflow checking). Dazu wird das Progamm des Hauptprozessors in sogenannte Basisblöcke aufgeteilt und jeder Basisblock erhält eine eindeutige Kennung, eine sogenannte zugeordnete Signatur. Mit Hilfe eines Precompilers wird am Anfang eines jeden Blocks eine Anweisung für das Senden der Blocksignatur an den Watchdog-Prozessor eingefügt. Derselbe Präcompiler erzeugt auch eine Datenbasis für den Watchdog-Prozessor, in der angegeben ist, welches die erlaubten Folgesignaturen einer Signatur sind. Erhält nun der Watchdog-Prozessor eine Signatur vom Hauptprozessor, so vergleicht er sie mit allen Folgesignaturen der zuvor erhaltenen (und abgespeicherten) Signatur und meldet einen Fehler, wenn er keine Folgesignatur findet, die mit der erhaltenen übereinstimmt.

5.5.2 Fehlertoleranz

Fehlererkennung alleine liefert noch keinen verläßlichen Rechner. Erkannte Fehler müssen entweder auch maskiert oder behandelt werden. Die Fehlerbehandlung, z.B. die Erstellung von Sicherungspunkten (Checkpoints) und das Rücksetzen im Fehlerfall, ist in erster Linie Aufgabe der Betriebssoftware. Fehlermaskierung läßt sich dagegen durch eine geeignete Hardware-System-Architektur erreichen.

Das bekannteste Maskierungsverfahren ist das Votieren (TMR: TRIPLE MODULAR REDUNDANCY). Es wird vor allem bei Rechnern eingesetzt, die zuverlässigkeits-

5.5 Maßnahmen zur Erhöhung der Verläßlichkeit

kritische Steuerfunktionen ausführen. Dabei wird das Ergebnis einer Berechnung jeweils von drei redundanten Prozessoren erzeugt. Ein Voter bestimmt daraus dasjenige der Mehrheit, d.h. er maskiert fehlerhafte Ergebnisse. Solange also nur einer der Prozessoren in einen fehlerhaften Zustand gerät, ist keine Fehlerbehandlung nötig. Durch paarweises Vergleichen der Ausgaben ist der Voter aber auch in der Lage, den fehlerhaften Prozessor zu lokalisieren, so daß die fehlerhafte Einheit zu einem passenden Zeitpunkt ersetzt oder repariert werden kann.

Ein weiteres, praxisrelevantes Redundanzverfahren ist die VIERFACHREDUNDANZ (PSR: Pair and Spare Redundancy; Bild 5.25). Es basiert auf zwei redundanten Master-Checker-Paaren. Bei einem Fehlersignal (ERR) des checkers des ersten Prozessorpaars schaltet eine Überwachungseinheit (Schalteinheit SE) auf das zweite Prozessorpaar um. Dazu ist es eventuell nötig, Sicherungspunkte (checkpoints) zu erstellen, und im Fehlerfall das Reservepaar beim zuletzt erstellten Sicherungspunkt aufzusetzen (Rückwärtsfehlerbehebung). Gleichzeitig kann die Überwachungseinheit durch einen Interrupt im ersten Paar einen Selbsttest anstoßen. Stellt sich dann heraus, daß dieses Paar permanent fehlerhaft ist, läßt es sich (on-line) auswechseln.

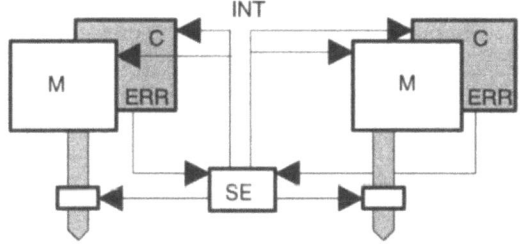

M: Master, C: Checker, SE: Schaltlogik, INT: Interrupt für Selbsttest
Bild 5.25 PSR

Ist ein Rechner in der Lage, selbstständig nicht nur Fehlzustände zu erkennen, sondern erkannte Fehler auch zu maskieren oder selbständig zu beheben, so spricht man von einem FEHLERTOLERANTEN RECHNER.

5.5.3 Rechnerdiagnose

Um eine hohe Verfügbarkeit zu gewährleisten und einen zufriedenstellenden Rechnerbetrieb über große Zeiträume aufrechterhalten zu können, werden in große Rechenanlagen häufig eigene Komponenten für die Systemdiagnose integriert, z.B. ein

Wartungsprozessor oder Hardware, die eine Ferndiagnose ermöglicht. Das dabei verfolgte Diagnosekonzept hat „die Systemgliederung - in Hardware, Software, Bedienung, die Lebensphasen eines Rechnersystems mit Planungs-, Realisierungs- und Nutzungsphasen, das Fehlerspektrum sowie unterschiedliche Verläßlichkeitsbedürfnisse - kulminierend in fehlertoleranten Systemen, eine mögliche systemtechnische, strukturelle, funktionelle und konstruktive Dekomposition, Aufwände und Kosten" zu berücksichtigen [Kräg96].

Anhang: Zur Spezifikation eines Prozessors

Bisher wurden Aufbau und Funktionsweise eines Prozessors umgangssprachlich beschrieben. Dies reicht jedoch nicht aus, wenn man z. B. den Entwurf eines Prozessors verifizieren will. Man benötigt dazu eine exakte und vollständige Spezifikation des Prozessors. Dafür sind Hardware-Beschreibungssprachen (HDL Hardware Description Languages) entwickelt worden. Manche ähneln höheren Programmiersprachen und enthalten zusätzliche Sprachelemente, z.B. für die Verschaltung von Funktionsblöcken. Programme in diesen Sprachen lassen sich mittels sogenannter Hardware-Compiler in eine Schaltungsstruktur übersetzen (Synthese). Ein HDL-Modell liefert in der Regel auch die Basis für die Simulation der spezifizierten Bausteine, so daß der Entwickler Alternativen bewerten kann, ohne Prototypen herstellen zu müssen. Falls die Möglichkeit besteht, Defekte zu beschreiben, lassen sich mit Simulation auch sogenannte Fehlerinjektionsexperimente durchführen. Sie dienen dazu, die Verläßlichkeit der spezifizierten Hardware zu bewerten (Anhang A1).

Zwei weitverbreitete Hardwarebeschreibungssprachen sind VERILOG [Golz95] und VHDL [Krop95, Blec96, Ashe96]. Um einen Eindruck von einer HDL zu vermitteln, sei ein kleines Beispiel in VHDL angeführt. Die Syntax von VHDL ähnelt der Programmiersprache ADA. Sie enthält alle Elemente einer prozeduralen Programmiersprache erweitert um Konstrukte für den Schaltungsentwurf. Diese dienen u.a. für die Beschreibung nebenläufigen Verhaltens, für die Beschreibung von Zeitverläufen und Signalwerten oder für die Beschreibung von Schaltungsstrukturen.

Ein Hardwaremodul wird in VHDL nach außen durch seine Schnittstelle festgelegt. Sie wird als ENTITY bezeichnet. Sein interner Aufbau wird in separaten Modulen, mit ARCHITECTURE bezeichnet, spezifiziert. Dies kann durch eine funktionale Verhaltensbeschreibung oder durch eine strukturelle Beschreibung geschehen (Bild 5.26). Eine ENTITY Deklaration spezifiziert i.a. sogenannte Ports, über die Information von außen in den spezifizierten Baustein und aus dem Baustein nach außen gelangt. Einem Hardwaremodul lassen sich bei unveränderter Schnittstelle unterschiedliche interne Beschreibungen (Architectures) zuordnen.

Ein VHDL-Verhaltensbeschreibung besteht aus einer Menge nebenläufiger Prozesse, die über Signale kommunizieren. Die Zuweisung von Signalwerten geschieht durch die Anweisung `signal <= ausdruck AFTER zeitausdruck`. Sie bewirkt, daß der Ausdruck ausgewertet und das Ergebnis nach einer Verzögerung

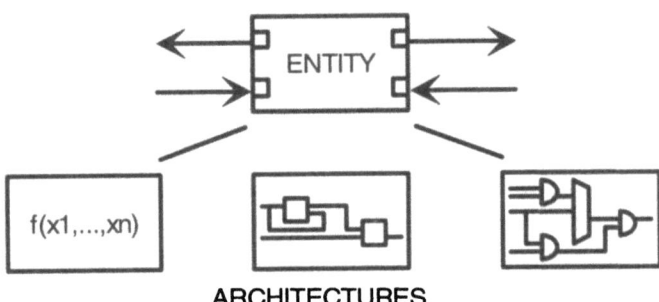

Bild 5.26 Beschreibungsmodule

gültig wird. Die WAIT-Anweisung bewirkt, daß die Ausführung eines Prozesses für eine gewisse Zeit suspendiert wird. Jeder Prozeß repräsentiert eine Komponente oder ein Subsystem der spezifizierten Hardware. Wenn die Struktur eines Bausteins und das Verhalten seiner Submodule beschrieben sind, ist es möglich, auf der Basis dieser Beschreibung den Baustein zu simulieren (Anhang A1).

Die Submodule eines Bausteins lassen sich als Blöcke spezifizieren. Blöcke haben ihre eigenen Schnittstellen. Wenn beispielsweise ein Prozessor bestehend aus Steuer- und Datenpfad beschrieben werden soll, kann man wie folgt vorgehen (Bild 5.27).

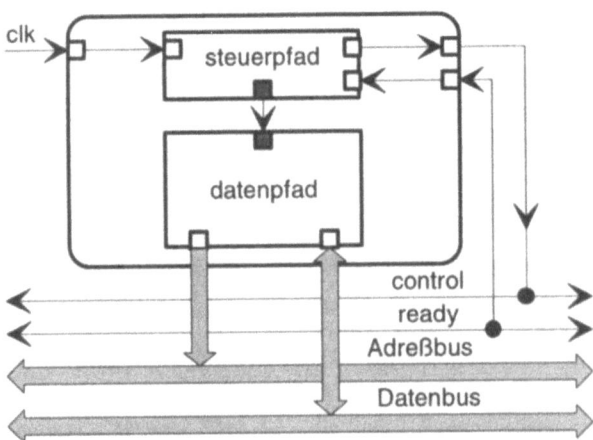

Bild 5.27a Prozessormodell

```vhdl
ENTITY processor IS
    GENERIC (max_clock_freq : frequency := 30 MHz);
    PORT (clock   : IN bit;
          address : OUT integer;
          data    : INOUT word_32;
          control : OUT proc_control;
          ready   : IN bit);
END processor;

ARCHITECTURE block_structure OF processor IS
    TYPE data_path_control is ... ;
    SIGNAL internal_control : data_path_control;
BEGIN
    control_unit : BLOCK
        PORT (clk : IN bit;
              bus_control : OUT proc_control;
              bus_ready : IN bit;
              control : OUT data_path_control);
        PORT MAP (clk ⇒ clock,
                  bus_control ⇒ control,
                  bus_ready ⇒ ready,
                  control ⇒ internal_control);
        Deklarationen für control_unit
    BEGIN   Anweisungen für control_unit
    END BLOCK control_unit;

    data-path : BLOCK
        PORT (address : OUT integer;
              data : INOUT word_32;
              control : IN data_path_control);
        PORT MAP (address ⇒ address, data ⇒ data,
                  control ⇒ internal_control);
        Deklarationen für data_path
    BEGIN   Anweisungen für data_path
    END BLOCK data_path;
END block_structure;
```

Bild 5.27b VHDL Beschreibung

Über `port map` werden die Ports der Schnittstelle mit den Ports der Architektur und die internen Ports (z.B. `internal_control`) miteinander verbunden.

Für eine Strukturbeschreibung lassen sich auch separat definierte Bausteinmodule, sogenannte Componenten, verwenden und über Signale untereinander verbinden.

Beispiel: Addierwerk (Bild 5.28)

Schnittstellendefinition des Addierwerks

```
ENTITY full_adder IS
    PORT (a, b, cin: IN bit;    -- Eingabeports
          sum, cout: OUT bit);  -- Ausgabeports
END full_adder;
```

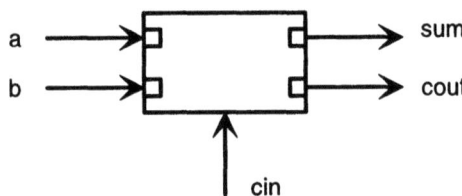

`bit` ist ein vordefinierter Datentyp, nämlich der Aufzählungstyp ('0','1').

Interne Verhaltensbeschreibung:

```
ARCHITECTURE behavioral_view OF full_adder IS
BEGIN
PROCESS     -- sequentieller Prozeß, der das Ver-
            -- halten beschreibt.
VARIABLE i: INTEGER; -- Index
CONSTANT  tabelle1:bit_vector (0 to 3):='0101';
          tabelle2:bit_vector (0 to 3):='0011';
    BEGIN i:= 0;
        IF a    = '1' THEN i := i + 1; ENDIF;
        IF b    = '1' THEN i := i + 1; ENDIF;
        IF cin  = '1' THEN i := i + 1; ENDIF;
        sum  <= tabelle1(i) AFTER 20 ns;
        cout <= tabelle2(i) AFTER 20 ns;
        --   <= Signalzuweisung, die Signalwerte
        --      sind in den Tabellen definiert wor-
        --      den
```

Anhang: Zur Spezifikation eines Prozessors

```
            WAIT ON a, b, cin;
            -- neue Eingaben
        END PROCESS;
    END behavioral_view;
```

Bild 5.28a Verhaltensbeschreibung

Die Funktion des Bausteins wurde in dieser Verhaltensspezifikation durch zwei einfache Tabellen festgelegt.

Beschreibung des Datenflusses:

```
    ARCHITECTURE dataflow_view OF full_adder IS
    SIGNAL s : bit;
    BEGIN
        s    <= a XOR b AFTER 5 ns;
        sum  <= s XOR cin AFTER 5 ns;
        cout <= (a AND b) OR (s AND cin) AFTER 10 ns;
    END dataflow_view;
```

Bild 5.28b Datenflußbeschreibung

Die rechte Seite einer Signalzuweisung wird jedesmal dann ausgewertet, wenn sich der Wert einer Variablen des Ausdrucks ändert. Die Zuweisung selbst wird aber erst nach der spezifizierten Verzögerung vorgenommen.

Strukturbeschreibung:

Schließlich sei auch noch ein Beispiel für eine Strukturbeschreibung des Volladdierers in VHDL gezeigt. Dazu nehmen wir an, daß in einer VHDL-Bibliothek bereits Module vorhanden sind, die ein ODER-Gatter und einen Halbaddierer spezifizieren (Bild 5.29).

```
    ARCHITECTURE structural_view OF full_adder IS
    COMPONENT half_adder
        PORT (i1, i2: IN bit;
              carry OUT bit;
              sum: OUT bit);
    END COMPONENT;
```

```
            COMPONENT or_gate
            PORT(i1,i2:   IN bit;
                    o:    OUT bit);
            END COMPONENT;
            SIGNAL x, y, z: bit;

            BEGIN
                s1: half_adder PORT MAP (a,b,x,y);
                s2: half_adder PORT MAP (y, cin, z, sum),
                s3: or_gate    PORT MAP (x, z, cout);
            END structural_view;
```

Bild 5.28c Strukturbeschreibung

Die PORT MAP-Anweisung gibt an, wie die Signale der einzelnen, extern definierten Module miteinander zu verbinden sind.

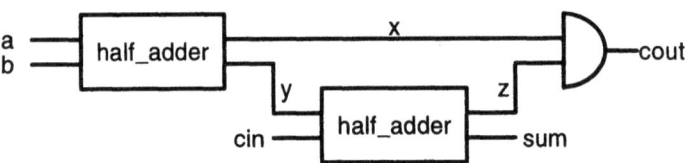

Bild 5.29 Strukturbeschreibung des Volladdierers

Mit Hilfe eines eigenen Moduls (CONFIGURATION) läßt sich schließlich eine dieser internen Realisierungen (Architectures) der Schnittstelle ENTITY `full_adder` zuordnen.

Bei der Erstellung einer Spezifikation ist i.a. auch zu berücksichtigen, daß der spezifizierte Baustein in einer bestimmten Umgebung eingesetzt wird und seine Funktion im Zusammenspiel mit dieser erfüllen muß, d.h. die Randbedingungen der Umgebung sind in der Spezifikation mit zu berücksichtigen. Hierzu zählen z.B. Zeitbedingungen oder auch Protokolle, welche die Kommunikation mit der Umgebung regeln.

Um die Spezifikation einer Befehlspipeline zu illustrieren, wollen wir im zweiten Beispiel eine logikorientierte Spezifikationssprache verwenden. Als Vorbild diene der R3000-Prozessor und dessen lw-Instruktion (*load word*). Es kann aber nur eine

Anhang: Zur Spezifikation eines Prozessors

stark vereinfachte Spezifikation angegeben werden. Das Beispiel ist bei weitem nicht vollständig. In Wirklichkeit ist der formale Aufwand sehr viel größer.

Zuvor aber sei die Beschreibung der lw-Instruktion (ein delayed load) aus dem Prozessor-Handbuch angegeben. (Sie besagt aber wenig über die Funktionsweise der einzelnen Pipelinestufen).

Zur Notation:

    ← Zuweisung, || Konkatenation, + Zweierkomplement-Addition,
    vAddress: virtuelle (effektive) Adresse,
    pAddress: physikalische Adresse
    GPR General Purpose Register

Format der lw-Instruktion:

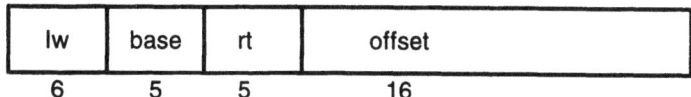

lw	base	rt	offset
6	5	5	16

Das 16-bit Offset wird um 16 Bits (Kopien des Vorzeichenbits) erweitert und zum Inhalt des allgemeinen Registers (GPR) mit Nummer base addiert:

$$vAddress \leftarrow (offset_{15})^{16} \,||\, offset_{15..0} + GPR[base] .$$

Aus dieser virtuellen Adresse (dies ist die effektive Adresse) wird die physikalische Adresse bestimmt und festgestellt, ob das Datum sich im Cache befinden darf (cachable). Mit der physikalischen Adresse wird das Datum ins Speicher-Daten-Register mem übernommen:

$$mem \leftarrow Load\ Memory\ (......, pAddress).$$

Die virtuelle Adresse wird gleichzeitig auf Korrektheit überprüft. Dann wird das Datum in das Register mit Nummer rt gebracht (write back):

$$GPR[rt] \leftarrow mem$$

Diese Beschreibung der lw-Instruktion aus dem Prozessorhandbuch gehört zur ISA.

Unser Prozessor habe eine 5-stufige Befehlspipeline:

BH: Befehl holen

    Dies erfordert einen Zugriff auf den Address Translation Cache (Kapitel 6.5.2) zur Bestimmung der physikalischen Adresse.

RD: Abschluß der Holphase
Lesen der Operanden aus Registerfile;
Decodieren der Instruktion

ALU: Ausführen der arithmetischen Operation oder Berechnung der effektiven Adresse (Load/Store)

LS : Zugriff auf den Daten-Cache (Load/Store)

WB: Zurückschreiben des ALU-Ergebnisses oder des Speicherinhalts in den Registerfile

Die folgenden Punkte sind zu beachten:

- Der Prozessor kann innerhalb eines Zyklus' auf die Caches zugreifen.
- Bei einem Interrupt werden alle Instruktionen in der Pipeline annulliert - außer derjenigen, die sich in der WB-Stufe befindet; d.h. es wird noch zurückgeschrieben. Ein Interrupt hat somit keinen Effekt auf den Inhalt des Registerfiles, da Register erst in der letzten Phase einer Instruktion aktualisiert werden.
- Das Registerfile kann aber umgangen werden (Bypass, Internal Forwarding).
- Pipeline-Stalls erfolgen bei Instruktions-Cache-Miss und bei Daten-Cache-Miss einer LOAD-Instruktion.
- Illegale Instruktionsfolgen sind z.B. eine Instruktion nach einem LOAD (im delay slot), die auf dasselbe Register des Registerfiles wie LOAD zugreift, oder ein Delayed-Branch Befehl, der auf einen solchen folgt.

Im folgenden werden Pipeline-Stalls nicht berücksichtigt, d.h. die Instruktion *lw* (load word) befinde sich im Instruktions-Cache und das Wort im Daten-Cache.

Wie wir gesehen haben, wird in einer Befehlspipeline Steuerinformation von Pipeline-Stufe zu Pipeline-Stufe in Registern weitergereicht. Wir bilden dies nach, indem wir für jede Stufe einen eigenen Befehlszähler (pc) und ein eigenes Instruktionsregister (ireg) vorsehen. Diese Register bezeichnen wir mit: *rd_pc, alu_pc ... ; alu_ireg, mem_ireg* u.s.f. (Bild 5.30). Für jede Stufe soll es außerdem eine Stall-Flagge geben, z.B. rd_annul, die besagt, ob die Ausführung der Instruktion in dieser Stufe annulliert wurde oder nicht. So setzt z.B. ein Interrupt alle x_annul-Flaggen bis auf die der WB-Stufe auf *wahr* (vgl. Pipeline-Flush).

Anhang: Zur Spezifikation eines Prozessors

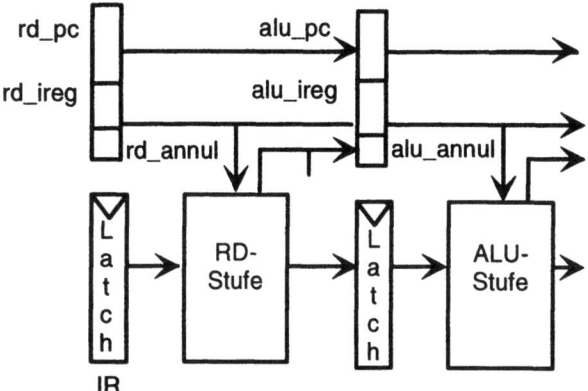

Bild 5.30 Pipeline-Stufen

Bevor wir nun eine Spezifikation der einzelnen Stufen der Befehlspipeline angeben können, müssen wir eine geeignete Schreibweise einführen.

Es sei *sp* eine Speichergröße (z.B. ein Register oder eine Flagge) oder ein Signal.

time ist ein fiktives Zählregister, das die Nummer des augenblicklich betrachteten Taktzyklus' enthält. Die Zeiteinheit ist eine Zykluslänge.

$sp^\wedge$ ist der Inhalt der Speichergröße *sp* im betrachteten Zyklus, somit ist $time^\wedge$ die Zyklusnummer.

run bezeichne das run-Signal. $run^\wedge$ hat den Wert *wahr* (1), wenn *run* aktiviert ist; also die Pipeline nicht angehalten wurde.

reset bezeichnet das Reset (Stop)-Signal.

Das Prädikat during (T1, T2, P) hat den Wert *wahr* genau dann, wenn das Prädikat P für alle Zeiten *t* mit T1 ≤ *t* < T2 den Wert *wahr* hat.

Die Funktion (Aktion) next($run^\wedge$) setzt *time* auf die Nummer des nächsten Phasenzyklus' (startet den nächsten Zyklus), falls $run^\wedge$ gleich *wahr* ist, sonst hat next keine Wirkung. Der Rückgabewert ist der neue Inhalt von *time*.

Beispiel[1]: Das Prädikat running, das spezifiziert, ob der Prozessor den nächsten Zyklus durchführt - also vorher nicht zurückgesetzt wurde - , lautet:

running === $run^\wedge$ AND during($time^\wedge$, next($run^\wedge$), NOT *reset*)

---

[1] Boolesche Ausdrücke und Funktionsparameter sind von links nach rechts „auszuwerten".

Spezifikation der BH-Stufe

Die BH-Stufe führt für jede Instruktion dieselben Aktionen aus. Die Instruktionsadresse ist zuvor bestimmt worden. Es sind noch die Funktionen *is_word_addr*, *icache_inactive* und *icache_read* zu spezifizieren. Wir wollen hier aber darauf verzichten; no_error ist eine logische Konstante.

```
BH_stage
= = = running
       AND NOT if_annul^
       AND is_word_addr(if_pc^)
   ⇒   (rd_error^ = no_error)
       AND isetup_read(if_pc^);Starte Lesezyklus


isetup_read(if_pc^)
= = = IF NOT rd_annul^
       THEN icache_read(physical_addr(if_pc^),
                cachable(if_pc^))
       ELSE icache_inactive;
```

WENN bis zum Beginn des betrachteten Zyklus' die Pipeline nicht zurückgesetzt wurde, die IF-Stufe nicht annulliert ist und der Befehlszähler der IF-Stufe eine Wortadresse enthält,
DANN setze die *rd_error*-Flagge auf *no_error* und
  FALLS die RD-Stufe nicht annulliert ist,
    bestimme die physikalische Instruktionsadresse und initiiere das Lesen des Instruktions-Caches (*icache_read*)
  SONST inaktiviere den Instruktions-Cache (*icache_inactive*).

Die Leseaktion hängt vom Cachable-Bit der Instruktionsadresse ab (eventuell ist ein Hauptspeicherzyklus einzuschieben). Falls eine der Bedingungen nicht erfüllt ist, wird gegebenenfalls eine Ausnahme signalisiert.

ALU-Stufe

Die Load-Instruktion (mit der Angabe von *base*, *rt* und *offset*) berechnet die effektive Adresse der Datenquelle (*eff_addr*) und weist sie der Variablen Addr zu. Sie startet eine Leseoperation, die in der folgenden MEM-Stufe ausgeführt wird

Anhang: Zur Spezifikation eines Prozessors

(*dsetup_read*). Das Prädikat *user_mode(time^)* ist wahr, wenn sich der Prozessor augenblicklich im Benutzermodus befindet.

```
ALU_lw_instr
= = = running
      AND NOT alu_annul^
      AND alu_ireg^ = lw_instr
      AND is_word_addr(eff_addr(Addr,base,offset))
      AND (user_mode(time^) ⇒ Addr < 2³¹)
  ⇒   alu_delayed_put(rt)
      AND dsetup_read(Addr)
      AND (mem_error^ = no_error)
```

Ein Lesen während des nächsten Zyklus' im Benutzermodus findet nur statt, wenn die Adresse legal ist (kleiner 2^{31}). Außerdem muß die ALU anzeigen, daß die nachfolgende Instruktion (im delay slot) nicht auf das Zielregister *rt* zugreifen darf (*alu_delayed_put*); d.h. das Zielregister im Registerfile wird reserviert.

Auf die Spezifikation der restlichen Pipeline-Stufen und weiterer Details sei hier verzichtet, da nur das generelle Vorgehen illustriert werden sollte. Eine Besonderheit sei noch erwähnt, die allgemein in RISC-Prozessoren anzutreffen ist: Register 0 enthält immer den Wert 0; eine Schreiboperation bleibt wirkungslos. Dadurch kann zum einen der häufig benötigte Wert 0 schnell bereitgestellt werden. Zum anderen spezifiziert eine Instruktion wie z.B. STORE, die den Inhalt des Registerfiles nicht ändert, (eventuell implizit) als Zielregister das Register 0. Dann hat die Write-Back-Stufe keinerlei Wirkung.

6 Speichersysteme

In diesem Kapitel wird auf die Architektur des Systemspeichers näher eingegangen.

6.1 Speicherhierarchie

Eine Speicherhierarchie entsteht im Zusammenwirken von Speichern unterschiedlicher Größe und Geschwindigkeit. Bild 6.1 zeigt den allgemeinen Aufbau einer solchen Hierarchie. Wie man sieht, besteht in der Zugriffszeit zwischen Register und Massenspeicher ein Faktor 10^6 und in der Größe ein Faktor 10^9. Durch Ausnützen der sogenannten Referenzlokalität von Programmen ist es möglich, mit einer derartigen Hierarchie Speicherzugriffe zu beschleunigen und die Größe des Hauptspeichers zu virtualisieren.

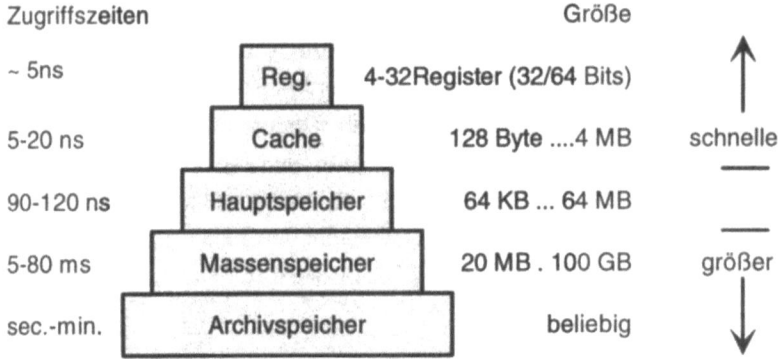

Bild 6.1 Speicherhierarchie

Unter REFERENZLOKALITÄT versteht man die Tendenz von Prozessen (Programmen), über eine Zeitspanne hinweg nur auf Daten und Instruktionen zuzugreifen, die kurz zuvor bereits referenziert wurden oder benachbarte Adressen haben. Die Gründe dafür sind u.a. die sequentielle Abarbeitung von Befehlen und die Lokalisierung von Operanden in Datensegmenten (Heap, Stack). Weitere Gründe sind der sequentielle Zugriff auf die Komponenten eines Feldes sowie Programmschleifen. Man unterscheidet zwischen zeitlicher und räumlicher Lokalität.

6.1 Speicherhierarchie

- Räumliche Lokalität: Der nächste Zugriff erfolgt auf eine benachbarte Speicherzelle.
- Zeitliche Lokalität: Der nächste Zugriff erfolgt auf eine Speicherzelle, auf die kurz zuvor bereits zugegriffen wurde.

In einem Multiprozessorsystem spielt außerdem die Prozessorlokalität eine Rolle, d.h. jeder Prozessor greift in der Regel überwiegend auf seinen privaten Datenbereich zu.

Je größer ein Speicher, umso langsamer ist er; je schneller ein Speicher, umso teurer ist er. Als Folge der Referenzlokalität genügt es aber, nur einen Teil der Programmdaten im Hauptspeicher zu halten. Bei Bedarf sind benötigte Speicherbereiche nachzuladen. Somit kann man eine Hierarchie von Speichern unterschiedlicher Größe und Geschwindigkeit verwenden und dadurch bei vertretbaren Kosten zweierlei erreichen: schnellere effektive Speicherzugriffe mit kleinen Speichern und große Speicherkapazität mit langsamen Speichern. Bezugspunkt ist der Hauptspeicher.

Einige Begriffe:

Block: Kleinster Datenbereich, der als Ganzes zwischen zwei benachbarten Stufen einer Speicherhierarchie ausgetauscht wird.

Blockrahmen: Bereich des schnelleren Speichers, in den ein Block kopiert werden kann.

Treffer: Der Block, der das gesuchte Datum enthält, befindet sich bei Zugriff im zugehörigen Blockrahmen des schnelleren Speichers (Hit).

Fehler: Kein Treffer (Fehlzugriff, Miss).

Trefferrate: Relative Anzahl der Treffer bei Speicherzugriffen (entsprechend Fehlerrate); sie hängt von dem Lokalitätsverhalten des Prozessors, von der Blockgröße und natürlich der Speichergröße ab.

Fehlerzuschlag: Zeit, die ein Speicherzugriff bei einem Fehlzugriff zusätzlich benötigt (miss penalty).

Wir wollen als erstes die mittleren Zugriffszeiten einer Speicherhierarchie mit n Schichten bestimmen. Dazu setzen wir voraus, daß sich die Daten der schnelleren Speicherschicht $i-1$ immer auch in der langsameren Schicht i befinden.

$H(i)$ sei die Wahrscheinlichkeit, die gesuchten Daten in Schicht i anzutreffen. Dies ist die Präsenzwahrscheinlichkeit für Speicherschicht i. $H(i)$ hängt von der Größe des Speichers und der Speicherverwaltung ab. Ferner sei h_i die Wahrscheinlichkeit, daß sich die Daten in Schicht i und nicht in Schicht i-1 befinden; dies ist die relative Trefferhäufigkeit (Hit Ratio) für Speicherschicht i. Es gilt nun:

$H(i) = $ P{ Daten in Schicht i *und* in Schicht i-1 } +

P{ Daten in Schicht i *und* nicht in Schicht i-1 }.

Also: $H(i) = $ P{ Daten in Schicht i | Daten in Schicht i-1 } ·

P{ Daten in Schicht i-1 } + h_i = $H(i\text{-}1) + h_i$

und $h_i = H(i) - H(i\text{-}1)$, $i > 1$.

Die effektive (mittlere) Zugriffszeit ist:

$$\mathrm{E}[T(n)] = \sum_{i=1}^{n} h_i T_i$$

mit T_i der Zeit, die benötigt wird, um schließlich die gewünschten Daten auf Schicht i vorzufinden. Bevor auf Schicht i zugegriffen wird, wurde bereits auf die schnelleren Schichten zugegriffen.

Also $T_i = \sum_{k=1}^{i} t_k$, t_k ist die Zugriffszeit der Schicht k.

Mit $H(0) = 0$ und $H(n) = 1$ gilt:

$$\mathrm{E}[T(n)] = \sum_{i=1}^{n} \sum_{k=1}^{i} t_k (H(i) - H(i-1)) = \sum_{i=1}^{n} [1 - H(i-1)] t_i$$

Speziell für $n = 2$ erhält man:

$$\mathrm{E}[T(n)] = [H(1) - H(0)] t_1 + [H(2) - H(1)] t_1 + [H(2) - H(1)] t_2$$
$$= t_1 + [1 - H(1)] t_2 = t_1 + [1 - h_1] t_2 = t_1 \cdot (r_1 + (1 - r_1) \cdot h_1)$$

mit dem Zugriffsverhältnis: $r_i = \dfrac{t_i + t_{i+1}}{t_i}$.

Wenn nun z.B. h_1 gleich 0,7 ist, ergibt sich mit $t_1 = 1$ (Cache) und $t_2 = 9$ (Hauptspeicher), also mit $r_1 = 10$, für die effektive Zugriffszeit der Wert 3,7; für r_1

6.1 Speicherhierarchie

= 5 erhält man 2,2. Bild 6.2 zeigt das Verhältnis $V = t_1 / E[T(2)]$ als Funktion der Trefferhäufigkeit h_1.

Neben der effektiven Zugriffszeit ist natürlich auch die Zuverlässigkeit eines Speichersystems eine wichtige Größe, da es in der Regel aus vielen Einzelkomponenten besteht. Wenn z.B. in 2 Jahren auch nur mit einem einzigen 1-Bitfehler in einem 1MByte-Speicher zu rechnen wäre, wären dennoch bei einem Parallelrechner mit 100 Prozessoren mit je 32 MByte Hauptspeicher jeden Tag etwa 5 Speicherfehler zu erwarten. Dies macht Fehlertoleranzmaßnahmen für große Speichersysteme notwendig.

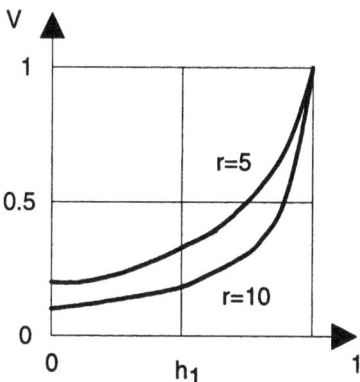

Bild 6.2 Zugriffsverhältnis

Man unterscheidet zwischen sogenannten weichen und harten Fehlern. Harte Fehler verursachen einen permanenten Defekt, weiche haben dagegen nur eine temporäre Wirkung. Die Zuverlässigkeit eines Speichers läßt sich u.a. durch fehlererkennende und -korrigierende Speicherung der Daten erhöhen. Die Daten werden dabei durch redundante Bits so ergänzt, daß eine Verfälschung (eines oder einiger) Bits beim Lesen erkannt werden kann. Bild 6.3 zeigt das allgemeine Vorgehen. Die Funktion f erzeugt die redundanten Bits. Diese werden zusammen mit den Daten abgespeichert. Wenn die Daten ausgelesen werden, werden die redundanten Bits erneut erzeugt und mit den abgespeicherten verglichen. Bei einer Diskrepanz werden sie von der Korrekturlogik benutzt, um Fehler eventuell auch zu korrigieren.

Bei k Nutzbits und r redundanten Bits ($r < k$) pro Speicherwort deuten $2^{k+r} - 2^k$ Worte auf einen Fehler hin. Insgesamt sind $2^{k+r} - 1$ Fehler möglich; natürlich sind nicht alle gleich wahrscheinlich. Dennoch kann das Verhältnis

$$v = \frac{2^{k+r} - 2^k}{2^{k+r} - 1} \approx 1 - 2^{-r}$$ als Maß für die Güte der Fehlererkennung gelten.

Spezielle Verfahren, mit denen der Hauptspeicher und große Massenspeicher zuverlässiger gemacht werden können, werden in Kapitel 6.5 und 6.6 vorgestellt.

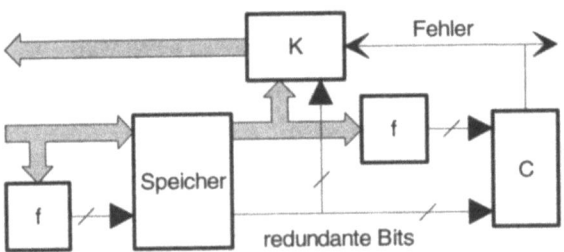

K Korrektureinheit; C Vergleichseinheit (Comparator)

Bild 6.3 Fehlererkennende und -korrigierende Codierung

6.2 Assoziativspeicher

Auf Speicherzellen eines Assoziativspeichers (CAM: Content Addressable Memory) wird nicht über Adressen zugegriffen; der Zugriff erfolgt vielmehr über Schlüsselworte und Masken, also inhaltsbezogen (Bild 6.4).

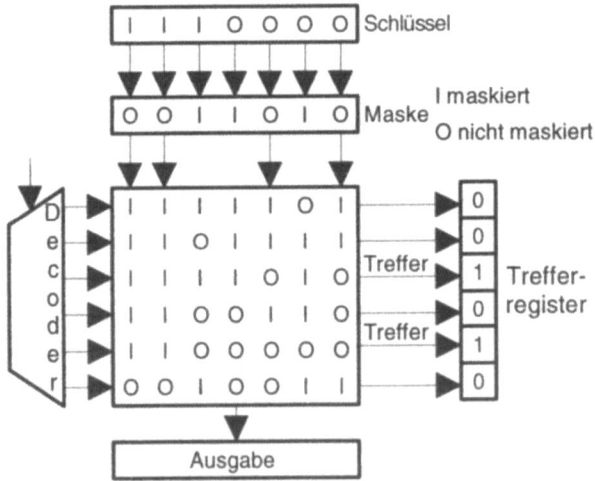

Bild 6.4 CAM

6.2 Assoziativspeicher

Der nichtmaskierte Teil des Schlüsselworts bildet den Suchschlüssel. Beim Suchen wird dieser Schlüssel gleichzeitig mit dem Inhalt aller Speicherzellen verglichen. Die Speicherworte, deren nichtmaskierter Teil mit dem Schlüssel übereinstimmt, werden im Trefferregister markiert. Zugegriffen wird durch Ansprechen der markierten Speicherzellen. Für das Laden nichtbelegter Speicherzellen ist ein spezieller Suchschlüssel nötig. Bei diesem Beispiel handelt es sich um einen adreßorientierten Speicher - erweitert um eine assoziative (inhaltsorientierte) Zugriffslogik. Versieht man einen derartigen Speicher zusätzlich mit Verarbeitungslogik zur Bearbeitung der selektierten Daten, so erhält man einen sogenannten ASSOZIATIVPROZESSOR [Wald95].

Eine Variante inhaltsbezogener Adressierung benutzt getrennte Speicher für Schlüssel (z.B. Adressen) und Daten. Alle gespeicherten Schlüssel werden nebenläufig mit dem gesuchten Schlüssel verglichen. (In der Regel wird davon ausgegangen, daß keine zwei Schlüssel im CAM gleich sind).

Das V-Bit kennzeichnet, ob das zum gespeicherten Schlüssel gehörende Datum gültig ist. Wenn dies der Fall ist, entsteht ein Treffer (Bild 6.5). Die aufwendige Vergleichslogik macht einen CAM teuer. Anwendung finden CAMs vor allem als Caches.

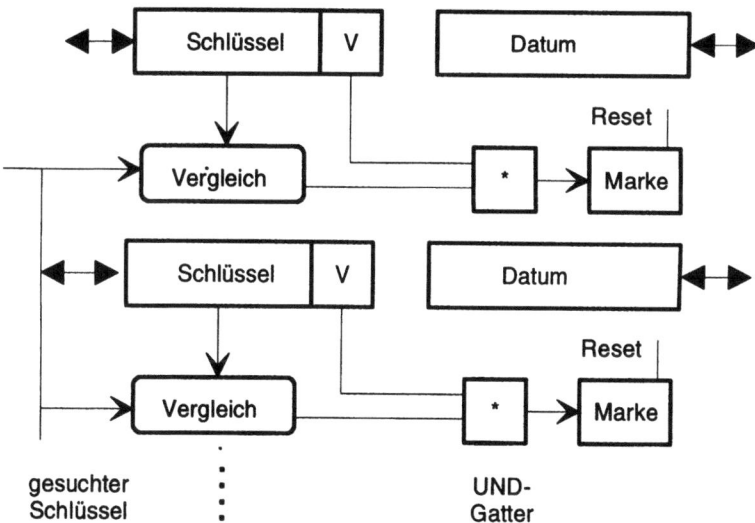

Bild 6.5 CAM

6.3 Caches

Ein Cache[1] ist ein schneller Pufferspeicher auf dem CPU-Chip oder zwischen CPU und Speicher. Caches sind nötig, um den Prozessor schnell genug mit Daten versorgen zu können. Oftmals ist sogar eine zweistufige Cachehierarchie realisiert. Bild 6.6 zeigt den Aufbau eines Caches. Er enthält neben der Cachesteuerung einen sogenannten Tag- und einen Blockspeicher (Daten-SRAM). Die Blockrahmen eines Caches nennt man Cache-Zeilen (cache lines). Ein Cache-Eintrag besteht somit aus zwei Teilen: einem Adreß-Tag (Etikett) und einem Block (Daten). Am zugehörigen Tag einer Cachezeile läßt sich erkennen, ob sich der gewünschte Block in dieser Cache-Zeile befindet. Die Cache-Zeilen werden jeweils mit einem Blockzugriff gefüllt.

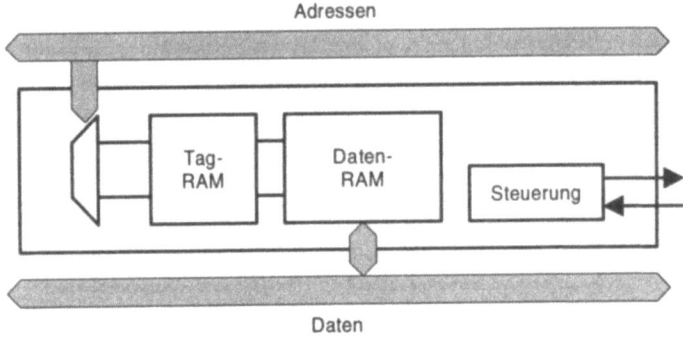

Bild 6.6 Cache

6.3.1 Cache-Typen

Caches unterscheiden sich u.a. in folgenden Aspekten: transparenter oder nichttransparenter Cache, virtueller oder physikalischer Cache, gemeinsamer Cache für Daten- und Instruktionen oder dedizierter Cache. Bei einem transparenten Cache gibt es keine Möglichkeit für den Programmierer, Cache-Aktionen zu steuern; bei einem nichttransparenten Cache enthält dagegen der Befehlssatz der CPU Cache-Instruktionen, z.B. für Laden oder Invalidieren von Cache-Inhalten. Oft lassen sich auch unterschiedliche Cache-Protokolle auswählen.

---

[1] Depot oder Versteck

6.3 Caches

Ein virtueller Cache arbeitet mit virtuellen, vom Prozessor erzeugten Adressen (VA). Ein physikalischer Cache arbeitet mit physikalischen, von der MMU erzeugten Adressen (PA) (Bild 6.7. Nicht gezeigt ist der Anschluß der MMU an den Datenbus für das Progammieren der MMU und das Durchsuchen der Seitentabellen durch die MMU). Virtuelle Caches sind schneller als physikalische, da nebenläufig auf Cache und MMU zugegriffen wird. Um feststellen zu können, ob ein Treffer erfolgte, muß nicht erst die physikalische Adresse bekannt sein; man siehe dazu aber Kapitel 6.5.2. Physikalische Caches ermöglichen einen direkten I/O-Cache-Transfer und eignen sich für das Snooping (s.u.).

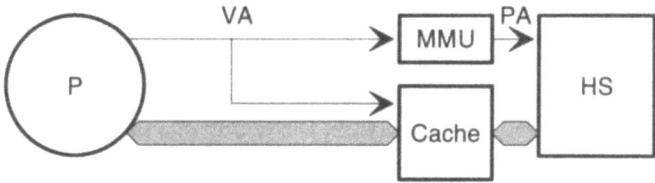

Bild 6.7a Virtueller (logischer) Cache

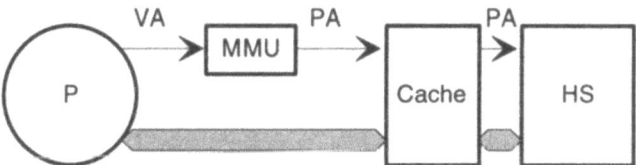

Bild 6.7b Physikalischer Cache

Bei virtuellen Caches ist zu beachten, daß in einem Mehrprogrammbetrieb einerseits dieselbe virtuelle Adresse auf verschiedene Speichereinheiten weisen kann und somit die Cachesteuerung nach einem Prozeßwechsel eventuell einen Block des aktuellen Prozesses nicht einlagert, da er dieselbe virtuelle Adresse hat wie ein Block des Vorgängerprozesses. Invalidieren des gesamten Cacheinhalts bei jedem Prozeßwechsel kann hier Abhilfe schaffen. Andererseits können sich unterschiedliche virtuelle Adressen auf dieselbe Speichereinheit beziehen (address aliasing), wenn z.B. zwei Prozesse bestimmte Daten gemeinsam benutzen. Es könnte dann geschehen, daß sich derselbe Block zweimal im Cache befindet, was zu Inkonsistenz führen würde. Gemeinsam benutzte Blöcke dürfen gegebenenfalls nicht gecachet werden.

Wenn man davon ausgeht, daß Instruktionen nur gelesen werden, entfällt das Modifizieren von Blöcken. Als Instruktions-Caches sind deshalb in erster Linie die schnelleren virtuellen Caches geeignet; eine eigene Adreßumsetzungsstufe der Pipeline ist dann eventuell nicht nötig. Außerdem ist die räumliche Lokalität bei Instruktionen hoch und somit sind große Blöcke sinnvoll. Dadurch erhöht sich die Trefferrate. Sie läßt sich noch weiter erhöhen, wenn auch ein Prefetch (Vorgriff) realisiert wird, d.h. bei Zugriff auf Block n wird gleichzeitig geprüft, ob sich auch Block $n+1$ im Cache befindet. Wenn nicht, wird er geladen.

6.3.2 Cache-Organisation

Für die Organisation eines Caches sind folgende Fragen relevant:

(a) In welche Cache-Zeile ist ein bestimmter Hauptspeicherblock zu speichern? (Abbildungsproblem)
(b) Wie läßt sich ein gewünschter Block im Cache auffinden? (Identifikationsproblem)
(c) Welche Cache-Zeile wird überschrieben, wenn ein neuer Block gespeichert werden muß und kein Blockrahmen frei ist? (Ersetzungsproblem bei Fehlzugriff)
(d) Was hat zu geschehen, wenn der Inhalt einer Cache-Zeile geändert wird? (Datenkonsistenzproblem)

(a) Abbildung

Direkte Abbildung

Bei einem direkt abgebildeten Cache-Speicher wird der Hauptspeicher in Abschnitte mit jeweils N Blöcken eingeteilt, wenn N die Anzahl der Cache-Zeilen ist. Der erste Block eines jeden Abschnitts wird bei Bedarf in die erste Cache-Zeile, der zweite in die zweite Cache-Zeile usf. gespeichert.

Assoziative Abbildung

voll-assoziativ: Ein Hauptspeicherblock kann in eine beliebige Cache-Zeile übernommen werden. Der Tag-Speicher ist ein Assoziativer Speicher, d.h. die Tags werden gleichzeitig nach dem Prinzip eines CAM verglichen (Tag gleich Schlüssel).

x-wege assoziativ (x-way set-associative): Ein Hauptspeicherblock kann in eine von x Cache-Zeilen übernommen werden. Diese x Cache-Zeilen bilden ein „Set". Es werden N/x Sets gebildet (Bild 6.8).

6.3 Caches

Assoziative Caches berücksichtigen neben der räumlichen die zeitliche Referenzlokalität stärker als direkt abgebildete Caches. Sie sind zwar teurer, haben aber eine höhere Trefferrate.

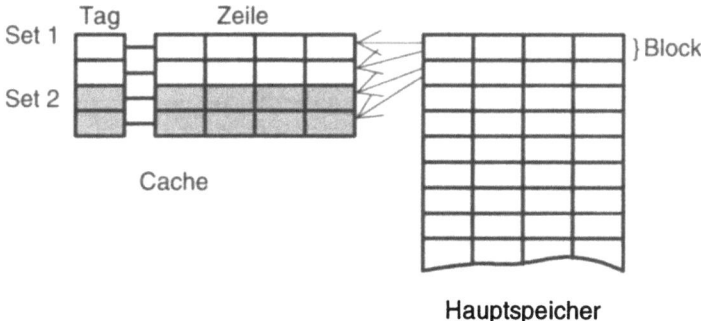

Bild 6.8 Blockzuordnung bei 2-Wege assoziativer Abbildung

(b) Identifikation

Die folgenden drei Diagramme (Bild 6.9) geben das jeweilige Identifikationsverfahren (Zugriffsverfahren) wieder.

Direkt-abgebildeter Cache-Speicher:

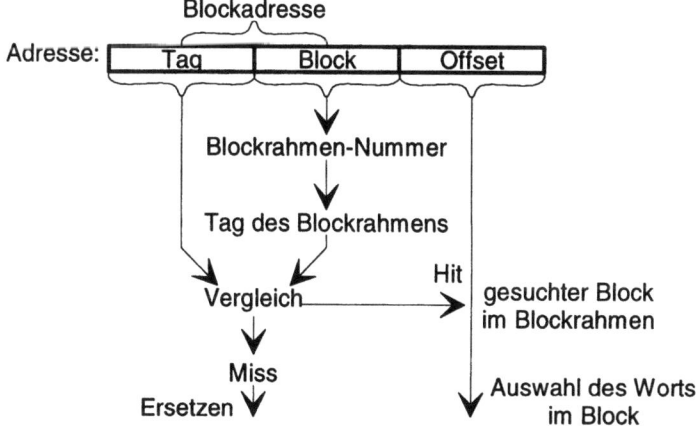

Voll-assoziativer Cache-Speicher:

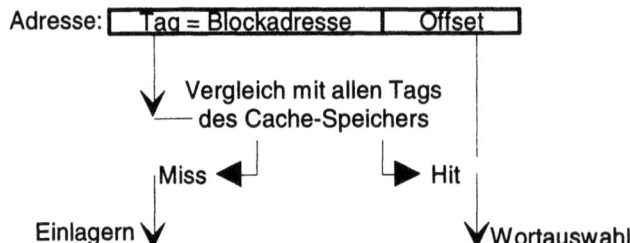

x-wege assoziativer Cache-Speicher:

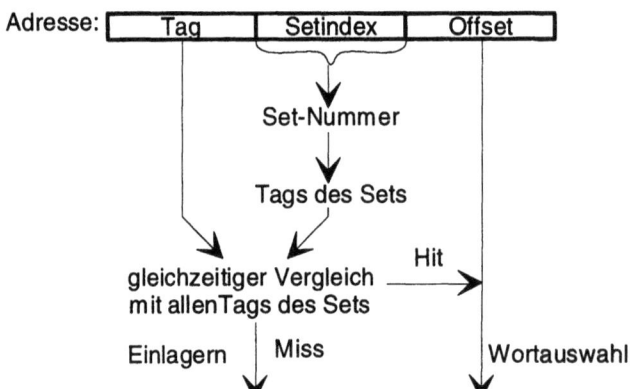

Bild 6.9 Cache-Zugriffe

Im Tag-Speicher eines Caches wird in der Regel noch weitere Information in Form zusätzlicher Bits (Verwaltungsbits) abgespeichert. Das Valid-Bit V zeigt an, ob der Inhalt der Cache-Zeile gültig ist. Er kann z.B. bei Arbeitsbeginn oder nach einem Prozeßwechsel (Cache-Flush) ungültig sein. Das Dirty-Bit D zeigt an, ob auf diese Cache-Zeile seit der letzten Ersetzung schreibend zugegriffen wurde. Wenn ja, ist auf Konsistenz mit dem Hauptspeicher-Eintrag zu achten (Cache-Konsistenzproblem, s.u.)

Bild 6.10 gibt die Struktur eines direkt abgebildeten Caches wieder - ohne Anschluß an den Datenbus. Das Reset-Signal ermöglicht ein Cache-Flush durch ein Rücksetzen aller V-Bits.

Die Organisation eines x-wege assoziativen Caches besteht i.w. darin, x solche Caches (Module) parallel zu schalten (Bild 6.11). Die Blockrahmen eines Sets liegen dann in unterschiedlichen Modulen. Die Module werden gleichzeitig über die Set-

6.3 Caches

Nummer angesprochen; es werden nun *x* Comparatoren gebraucht. Gegenüber der direkten Abbildung erfordern *x*-Wege assoziative Caches also einen größeren Aufwand in der Hardware. Neben einem Decoder für die Setnummer und weiteren Comparatoren für die Tags ist außerdem eine Hardware erforderlich, die bestimmt, welche Cache-Zeile jeweils überschrieben werden darf. Dazu können weitere Bits im Tag-Speicher dienen.

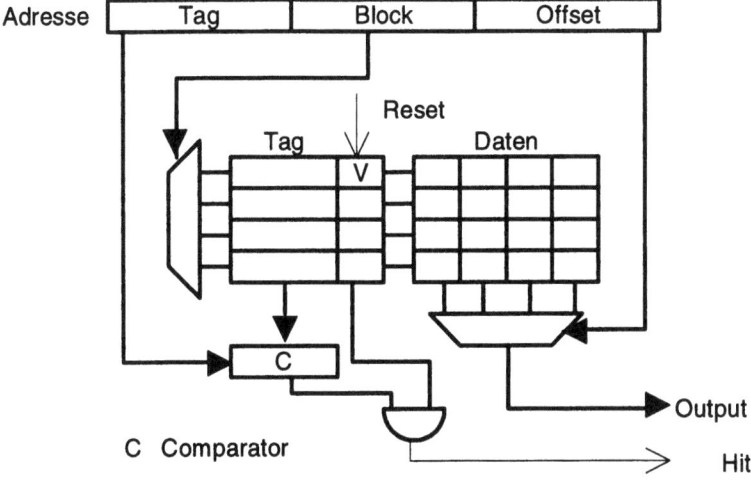

Bild 6.10 Direkt abgebildeter Cache-Speicher (SRAM): Lesepfad

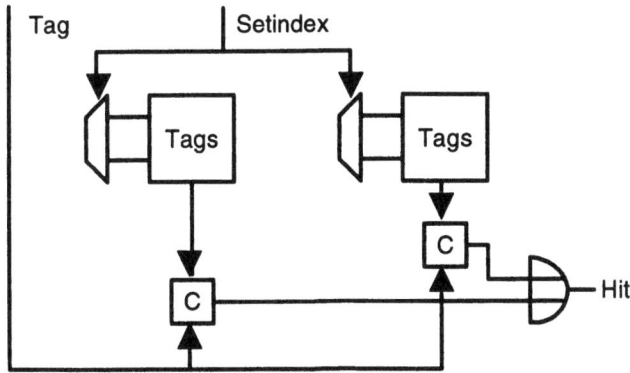

Bild 6.11 2-Wege Adreßpfad

Caches sind zuverlässige kritische Komponenten des Rechnerkerns und erfordern deshalb Fehlertoleranzmaßnahmen. Beispielsweise wird für den Sekundärcache des Mikroprozessors R10000 ein 9-Bit Fehlerkorrekturcode verwendet und zusätzlich ein Paritätsbit pro Quadword. Dieses Bit läßt sich schnell überprüfen. Wenn dann ein Fehler festgestellt wird, wird das Lesen wiederholt - dieses Mal jedoch von einer zweistufigen fehlerkorrigierenden Lade-Pipeline [Yeag 96].

(c) Ersetzung

Ein direkt abgebildeter Cache-Speicher erfordert keine Ersetzungsstrategie, da keine Wahlmöglichkeit besteht. Für assoziative Cache-Speicher sind verschiedene Strategien möglich, die mehr oder weniger das Lokalitätsprinzip berücksichtigen, z.B.:

- LRU (Least Recently Used): Die Zugriffsfolge auf die einzelnen Blockrahmen wird aufgezeichnet (LRU-Stack). Derjenige Blockrahmen, der die längste Zeit nicht mehr referenziert wurde, wird überschrieben; - dies berücksichtigt die zeitliche Referenzlokalität.
- RANDOM: Der zu überschreibende Blockrahmen wird durch einen Pseudo-Zufallszahlengenerator bestimmt.
- FIFO (First-In-First-Out): Die „älteste" Cachezeile wird zuerst überschrieben.
- LFU (Least-Frequently-Used): Diejenige Cachezeile, auf die am seltensten zugegriffen wurde, wird ersetzt.

6.3.3 Cache-Operationen

Die Cache-Operationen sind:

Lesen:	die CPU verändert nicht den Cache-Inhalt;
Schreiben:	die CPU verändert den Inhalt einer Cache-Zeile;
Rückschreiben:	der Inhalt einer Cache-Zeile wird in den Hauptspeicher zurückgeschrieben;
Laden:	Ein Block des Hauptspeichers wird in eine Cache-Zeile kopiert.

Bei *lesendem* Zugriff (Bild 6.12) wird folgendermaßen vorgegangen:

Bei einem *Treffer* (Hit), d.h. falls Valid-Bit = 1 und sich das Datum im Cache befindet, wird das Datum vom Cache geholt.

6.3 Caches

Bei einem *Fehler* (Miss) wird das Datum vom Hauptspeicher geholt. Gleichzeitig wird der Block, zu dem das Datum gehört, in die Cache-Zeile eingetragen, die durch die Ersetzungsstrategie bestimmt ist. Ein Fehler erfordert eventuell Stall-Zyklen der Prozessor-Pipeline.

Für das *Schreiben* gibt es folgende Alternativen:

- bei einem Treffer (Hit):   write-through oder write-back (copy back)
- bei einem Fehler (Miss):   write-around oder write-allocate

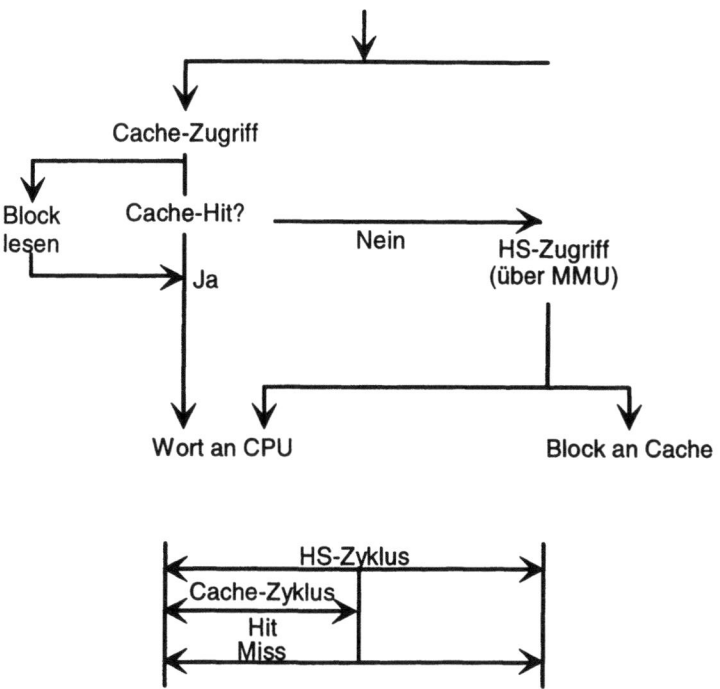

Bild 6.12 Cache-Zyklus

Mit einer Schreib-Operation wird in der Regel gleichzeitig auch ein Hauptspeicherzugriff vorbereitet.

Bei einem *Schreib-Treffer:*

a) write- oder copy-back: Der Hauptspeicher wird erst aktualisiert, wenn der modifizierte Block überschrieben wird, wobei das Dirty-Bit anzeigt, ob ein Block modifiziert wurde. Dies ist effizient, bewirkt jedoch eine zeitweilige Dateninkonsistenz. Lesefehler erfordern erst ein Rückschreiben, wenn die zu ersetzende Cache-Zeile modifiziert wurde.

b) write-through: Mit dem Cache-Inhalt wird auch der Hauptspeicherblock modifiziert. Meist gibt es aus Effizienzgründen einen Schreibpuffer, in dem die Schreibzugriffe zwischengespeichert werden (Bild 6.13). Vor einem Lesezugriff muß dieser erst abgearbeitet werden.

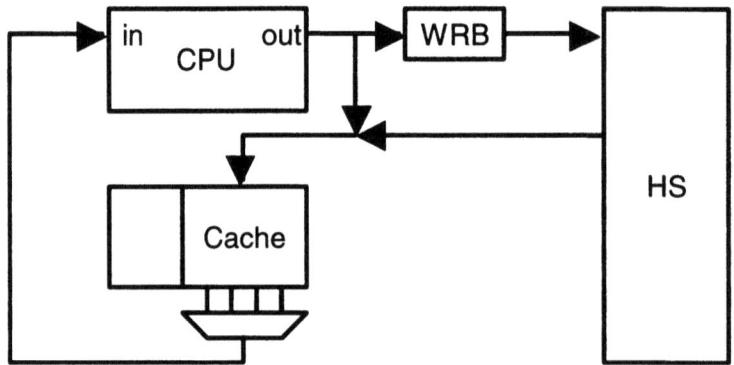

WRB Write-Buffer;   HS Hauptspeicher

Bild 6.13 Write-Through-Datenpfade

Bei einem *Schreib-Fehler*:

a) write-allocate: Der betroffene Block wird in den Cache-Speicher kopiert. Daraufhin folgt eine Schreibtreffer-Operation.

b) write-around: Der Block wird im Hauptspeicher modifiziert. Auf ein Kopieren in den Cache-Speicher wird verzichtet.

In der Regel wird write-back mit write-allocate sowie write-through mit write-around kombiniert, da bei write-through ein Schreiben ja immer auch den Hauptspeicher (HS) betrifft.

Beispiel: Der MC68040 besitzt physikalische Instruktions- und Daten-Caches; beides sind 4-wege assoziative Caches; die Größe der Caches ist 4 KByte, unterteilt in 64 Sets mit je 4 Cache-Zeilen. Jede Cache-Zeile enthält vier 32-Bit Wörter. Der Daten-Cache läßt ein write-through mit write-around oder ein write-back wählen.

Beispiel: Der Krypton-5 (K5) von AMD besitzt eine Intel-ISA und einen RISC-Kern. Seine Organisationsform ähnelt der des Pentium Pro. Die 6-stufige Befehlspipeline (effektiv nur 5 Stufen wegen Bypasses) enthält 6 parallele Funktionseinheiten: zwei ALUs, zwei Lade/Speichereinheiten, eine Verzweigungseinheit und eine FPU mit parallelen Vergleichs-, Additions- und Multiplikations-Fließbändern. Als Speichereinheiten besitzt dieser Mikroprozessor einen zweifach verschränkten, 16 KByte großen 4-wege-assoziativen Instruktionscache mit Kapazität für die Verzweigungsvorhersage (1 KByte), einen 4-wege-assoziativen Cache für Adreßumsetzungen (TLB) für 128 Einträge und einen virtuellen, vierfach verschränkten, 8 KByte großen 4-wege-assoziativen, write-back 2-Port-Datencache.

6.3.4 Datenkonsistenz

Bei Verwendung von Caches existieren Kopien ein und desselben Blocks sowohl im Cache als auch im Hauptspeicher. Konsistenz besteht nur, falls sich die Kopien nicht unterscheiden. Für Monoprozessoren mit write-through sind die Daten immer konsistent und mit write-back werden sie auf Veranlassung konsistent.

Falls zeitweilige Inkonsistenz zugelassen wird, entstehen Probleme, z.B. beim direktem Speicherzugriff durch einen DMA-Controller (DMA direct memory access, Kapitel 7.2). Vor jedem DMA-Zugriff muß der Hauptspeicher auf den neuesten Stand gebracht werden; danach muß eventuell auch der Cache neu geladen werden. Das Cache-Konsistenzproblem ist besonders gravierend für Multiprozessorsysteme mit gemeinsamem Hauptspeicher (UMA- oder NUMA-Architekturen). Man spricht dann von einem Cache-Kohärenz-Problem. Bei diesen Multiprozessorsystemen müssen nämlich nicht nur Hauptspeicher und der lokale Cache eines Prozessors, sondern auch alle Caches konsistente Daten enthalten (Bild 6.14). Dafür gibt es mehrere Lösungsmöglichkeiten:

(a) Gemeinsam benutzte Daten werden als „nicht Cache geeignet" gekennzeichnet. Dieses Vorgehen ist nicht transparent und reduziert die Cache-Trefferrate.

(b) Zugriffe auf gemeinsame Daten sind nur in kritischen Abschnitten zugelassen. Dieses Vorgehen serialisiert die Zugriffe. Solange ein Prozessor die Daten in seinem Cache hält, darf kein anderer Prozessor diese Daten benutzen. Die Zugriffssteuerung erfolgt mit Hilfe von Locks oder Semaphoren, die dann ihrerseits mit dem Attribut „nicht cachebar" zu versehen sind.

(c) Cache-Kohärenz-Protokolle (z.B. MESI-Protokoll).

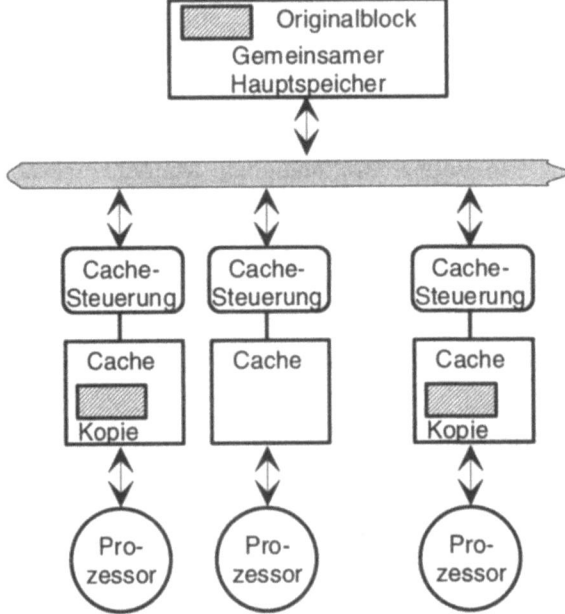

Bild 6.14 Multiprozessorsystem

Um Cache-Cohärenz in einem Multiprozessor mit write-through-Caches zu gewährleisten, kann man jeden Cache mit einer SCHNÜFFELLOGIK (snooping logic) versehen. Sie überwacht den Adreßverkehr auf dem (gemeinsamen) Speicherbus. Bei jeder Schreiboperation ermittelt diese Logik die Speicheradresse und stellt fest, ob diese sich auch im eigenen Cache-Tag-Speicher befindet. Wenn ja, werden die entsprechenden Cache-Zeilen invalidiert oder aktualisiert. Der Tag-Speicher des Caches ist dafür mit zwei Leseports versehen (Bild 6.15). Bei einem virtuellen Cache können aber auch zwei Tag-Speicher vorhanden sein. Dann nimmt der zweite Tag-Speicher für die Schnüffellogik die physikalischen Adressen auf (Beispiel K5). Damit sind immer beide Adressen, die virtuelle und die physikalische, für jede Cache-Zeile bekannt.

Bei write-back-Caches muß der Programmierer veranlassen können, daß modifizierte gemeinsame Daten, die von mehreren Prozessoren verwendet werden, zurückgeschrieben werden.

6.3 Caches

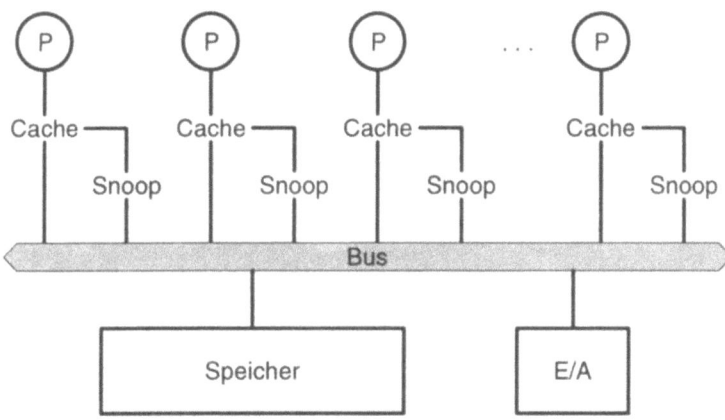

Bild 6.15 Snooping

Sogenannte MESI-Protokolle berücksichtigen die Tatsache, daß es oft nicht sinnvoll ist, jede Modifikation eines Datums, welches ein Prozessor exklusiv besitzt, zurückzuschreiben. Solche Daten sind meist nur temporäre Zwischenergebnisse. Ein MESI-Cacheprotokoll für busbasierte UMA-Rechner mit Snooping ordnet jeder Cachezeile einen der folgenden Zustände zu:

- Exclusive Modified (M):
  Die Zeile befindet sich exklusiv in diesem Cache und wurde modifiziert.

- Exclusive Unmodified (E):
  Die Zeile befindet sich exklusiv in diesem Cache und wurde nicht modifiziert.

- Shared Unmodified (S):
  Die Zeile befindet sich noch in einem anderen Cache und wurde nicht modifiziert.

- Invalid (I):
  Die Zeile ist ungültig.

Jede Cache-Zeile enthält zusätzliche Statusbits, die den Zustand ihrer Daten angeben.

Beispiel für ein MESI-Protokoll (Bild 6.16)

Hit: Lesen ändert den Zustand der Cache-Zeile nicht. Schreiben überführt die Cache-Zeile in den Zustand Exclusive Modified (M) und bewirkt die Invalidierung der anderen Cache-Kopien durch die Schüffellogiken. Snoop Hit: die Schnüffellogik stellt fest, daß auf die Kopie einer eigenen Cache-Zeile schreibend (on write) bzw. lesend (on read) zugegriffen wird.

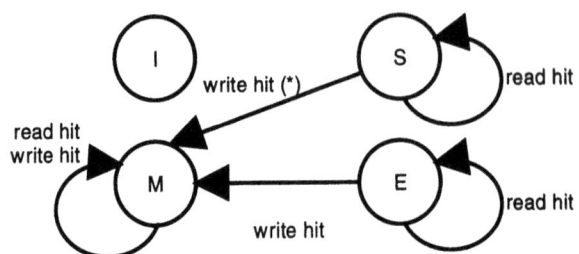

(*) mit Durchschreiben in den Hauptspeicher

Bild 6.16a Cache-Hit

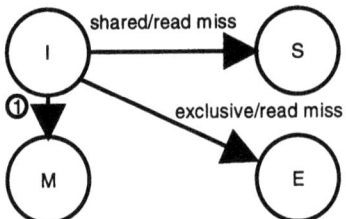

① Write miss: Lesen der Cache-Zeile aus Hauptspeicher, mit der Absicht, Cache-Zeile zu modifizieren

Bild 6.16b Cache-Miss Die Cache-Zeile ist invalidiert.

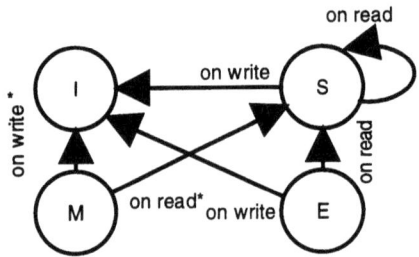

* Zustandsübergang mit Rückschreiben in den Hauptspeicher

Bild 6.16c Snoop-Hit

6.4 Hauptspeicher

Der Haupt- oder Systemspeicher ist ein Halbleiterspeicher mit wahlfreiem Zugriff, d.h. ein Lese-Schreib-Speicher oder Random Access Memory (RAM)[1]. Er kann aus statischen oder dynamischen RAM-Bausteinen bestehen. Bei statischen RAMs sind Zugriffszeit (Speicherlatenz) und Zykluszeit gleich; bei dynamischen RAMs unterscheiden sie sich, da Zugriffe speicherintern immer als Lesezugriffe mit Rückschreiben ausgeführt werden (mit automatischem Refresh). Dynamische RAMs sind somit langsamer als statische, besitzen aber eine größere Kapazität. Bild 6.17 zeigt den schematischen Aufbau eines statischen RAM-Bausteins.

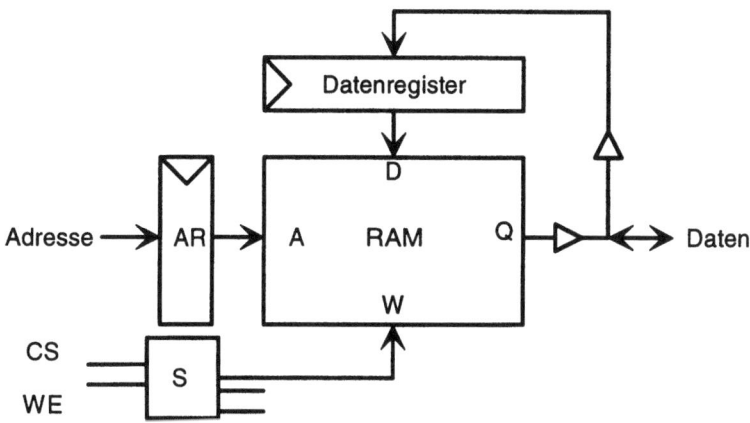

CS: Chip Select; WE: write Enable (Schreibsignal); AR: Adreßregister
Bild 6.17 RAM-Baustein

Gezeigt sind das RAM-Speicherfeld, die Steuerlogik sowie das Adreß- und das Datenregister. Die Speicheradresse wird über den Adreßbus in das Adreßregister übertragen und vom RAM-Speicher decodiert. Die Speicherelemente des RAMs sind matrixförmig angeordnet. Die Adresse wird von der Decodierung auf eine Zeilen- und eine Spaltennummer abgebildet. Die Steuerlogik S ermöglicht die Anwahl des Speicherbausteins und die Vorgabe der Richtung der Datenübertragung

---

[1] Auch ein ROM (Read-Only-Memory oder Festwertspeicher) erlaubt wahlfreien Zugriff. Im Gegensatz dazu ist der Zugriff auf einen Stapel- oder einen FiFo-Speicher eingeschränkt.

(Schreiben/Lesen). Bei einem Blockzugriff werden die einzelnen Wörter eines Blocks in einem einzigen Buszyklus übertragen, z.B. bei der Übertragung eines Blocks in eine Cache-Zeile. Dazu erzeugt der Prozessor nur die Anfangsadresse des zu übertragenden Blocks und die Speichersteuerung übernimmt die Folgeadressierung.

Da bei einem Zugriff auf einen dynamischen RAM-Speicher der Inhalt der gelesenen oder beschriebenen Speicherzelle jedesmal erneuert werden muß, ist, wie bereits erwähnt, die Zykluszeit größer als die Zugriffszeit (etwa 40%). Diese Zeitdifferenz bezeichnet man als Speichererholzeit. Außerdem müssen die Inhalte aller Speicherzellen innerhalb einer vorgegebenen Zeit immer wieder erneuert werden. Dadurch wird die Ansteuerung dynamischer RAMs wesentlich komplizierter als die statischer RAMs. In der Regel wird deshalb die Steuerung dynamischer RAMs einem eigenen Steuerbaustein (DRAM-Controller) übertragen.

Bei einem synchronisierten DRAM (SDRAM) erfolgen die Lese- und Schreiboperationen synchron zu einem externen Takt. Bild 6.18 zeigt den schematische Aufbau eines solchen Speichers.

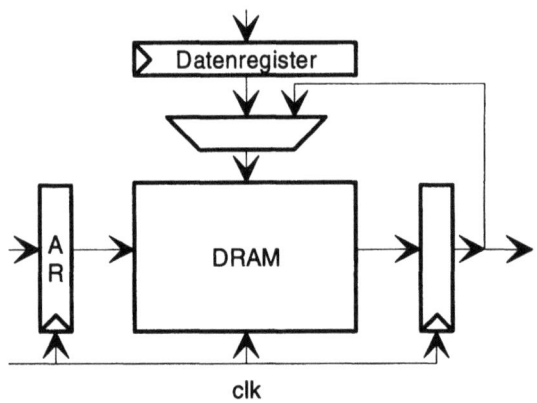

Bild 6.18 SDRAM

Um die große Lücke zwischen der Arbeitsgeschwindigkeit des Prozessors und der eines DRAM-Hauptspeichers zu überbrücken, werden Mehrebenen-Caches (multilevel caches) eingesetzt. So ist meist der Primärcache ein kleiner, sehr schneller assoziativer On-Chip-Cache, der der Prozessorgeschwindigkeit angepaßt ist, während der Sekundärcache groß genug ist, um eine hohe Trefferrate zu erzielen.

6.4.1 Speicherverschränkung

Speicher großer Kapazität werden aus dynamischen RAMs aufgebaut, deren Speicherzykluszeit - wie gesagt - größer als die Zugriffszeit ist, so daß für den Prozessor Wartezyklen notwendig werden, d.h. Buszyklen, in denen keine Daten übertragen werden. Solche Wartezyklen lassen sich durch Speicherverschränkung vermeiden. Dabei wird der Speicher in unabhängige Module (Speicherbänke) mit eigenen Ansteuerlogiken so aufgeteilt, daß diese Speicherbänke gleichzeitig adressiert werden können.

Beziehen sich jedoch zwei aufeinanderfolgend referenzierte Adressen auf - oder adressieren zwei Prozessoren zur gleichen Zeit - dieselbe Speicherbank, so entsteht ein Speicherkonflikt (Bild 6.19). Er bewirkt, daß der effektive in der Regel kleiner als der physikalische (statische) Verschränkungsgrad des Speichers ist. Der effektive Verschränkungsgrad ist programmabhängig. Von Interesse ist sein Erwartungswert. Wir wollen diesen bestimmen. Mit m bezeichnen wir den physikalischen und mit R den effektiven Verschränkungsgrad. Es sei R eine Zufallsvariable mit den Werten $1, 2, \ldots, m$ und $p(k) = p\{R = k\}$ die Wahrscheinlichkeitsverteilung. Also ist $E[R] = \sum_{k=1}^{m} k \cdot p(k)$ der zu erwartende Verschränkungsgrad. Ferner sei λ die Wahrscheinlichkeit dafür, daß *nach* einem Zugriff auf eine Speicherbank ein Konflikt auftritt. Wenn nun die Zugriffe statistisch unabhängig erfolgen, ist R geometrisch verteilt, d. h.:

$$p(k) = (1-\lambda)^{k-1}\lambda, \quad k = 1, 2, \ldots, m-1 \quad \text{und} \quad p(m) = (1-\lambda)^{m-1} \cdot 1.$$

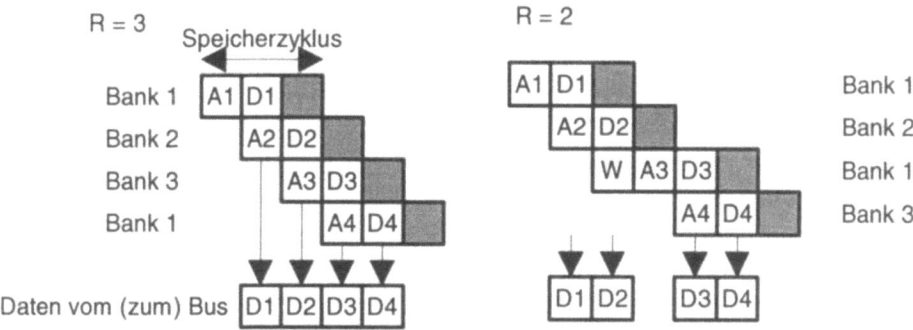

A Adreßbereitstellung, D Datum auslesen/übernehmen, W Wartezyklus

Bild 6.19 Effektiver Verschränkungsgrad

Also gilt (Bild 6.20):

$$E[R] = \sum_{k=1}^{m-1} k(1-\lambda)^{k-1} \cdot \lambda + m(1-\lambda)^{m-1} = \frac{1-(1-\lambda)^m}{\lambda}$$

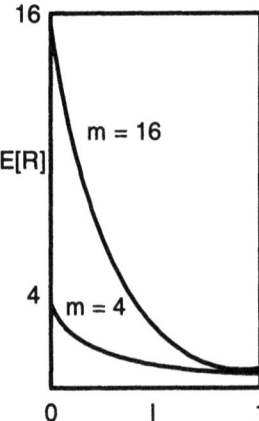

Bild 6.20 Effektiver Verschränkungsgrad

Speicherbänke werden entweder mit den nieder- oder den höherwertigen Adreßbits angewählt (low- bzw. high-order-interleaving; Bild 6.21). Das Lokalitätsprinzip der Speicherreferenzen legt das Low-Order-Interleaving nahe. Für enggekoppelte Multiprozessoren ist dagegen High-Order-Interleaving angebracht, da jeder Prozessor dann „seinen" Speicherbereich unabhängig von den anderen Prozessoren benutzen kann (Prozessorlokalität). Bild 6.22 zeigt den Aufbau eines verschränkten Speichers mit Low-Order-Interleaving.

Eine Speichersteuerung (Interleave-Controller) vermerkt, auf welche Speicherbänke augenblicklich zugegriffen wird. Bei einem Konflikt veranlaßt sie den Prozessor, einen Wartezyklus einzulegen. Speicherzugriffe auf verschiedene Speicherbänke lassen sich überlappend durchführen. Dadurch wird - einen entsprechend leistungsfähigen Bus vorausgesetzt - die Erholphase einer Speicherbank für die CPU (zumindest teilweise) „unsichtbar".

Falls schon die Speicherzugriffszeit größer ist als die Buszykluszeit, können bei einem verschränkten Speicher Wartezyklen des Prozessors vermieden werden, wenn der Prozessor in die Lage versetzt wird, Buszyklen überlappend durchzuführen.

6.4 Hauptspeicher

Während des momentanen Buszyklus' kann der Prozessor dann bereits den nächsten Zyklus starten.

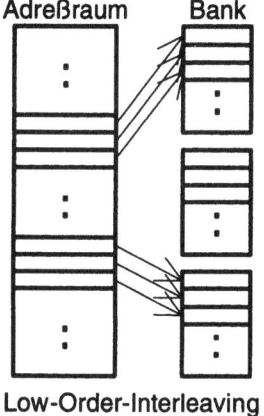 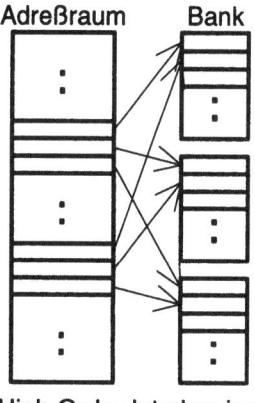

Bild 6.21 Verschränkung

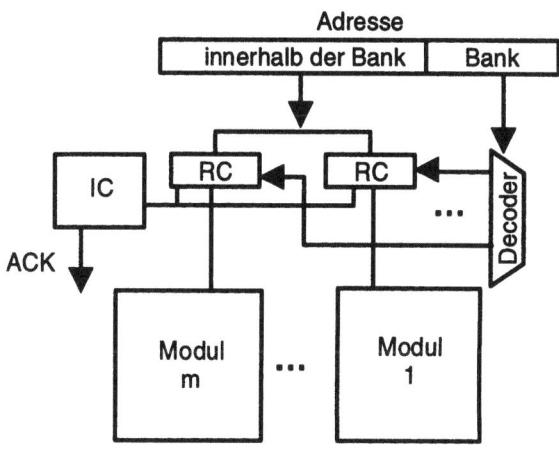

IC Interleave Controller; RC DRAM Steuerung

Bild 6.22 Speicheraufbau

6.4.2 Relokation

Angenommen, der effektive Adreßraum ist kleiner als der physikalische. Dann können die effektiven Adressen je nach Bedarf auf unterschiedliche physikalische Adreßbereiche abgebildet werden. Dazu dient ein sogenanntes Relokationsregister (RR, Bild 6.23). Es enthält einen Zeiger auf den Beginn des Adreßbereichs. Die physikalische Adresse ist dann gleich (RR) + *effektive Adresse*.

Zum Schutz vor Bereichsüberschreitungen ist meist auch ein Längenregister LR vorgesehen, um überprüfen zu können, ob die Adresse im gültigen Bereich liegt. Es lassen sich so unabhängige Adreßräume für mehrere Prozesse (Tasks) definieren und eventuell auch der Systemspeicher besser ausnutzen.

Die Möglichkeit mehrere separate Adreßräume zugleich im Hauptspeicher unterbringen zu können, ist insbesondere für Echtzeitsysteme von Bedeutung. Es lassen sich so, ohne viel Verwaltungsaufwand mehrere „kurze" Tasks zyklisch immer wieder abarbeiten. Zugleich läßt sich verhindern, daß diese Tasks sich gegenseitig stören können.

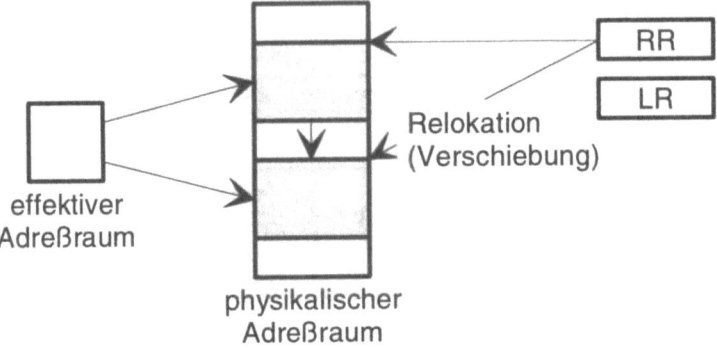

Bild 6.23 Relokation

6.5 Virtueller Speicher

Der effektive Adreßraum ist i.a. größer als der physikalische Adreßraum (Hauptspeicher). Dies zwingt zur Virtualisierung des Speichers, d.h. zur Aufhebung der physikalischen Beschränkung durch die Software. Dazu wird der virtuelle Speicher in Blöcke eingeteilt und zwar haben

- bei Seiteneinteilung die Blöcke eine vorgegebene Größe;
- bei Segmentierung richten sich die Blockgrößen nach der Programmstruktur, nach Code-, Daten-, oder Stackbereich.

Der virtuelle Speicher wird als eine zweistufige Hierarchie realisiert: mit Hauptspeicher und Platten- (Hintergrund-) Speicher (Bild 6.24). Die Blöcke des virtuellen Speichers liegen dann entweder im Hauptspeicher bereit oder befinden sich auf dem Hintergrundspeicher. Für jeden Block des virtuellen Speichers enthält eine Tabelle (Seiten- oder Segmenttabelle), die sich im Hauptspeicher befindet, die für die Speicherverwaltung nötige Information in Form von Deskriptoren.

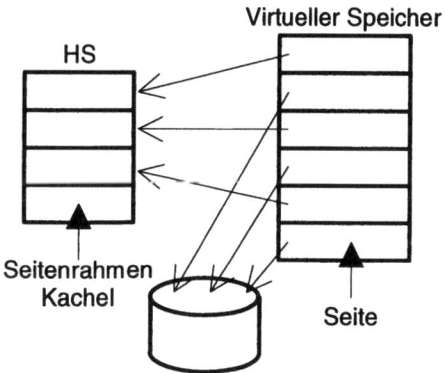

Bild 6.24 Virtueller Speicher

Für die Organisation eines virtuellen Speichers sind u.a. folgende Fragen relevant:
1) Wie groß soll ein Block sein?
2) Wie geschieht die Adreßumsetzung?
3) Welcher Blockrahmen wird notfalls überschrieben?
4) Wie gut wird der Hauptspeicher ausgenützt?
5) Welche Unterstützung durch die Hardware ist angebracht?

6.5.1 Seiteneinteilung

Bei der Seiteneinteilung (Paging) nennt man die Blöcke Seiten, die Blockrahmen entsprechend Seitenrahmen oder Kacheln und einen Fehlzugriff einen Seitenfehler.

Die zu lösenden Probleme sind beim Seiteneinteilungsverfahren und bei Caches mehr oder weniger dieselben. Der im Vergleich zu Caches sehr viel größere Fehlerzuschlag (Faktor 10^5) zwingt aber zu unterschiedlichen Implementierungen (Tabelle 6.1). Ein Write-Through ist beispielsweise für einen virtuellen Speicher unsinnig. Beim Paging muß versucht werden, die Fehlerrate so klein wie möglich zu halten. Die dafür zuständigen Algorithmen, dies sind im wesentlichen Algorithmen für die Seitenersetzung, können aufwendiger sein. Ihr Zeitanteil fällt, wenn eine Seite ersetzt wird, kaum ins Gewicht. Sie können deshalb auch in Software implementiert werden. Allerdings wird man versuchen, für die zeitkritischen Teile Hardwareunterstützung bereitzustellen.

Tabelle 6.1 Gegenüberstellung (Quelle: Hennessy/Patterson [Patt93])

Größen	Caches	Paging
Anzahl der Bockrahmen	250 - 10 000	2000 - 250 000
Größe in Bytes	4 KB - 4 MB	8 MB - 128 MB
Blockgröße in Bytes	4 - 256	4 KB - 4096 KB
Fehlzuschlag in Zyklen	10 - 100	100 000 - 1 000 000
Seitenfehlerrate	0,1 % - 20 %	0,0001 % - 0,00001 %

Programmdaten benötigen normalerweise kein ganzes Vielfaches der Seitengröße. Dann kann die letzte Seite des Programms nicht voll ausgenutzt werden (interne Fragmentierung). Die sogenannte 50%-Regel geht von einer halben nicht genutzten Seite aus. Die Seitengröße läßt sich oftmals in gewissen Grenzen vorgeben: 8, 64, 512 oder 4096 KBytes.

Wie groß soll eine Seite sein? Für große Seiten erhält man eine größere Trefferrate pro Seite - es sind deshalb weniger Einlagerungen nötig (gut für räumliche Referenzlokalität). Außerdem reicht eine kleinere Seitentabelle aus. Jedoch können sich dann weniger Seiten im Hauptspeicher befinden. Dadurch wird die zeitliche Referenzlokalität weniger gut ausgenützt und es entsteht eine größere interne Fragmentierung - also eine schlechtere Ausnutzung des Hauptspeichers.

6.5 Virtueller Speicher

Hinsichtlich einer optimalen Ausnutzung des Hauptspeichers erhält man die optimale Seitengröße, wenn man den Speicherverschnitt, der durch interne Fragmentierung und die Seitentabelle entsteht, minimiert. Es sei N die Programmlänge (in Bytes). Dann ist $nz-N$ die interne Fragmentierung mit n der Anzahl der Seiten, die vom Programm belegt werden, und z der Seitengröße. Mit c der Größe des Seitendeskriptors (in Bytes) hat der Teil der Seitentabelle, den das Programm benötigt, die Größe nc. Somit ist der Speicherverschnitt gleich:

$$V = (n \cdot z - N) + (c \cdot n)$$

Die 50%-Regel besagt: $n \cdot z = N + \frac{1}{2} \cdot z$.

Also:

$$V = (c+z)\left[\frac{N}{z} + \frac{1}{2}\right] - N$$

Aus $\left[\frac{dV}{dz}\right]_{z_0} = 0$ folgt die optimale Seitengröße $z_0 = \sqrt{2c \cdot N}$.

Unter Speichernutzung wird das Verhältnis $U = \frac{N}{V+N}$ verstanden. Bild 6.25 zeigt die Speichernutzung für zwei verschiedene Seitengrößen in Abhängigkeit von der Programmlänge.

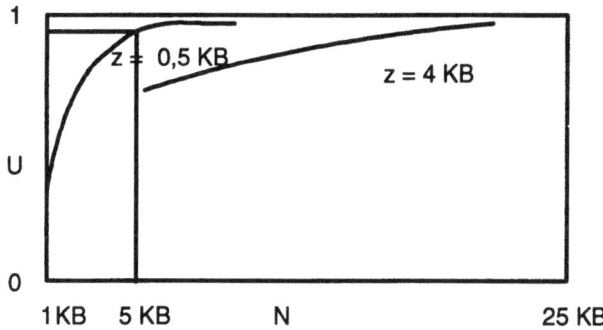

Bild 6.25 Speichernutzung

Die Seitentabellen großer virtueller Speicher können selbst so groß werden, daß es nicht sinnvoll und praktisch auch nicht möglich ist, sie ganz im Hauptspeicher zu halten¹. Große virtuelle Speicher erfordern daher die Einteilung der Seitentabelle in Seiten und ein mehrstufiges Adreßumsetzverfahren. Dazu werden eine Seitentabellen-Tabelle und/oder mehrere prozeßspezifische Seitentabellen verwendet.

Die Umsetzung der virtuellen in die physikalische Adresse wird über die Seitentabelle des jeweils aktiven Prozesses realisiert. Der relevante Teil der Seitentabelle befindet sich im Hauptspeicher. In der Seitentabelle gibt es für jede Seite des virtuellen Speichers einen Seitendeskriptor, der die Verwaltungsinformation bereithält, z.B. enthält der Seitendeskriptor.

| P | RWX | D | Kachelnumer oder externe Adresse |

folgende Information:

P   Anwesenheits-Bit: Falls gesetzt, befindet sich die Seite im Hauptspeicher.
RWX Zugriffsrechte auf die Seite für den laufenden Prozeß: Lesen, Schreiben und/oder Ausführen (R read, W write, X execute).
D   Änderungs-Bit: Die Seite wurde modifiziert (dirty bit).

Jede Seite des virtuellen Speichers eines Prozesses erhält eine Nummer (VPN virtual page number). Ebenso hat auch jede Kachel des physikalischen Speichers eine Nummer. Die Seitentabelle enthält für jede VPN der eingelagerten Seiten die Kachelnummer. Im wesentlichen besteht dann die Adreßumsetzung im Ersetzen der Seitennummer durch die Nummer (Adresse) derjenigen Kachel, welche die Seite enthält (Bild 6.26). Wenn die Seite sich in keiner der Kacheln des Hauptspeichers befindet, wird eine Ausnahme angezeigt, um zu bewirken, daß die Seite durch die CPU eingelagert wird.

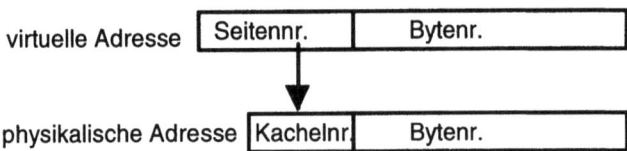

Bild 6.26 Adreßumsetzung

Die Verwaltungsinformation eines Seitendeskriptors kann neben den erwähnten noch weitere Bits enthalten, z.B.:

---

[1] Ein virtueller Speicher mit 8 GByte, 4 Bytes pro Seitendeskriptor und eine Seitengröße von 4 KByte ergeben eine Seitentabelle der Größe 8 MBytes.

6.5 Virtueller Speicher

S   Supervisor-Bit: sperrt den Zugriff auf die Seite im Benutzer-Modus;
C   Cacheable-Bit: zeigt an, ob der Inhalt der Seite „gecachet" werden kann;
A   Access-Bit: zeigt an, ob ein Zugriff auf diese Seite erfolgte;
Z_i Zählbits: zählt die Zugriffe auf die Seite.

A und Z_i werden (eventuell) von der Speicherverwaltung für das Seitenersetzungsverfahren benötigt. Das C-Bit wird benötigt, um verhindern zu können, daß bestimmte Seiten in den Cache kopiert werden. Dies ist z.B. bei einer speicherabgebildeten Ein-/Ausgabe erforderlich (I/O-pages).

Um zu große Seitentabellen zu vermeiden, wird auch die Technik des Hashing wie folgt für die Adreßumsetzung verwendet. Die virtuelle Adresse besteht wiederum aus der virtuellen Seitennummer (VPN) und dem Byte-Offset. Auf die VPN wird eine Hashfunktion angewendet, die einen Index in eine Hashtabelle liefert. Diese wiederum liefert einen Zeiger auf eine Liste von Seitendeskriptoren. Diese Liste wird durchsucht, bis ein Seitendeskriptor gefunden wird, der dieselbe VPN enthält. Der Deskriptor liefert dann die physikalische Seitennummer. Ein Seitenfehler entsteht, wenn in der zugehörigen Liste kein Deskriptor mit der VPN gefunden wird. Die Seitentabelle wird also durch eine (oder mehrere) Deskriptorliste ersetzt, wobei jeder Deskriptor auch die VPN enthält. Man spricht daher von einer invertierten Seitentabelle. Sie enthält höchstens soviele Einträge, wie es Kacheln gibt, und kann deshalb in einem statischen RAM oder einem Cache untergebracht werden.

Bei einem Mehrprozeß-Betrieb kann es zum Seitenflattern (Thrashing) kommen. Das Nachladen der Seiten nach einem Prozeßwechsel benötigt dann beinahe eine volle Zeitscheibe, so daß der Prozeß wieder verdrängt wird, bevor nützliche Arbeit geleistet werden konnte. Somit fragt sich: Wieviele Seiten eines Prozesses soll der Hauptspeicher zu einem bestimmten Zeitpunkt enthalten? Eine Möglichkeit, dies festzulegen, bietet die Arbeitsmengenstrategie (Bild 6.27). Die Arbeitsmenge $W(t,T)$ eines Prozesses zum Zeitpunkt t ist die Menge der Seiten des Prozesses, die er bei den letzten T Speicherzugriffen referenziert hat. T heißt Fenstergröße. Die Prozeßzeit t schreitet nur fort, wenn der Prozeß läuft.

Die Strategie zur Verwaltung von Arbeitsmengen lautet nun:

(1)   Für jeden Prozeß wird ein T vorgegeben.

(2)   Für den laufenden Prozeß befinden sich zur Zeit t alle Seiten aus $W(t,T)$ im Hauptspeicher. Folglich werden bei Wiederstart eines Prozesses zur Prozeßzeit

t erst alle die Seiten aus $W(t,T)$ eingelagert, die nicht bereits im Hauptspeicher sind.

(3) Kacheln, welche Seiten des Prozesses enthalten, die sich nicht in $W(t,T)$ befinden, können zur Zeit t überschrieben werden.

Für eine schnelle Seitenadressierung kann man die Adressen der Seiten der Arbeitsmenge cachen und so den (langwierigen) Zugriff auf die Seitentabelle im Hauptspeicher vermeiden. Dies ist Aufgabe der Speicherverwaltungseinheit (MMU).

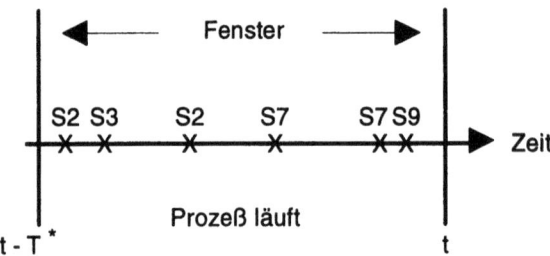

T^* ist die Zeit zwischen $T = 6$ Zugriffen (x), S_i ist eine Seite des Prozesses.
Die Arbeitsmenge ist $W(t,T) = \{S_2, S_3, S_7, S_9\}$.

Bild 6.27 Arbeitsmenge

Für Multiprozessorsysteme gibt es folgende Möglichkeiten, einen virtuellen Speicher zu realisieren. Privater virtueller Speicher: Jeder Prozessor des Systems besitzt seinen virtuellen Speicher, der in die Seitenrahmen des gemeinsamen Speichers abgebildet wird. Unterschiedliche virtuelle Adressen können sich dann auf dieselbe Seite beziehen. Gemeinsamer virtueller Speicher: Die virtuellen Speicher aller Prozessoren werden zu einem gemeinsamen virtuellen Speicher zusammengefügt. Jeder Prozessor muß dann „große" virtuelle Adressen generieren können. Es wird so vermieden, daß dieselbe virtuelle Adresse auf unterschiedliche Speichereinheiten verweisen kann. Auch das address-aliasing läßt sich so vermeiden.

6.5.2 Hardware-Unterstützung

Eine Hardwareeinheit, die MMU (memory management unit), setzt die effektiven (logischen) in die physikalischen Adressen um und überprüft die Zugriffsrechte (Bild 6.28). Die Steuerinformation, welche die MMU dafür benötigt, wird in speziellen Registern niedergelegt. Bei einem Seitenfehler signalisiert die MMU eine Ausnahme,

6.5 Virtueller Speicher

ebenso bei Verletzung der Zugriffsrechte. Die MMU kann auf dem Prozessorchip integriert sein oder als Coprozessor betrieben werden. Bei Prozessoren der Harvard-Architektur, die getrennte Instruktions- und Daten-Caches besitzen, werden meist zwei getrennte MMUs benutzt, um die Adreßbildung für Instruktionen und Operanden nebenläufig durchführen zu können.

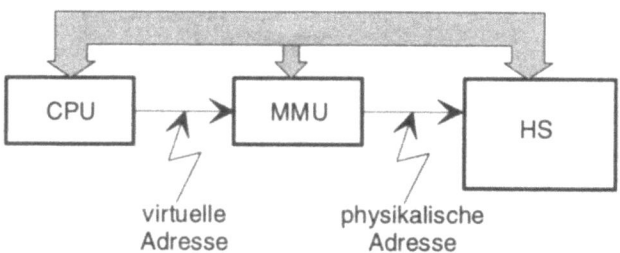

Bild 6.28 MMU

Zur Beschleunigung der Adreßumsetzung benutzt die MMU einen (natürlich virtuellen) Cache, der TLB (Translation Lookaside Buffer) oder ATC (Address Translation Cache) genannt wird. Der TLB ist meist ein vollassoziativer Cache. Neben dem TLB besitzt die MMU i.a. Register für die Steuerung der Seitenverwaltung und die Ausnahmebehandlung (Page Fault Handler). Im MMU-Steuerregister wird z.B. festgehalten, ob ein Zugriffsfehler, ein Busfehler oder ein Seitenfehler aufgetreten ist.

Der TLB enthält im Tagspeicher VPNs und im Datenspeicher Deskriptoren für Seiten, die sich bereits im Hauptspeicher befinden und zuletzt referiert wurden (vgl. Arbeitsmengenstrategie). Ein Programm wird in der Regel ohnehin nicht alle Seiten des virtuellen Speichers und somit die ganze Seitentabelle benötigen. Für den Systemmodus kann ein eigener TLB vorhanden sein. Da die Seitendeskriptoren des TLBs bereits die physikalischen Seitenadressen enthalten, ist für die Erzeugung der Adresse kein mehrstufiges Umsetzverfahren und dafür auch kein Hauptspeicher-Zugriff mehr nötig (Bild 6.29). Seitenfehler initiieren die übliche Adreßumsetzung. Erst dann werden ein oder mehrere Speicherzyklen notwendig, um die physikalische Adresse zu bestimmen. Gleichzeitig wird der TLB-Eintrag erneuert. Bei einem Prozeßwechsel muß der gesamte TLB-Inhalt erneuert werden. Abhilfe ist möglich, wenn mehrere Prozesse sich den TLB teilen. Im Hauptspeicher befinden sich dann Seiten mehrerer und nicht nur des laufenden Prozesses und der TLB enthält dann die Adressen mehrerer Arbeitsmengen. Bei einem Treffer wird die Seitentabelle umgangen (Bild 6.29).

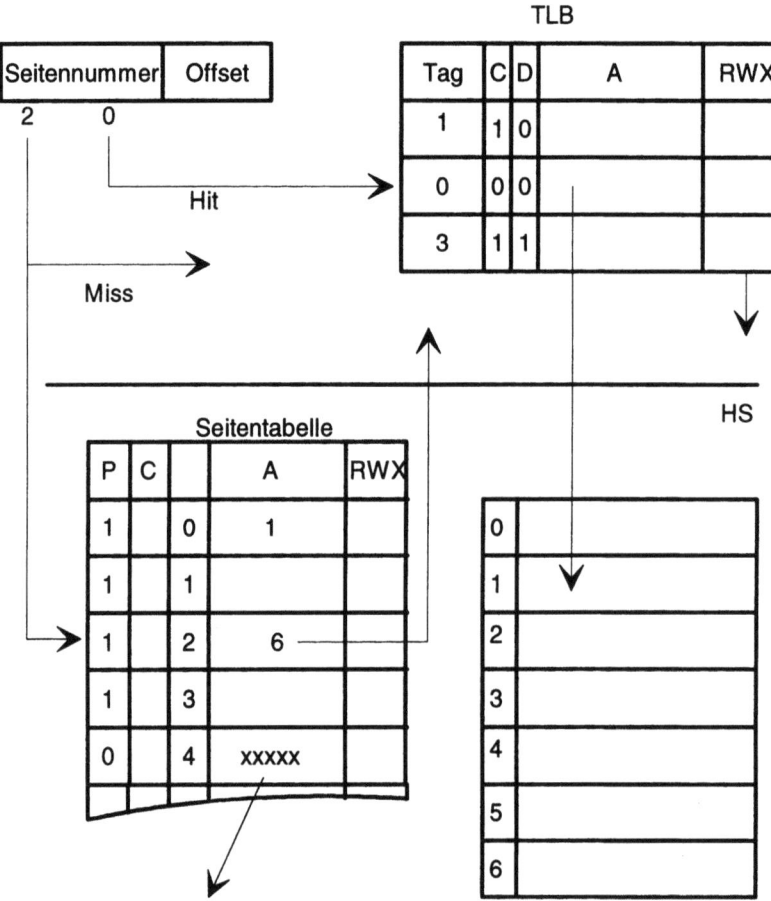

Bild 6.29 Adreßumsetzung: Paging

Beispiel: Die MMU des Mikroprozessors UltraSparc bildet 44-Bit virtuelle Adressen auf 41-Bit physikalische Adressen ab. Dies erfolgt mit Hilfe eines TLB für Instruktionsadressen und eines TLB für Datenadressen. Beide TLBs haben 64 Einträge und sind voll assoziativ. Seiten der Größen 8, 64, 512 KBytes oder 4 MBytes können verwaltet werden. Die Datenkomponenten der MMU sind Teil der Lade/Speichereinheit.

6.5 Virtueller Speicher

Bild 6.30 zeigt das Zusammenspiel des TLB mit einem physikalischen Cache. Vereinfachend wurde angenommen, daß die Größe des Caches gleich oder kleiner ist als die einer Seite. In diesem Fall kann nebenläufig auf den TLB und den Cache zugegriffen werden, da die Adreßbits, die für den Zugriff auf den Cache verwendet werden, nicht Teil der Seitennummer sind (physikalisches Tag, virtueller Block-Index). Dies ist sehr effektiv, beschränkt aber die Cachegröße.

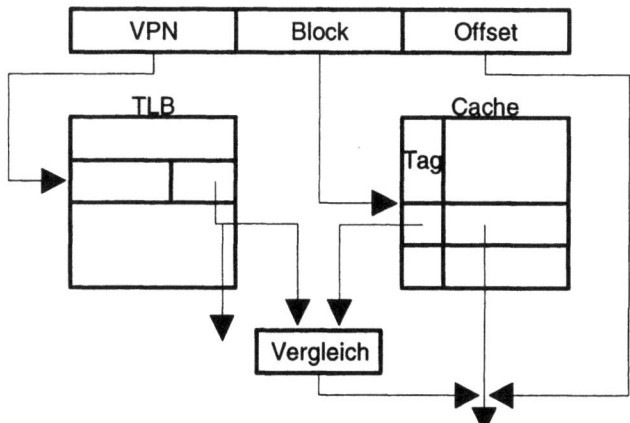

Bild 6.30 Physikalischer Cache

Beispiel: Lade/Speichereinheit

Bild 6.31 zeigt den Aufbau einer Lade/Speichereinheit eines superskalaren Prozessors (z.B. PowerPc 604). Die Lade- und Speicherpuffer erlauben es, das Speichern von der Cache-Lese-Fehler-Behandlung zu trennen. Eine Ladeinstruktion, die einen Cachefehler erzeugt, bewirkt keine Pipeline-Stalls. Sie wird vielmehr in der Ladeschlange zwischengespeichert, bis die gewünschten Daten verfügbar sind (nonblocking loads). Stalls werden somit erst dann nötig, wenn eine der Folgeinstruktionen, die die Daten benötigt, ausgeführt werden soll und die Daten immer noch nicht verfügbar sind. Speicheraufträge können sich überholen, wenn ein Schreibfehler auftritt.

6.5.3 Segmentierung

Segmentieren heißt, den virtuellen Speicher anstatt in Blöcke fester Länge in Segmente unterschiedlicher Größe einzuteilen, z.B. in Codesegment(e), Datensegment(e) und Stacksegment(e). Eine Untermenge aller Segmente wird im Hauptspeicher gehalten und über eine Segmenttabelle verwaltet, in der nun auch die Größe des Segments festgehalten werden muß, um bestimmen zu können, wieviel Speicherplatz bei dessen Einlagerung benötigt wird und um vor einem Segmentüberlauf schützen zu können

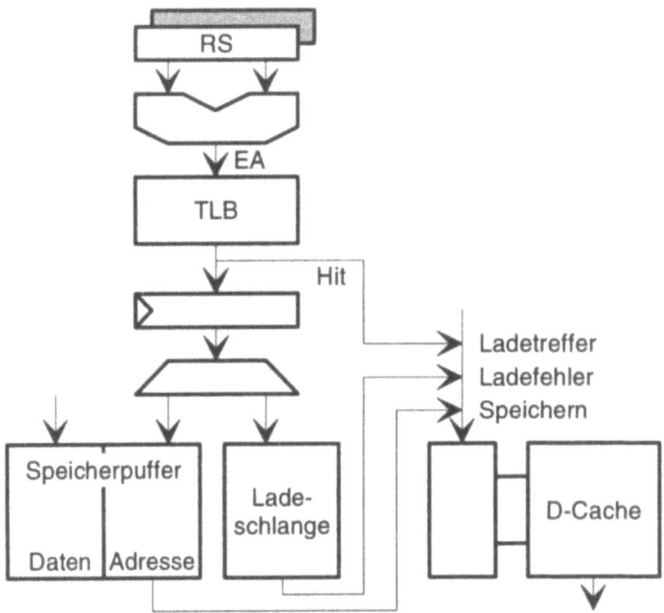

Bild 6.31 Lade/Speichereinheit

Ein Vorteil der Segmentierung ist, daß sich logische Programm- und Dateneinheiten als Ganzes verwalten lassen, z.B. bei der Vergabe von Zugriffsrechten. Segmente können in ihrer Größe den logischen Programmeinheiten angepaßt werden, so daß keine interne Fragmentierung entsteht. Sie können sich außerdem überlappen und somit teilweise von mehreren Prozessen gemeinsam benutzt werden. Als Nachteile der Segmentierung sind die externe Fragmentierung und die Superfluidität zu nennen.

EXTERNE FRAGMENTIERUNG: Ungenutzte Speicherbereiche können einzeln zu klein sein, um ein neues Segment einlagern zu können. Es ist deshalb eine aufwendige Freispeicherverwaltung nötig.

6.5 Virtueller Speicher

SUPERFLUIDITÄT: Sie entsteht, wenn ein eingelagertes Segment nicht ganz benötigt wird. Dies ist ebenfalls eine Art Speicherverschwendung.

Durch eine Kombination von Paging und Segmentierung, d.h. durch Einteilen der Segmente in Seiten, lassen sich die Vorteile beider Verfahren nutzen (Bild 6.32). Die Segmenttabelle enthält die physikalischen Adressen der Seitentabellen; die Seitentabelle enthält die physikalischen Adressen der Seiten. Die effektive Adresse kann aus der Bytenummer allein bestehen, wenn man die aktuellen Segmentnummern (für Code-, Daten- und Stackbereich) immer in einem eigenen Registerfile bereithält. Dadurch vergrößert sich die maximal mögliche Segmentlänge.

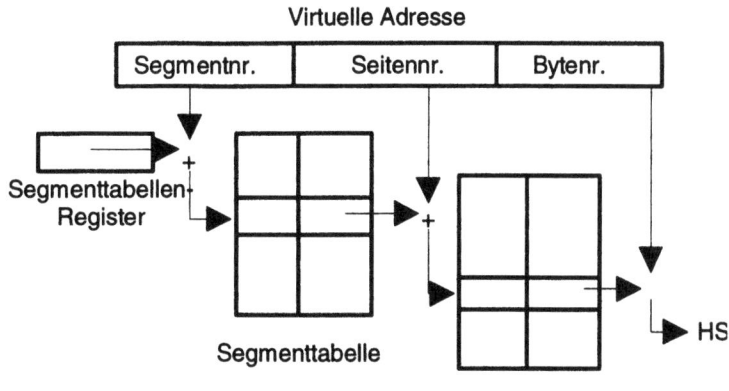

Bild 6.32 Segmentierung mit Paging

Das nächste Bild 6.33 zeigt ein kombiniertes Adreßumsetzungsverfahren wie es in ähnlicher Form von Intel benutzt wird. Die aktuellen Segmentbasisadressen werden dabei in gesonderten Zusatzregistern zwischengepuffert. Dadurch läßt sich der Zugriff auf die Segmenttabelle umgehen. Zudem läßt sich für die Adressierung des Speichers auch die lineare Adresse verwenden und damit auch die Seitentabellen umgehen. (Intel erzielte damit nicht nur kleinere Seitentabellen sondern auch Kompatibilität zu den älteren, nichtvirtuellen Speicherverwaltungsverfahren; Abwärtskompatibilität).

Eine weitere wichtige Aufgabe des Betriebssystems ist es, Prozesse voreinander zu schützen, d.h. beispielsweise zu verhindern, daß ein Prozeß Daten anderer Prozesse zerstören kann. Auch diese Aufgabe kann durch die Hardware unterstützt werden.

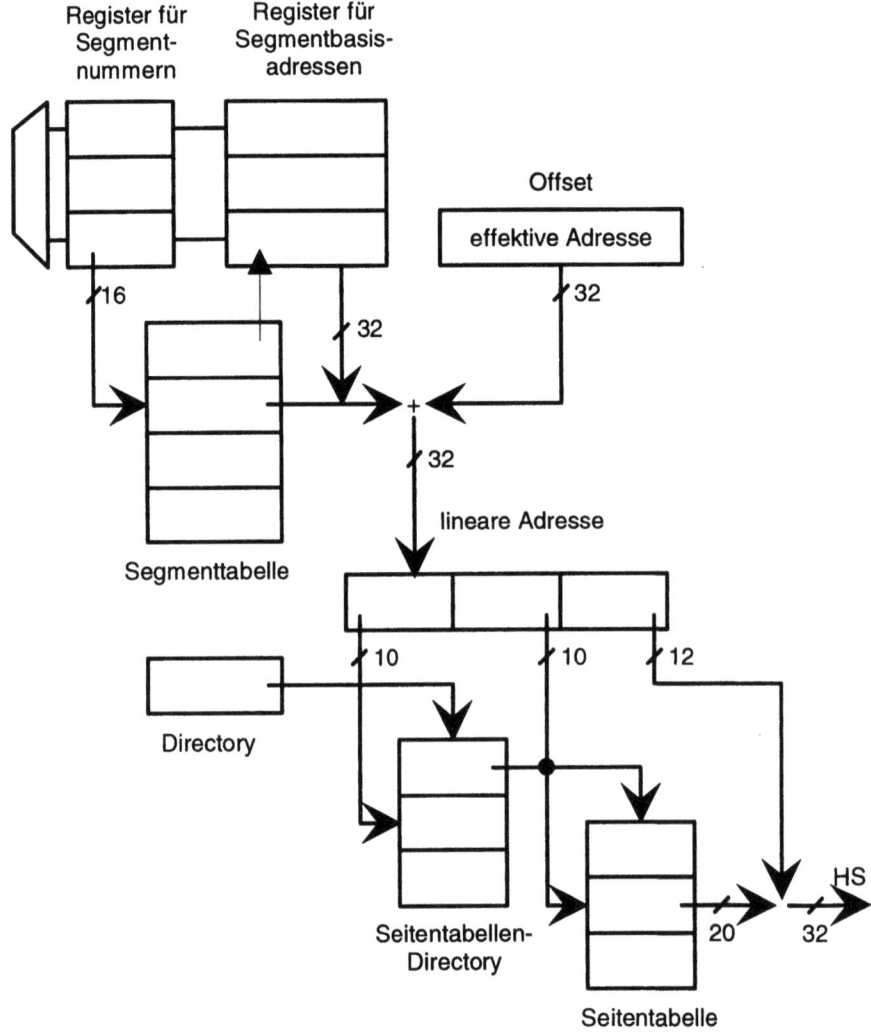

Bild 6.33 Adreßumsetzung mit linearer Adresse

6.5.4 Speicherschutz

Bei einem Mehrprogramm-Betrieb ist es also notwendig, Speicherbereiche vor unerwünschten Zugriffen zu schützen. Dies kann auf unterschiedliche Weise geschehen: (a) durch Begrenzungsregister, vgl. Relokation; (b) durch die Vergabe von Zugriffsrechten und Privilegstufen für die Seiten des virtuellen Speichers und Überprüfung

6.5 Virtueller Speicher

der Zugriffsrechte und Privilegien durch die MMU; (c) durch Segmentierung und Vergabe von segmentbezogenen Zugriffsrechten.

Eine weitere Möglichkeit besteht darin, daß der Prozessor dem Speicherwerk anzeigt, welchen Speicherzugriff der laufende Prozeß gerade ausführt (Systembereich, Codebereich, Datenbereich). Vom Speicher kann dann eventuell der Zugriff unterbunden werden. Die dazu nötigen Signale werden entweder vom Prozessor auf dedizierten Signalleitungen bereitgestellt (Funktionscodes) oder durch Decodierung aus Adreßbits gewonnen. Die Speicherbereiche für Instruktionen und Daten sowie für Anwendung und Betriebssystem lassen sich so absichern. Damit ist auch ohne MMU ein Speicherschutz möglich.

Eine weitere Schutzmöglichkeit bieten privilegierte Befehle, die nur im Systemmodus ausgeführt werden können.

Für die langfristige Speicherung zuverlässigkeitskritischer Systeminformation, wie Konfigurationstafeln und Sicherungsdaten (Checkpoints), kann man sogenannte STABILE SPEICHER einsetzen. In einem stabilen Speicher werden die Daten redundant gespeichert, so daß bei einem Defekt der Speicherinhalt rekonstruiert werden kann. Zweck eines stabilen Speichers ist das Sicherstellen zum einen der Persistenz, d.h. dauerhaftes, fehlerfreies Aufbewahren wichtiger Daten (sogenannter stabiler Objekte), und zum anderen der Atomarität, d.h. Zugriffe auf stabile Objekte sind atomar. Jede Speicheroperation wird entweder vollständig und fehlerfrei ausgeführt oder hat keinerlei Wirkung. Um dies zu erreichen, dürfen Prozesse keinen direkten Zugriff auf stabile Objekte haben; nur die Steuerung des stabilen Speichers hat direkten Zugriff. Außerdem muß die Steuerung eigene Fehler rechtzeitig erkennen und korrigieren oder maskieren. Ein stabiler Speicher muß also autonom und fehlertolerant sein. Als Beispiel (Bild 6.34) diene ein gespiegelter Speicher mit fehlermaskierender TMR-Steuerung [Gryg95].

Die wesentlichsten Aufgaben der Steuerung sind: die Überwachung der Zugriffsrechte, die EDC-Code-Generierung[1], die Realisierung atomarer Speicheroperationen und das Memory Scrubbing. Einzelne latente Bitfehler werden dadurch ausgemerzt. In einem Multiprozessorsystem bleiben bei einem Prozessor-Crash die stabilen Objekte konsistent und für andere, intakte Prozessoren erreichbar. Dadurch unterstützt der stabile Speicher die Fehlertoleranz des Gesamtsystems.

---

[1] EDC error detecting and correcting

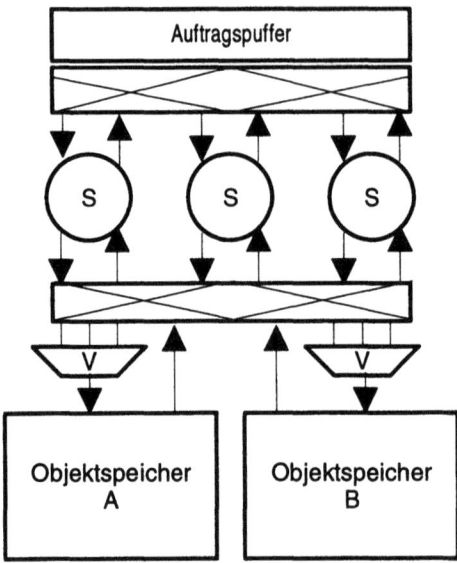

S Steuerung; V Voter

Bild 6.34 Stabiler Speicher

6.6 Sekundärspeicher

Sekundärspeicher bilden die „unterste" Stufe der Speicherhierarchie - von den Archivspeichern einmal abgesehen. Sie sind in der Lage, große Datenvolumen aufzunehmen und dauerhaft zu speichern, und dienen zur Auslagerung von Seiten und Segmenten sowie für die Speicherung von Dateisystemen.

Mit die wichtigsten Sekundärspeicher sind die Magnetplattenspeicher (magnetic disks). Ein Magnetplattenspeicher (Bild 6.35) besteht aus mehreren Platten, deren beide Seiten magnetisierbar sind. Jede Oberfläche ist in konzentrische Spuren eingeteilt (Tracks) und diese wiederum in Sektoren. Ein Sektor ist die kleinste Einheit, die geschrieben oder gelesen werden kann. Dazu gibt es für jede Oberfläche einen separaten Schreib-/Lesekopf, der mit dem Plattenarm verbunden ist. Ein Platten-Cache ist ein RAM zwischen Hauptspeicher und Platte und dient zum Zwischenpuffern von Blöcken der Platte. Platten-Caches dienen als „read-ahead"-Puffer. Wenn vom Prozessor Daten gelesen werden, werden die unmittelbar folgenden Daten auf der Festplatte in den Platten-Cache übertragen. Sie können zudem eine Fehlererkennung und -korrektur vornehmen.

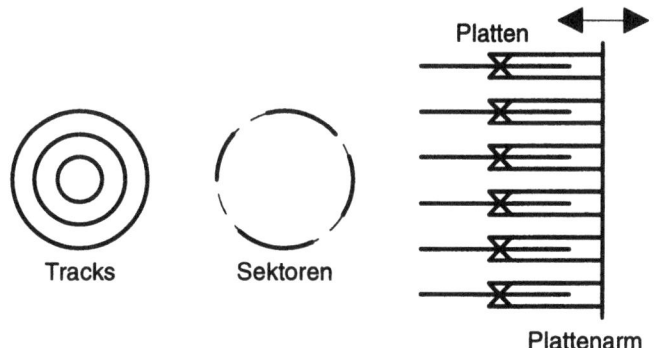

Bild 6.35 Plattenspeicher

Dem stabilen RAM-Speicher entspricht die Spiegelplatte. Sie besteht aus zwei Plattenlaufwerken. Der Platten-Controller beschreibt beide Platten mit identischen Daten. Um das Lesen zu beschleunigen, liest er die Sektoren alternierend von beiden Platten. Nach einem Lesefehler benützt er jedoch nur mehr die intakte Platte. War ein Oberflächendefekt schuld, so kopiert er automatisch die betroffenen Daten von der intakten Platte in einen unbeschädigten Bereich der defekten Platte.

Die Speicherbandbreite läßt sich erhöhen, wenn statt eines großen, eventuell gespiegelten, mehrere kleinere Plattenspeicher eingesetzt werden (Bild 6.36), auf die parallel zugegriffen werden kann (DISK-ARRAY). Daten werden dann „streifenweise" verschränkt abgespeichert. Der Nachteil dabei ist aber, daß die Zuverlässigkeit mit der Anzahl der Laufwerke (überproportional) abnimmt. Fügt man jedoch redundante Laufwerke hinzu, so läßt sich das Disk-Array fehlertolerant machen (RAID: redundant array of independent disks). Dies führt zu einer höheren Leistung und einer höheren Zuverlässigkeit. Es gibt mehrere Verfahren, um zu RAIDs zu gelangen (RAID 1 bis 5).

RAID 0 : Keine Redundanz; auf die Laufwerke kann unabhängig zugegriffen werden.

RAID 1: Wie RAID 0, aber Verdopplung des Disk-Array (Spiegelplatten-Betrieb). Die Dateneinheiten werden doppelt abgespeichert. Wenn ein

Laufwerk ausfällt, können sie mit Hilfe des redundanten Teils wiedergewonnen werden.

RAID 2: Die Dateneinheiten werden bitweise auf den verschiedenen Laufwerken gespeichert. Zusätzliche Laufwerke nehmen den Hamming-Code zur Fehlerkorrektur auf. Auf alle Laufwerke wird immer gleichzeitig zugegriffen.

RAID 3: Wie RAID 2; auf einem Zusatzlaufwerk werden die Paritätsbits der anderen Laufwerke abgespeichert.

RAID 4: Wie RAID 3; auf die Laufwerke kann jedoch unabhängig zugegriffen werden. (Das Zusatzlaufwerk für die Paritätsbits kann dann aber zu einem Flaschenhals werden).

RAID 5: Verteiltes Abspeichern der Paritätsbits und Einteilen der Disks in Gruppen; jede Gruppe wird durch Paritätsbits geschützt. Auf die Laufwerke kann unabhängig zugegriffen werden.

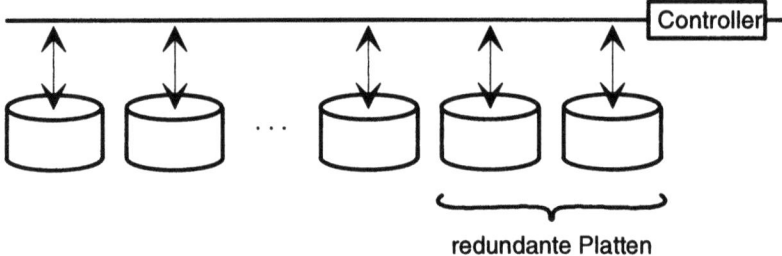

Bild 6.36 RAID

Beispiel (Bild 6.37): Ein Disk-Array enthalte 4 Laufwerke, wobei die 4 Bits eines Datums einzeln auf diese verteilt sind. Zusätzlich sollen die zugehörigen Paritätsbits gespeichert werden. Dazu wird ein fünftes Laufwerk benötigt. In Bild 6.37 enthält jede Platte jeweils ein Bit von den 6 Dateneinheiten eines Streifens und immer eine der Platten enthält die sechs Paritätsbits.

Es seien $P_j(i)$ die Paritätsbits ($i = 1 \ldots$ Anzahl der Dateneinheiten eines Streifens) auf Laufwerk j und damit des j-ten Streifens. $D_{jk}(i)$ seien die Datenbits des k-ten Streifens auf Laufwerk j. Der Inhalt von Platte 3 läßt sich dann wie folgt wiedergewinnen ($\otimes$ ist das exklusive Oder):

6.6 Sekundärspeicher

$$P_3(i) = D_{13}(i) \otimes D_{23}(i) \otimes D_{43}(i) \otimes D_{53}(i)$$

$$D_{31}(i) = P_1(i) \otimes D_{21}(i) \otimes D_{41}(i) \otimes D_{51}(i)$$

etc.

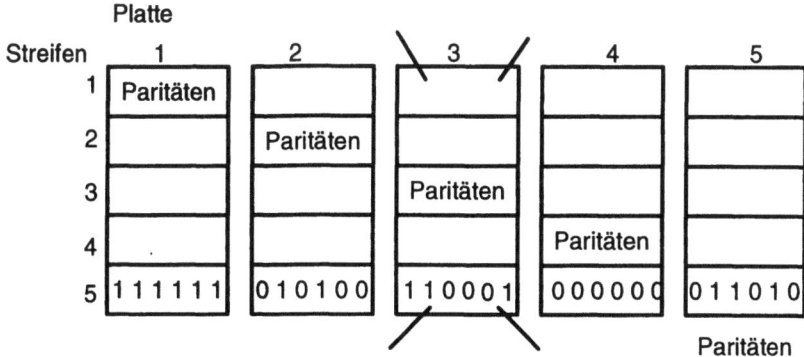

Bild 6.37 RAID 5

Ein Disk-Array sei nun in Gruppen eingeteilt, von denen jede eine zusätzliche Platte erhält, so daß auch die Paritätsbits gespeichert werden können. Die Paritätsbits werden, wie wir gesehen haben, für die Fehlerkorrektur benötigt. Die Fehlererkennung und -lokalisierung geschieht durch den Array-Controller, der einen Plattenausfall feststellen kann. Das Disk-Array fällt erst aus, wenn ein zweites Laufwerk einer Gruppe ausfällt und das erste noch nicht wieder repariert ist. Es seien

MTTDL (Mean Time To Data Loss) die mittlere Zeit bis zum Verlust von Daten und MTTF die mittlere Intaktzeit einer Disk.

Wir nehmen unabhängige, exponentiell verteilte Lebensdauern der Laufwerke an. Ohne Fehlertoleranz wäre dann die mittlere Intaktzeit des Disk-Arrays mit N Laufwerken MTTF/N und dies ist auch die MTTDL. Es sei nun MTTR die mittlere Wiederherstellungszeit für ein Laufwerk und G die Anzahl der Gruppen. Mit Fehlertoleranz gilt dann (Anhang A2.3):

$$\text{MTTDL} = \frac{\text{MTTF}}{N + G} \times \frac{\text{MTTF}}{\text{MTTR} \times \frac{N}{G}}$$

Numerisches Beispiel: Wir wählen N = 16, G = 4 und MTTF = 5a. Dann folgt:

MTTDL =   0,3a   ohne Fehlertoleranz

MTTDL =   109,5a   für MTTR = 5h

MTTDL =   547,5a   für MTTR = 1h

Im letzten Fall beträgt die MTTDL des RAID-Systems gar mehr als das Hundertfache der Lebensdauer einer einzelnen Platte.

7 Busse und Ein-/Ausgabesysteme

7.1 Busse

Ein Bus ist im wesentlichen ein System von Leitungen, über das Daten ausgetauscht werden können. An ihn lassen sich mehrere Einheiten gleichzeitig als Empfänger anschließen, in der Regel kann jedoch nur eine der Einheiten jeweils als Sender wirken. Mittels Tristate-Logik können die Einheiten vom Bus abgekoppelt werden. Ein solcher Bus besteht meist aus mehreren Komponenten mit unterschiedlichen Funktionen, z.B. Komponenten für den Daten- und Adreßtransfer, die Übertragung von Steuersignalen und die Bereitstellung von Versorgungsgrößen wie Taktsignal oder Versorgungsspannung.

7.1.1 Systembus

Als Systembus bezeichnet man einen Bus, der ganze Rechnereinheiten, wie Prozessoren, Speichermodule, Peripherie-Bausteine oder DMA-Controller, miteinander verbindet. Man unterscheidet bei diesen Einheiten zwischen Mastermodul (kurz Master) und Slavemodul (kurz Slave). Ein Master ist eine Einheit, die aktiv den Bus steuern kann, z.B. die CPU; ein Slave, z.B. der Speicher, ist eine Einheit, die passiv unter der Kontrolle eines Masters arbeitet. Systembusse können rechnerspezifisch oder rechnerunabhängig realisiert sein. Sogenannte Backplane-Busse dienen zur Verbindung mehrerer Boards (Leiterplatinen). Dafür gibt es entsprechende Standards. Busse lassen sich klassifizieren nach:

- Breite, d.h. der Anzahl der Leitungen;
- Funktion: werden Adressen, Daten, Befehle oder Steuersignale übermittelt?
- Betriebsart: uni- oder multifunktionaler (gemultiplexter) Bus; synchroner oder asynchroner Bus; ein synchroner Bus ist taktgesteuert, ein asynchroner ereignisgesteuert;
- Zuordnung: ein dedizierter Bus ist nur für bestimmte, ein gemeinsamer Bus für alle Komponententypen ausgelegt.

Gemultiplexte Busse können nacheinander sowohl Adressen wie auch Daten übertragen. Oft werden auch unifunktionale - also getrennte - Busse für die Daten- und

Adreßübertragung verwendet. Multiplexen ist vor allem bei breiten Bussen attraktiv, da sich so viele Leitungen, Bustreiber und Receiver einsparen lassen. Dedizierte Busse werden verwendet, um entweder eine höhere Leistung (also kürzere Übertragungszeiten) oder geringere Kosten (wegen einfacherer Schnittstellen) zu erzielen. Dedizierte Busse sind z.B. Speicherbusse oder Ein-/Ausgabebusse. Synchrone Busse setzen einen gemeinsamen Taktgeber für die Sende- und Empfangsoperationen voraus, d.h. Busmaster und Slaves müssen durch ein gemeinsames Bustaktsignal synchronisiert werden. Asynchrone Busse benötigen keinen gemeinsamen Taktgeber. Wenn nur wenige Leitungen (oder ein Coaxial Kabel) vorhanden sind, muß die Information Bit für Bit seriell übertragen werden (serieller Bus). Sind genügend Leitungen vorhanden, kann sie bit-parallel (wort-seriell) übertragen werden (paralleler Bus); Bild 7.1.

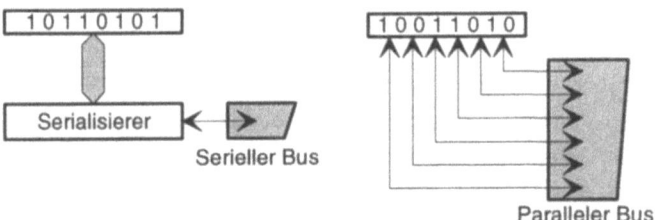

Bild 7.1 Serieller und paralleler Bus

Ein Bussystem (Bild 7.2) ist eine mehrere Busse umfassende Verbindungsstruktur zwischen Rechnerbausteinen. Es kann sowohl dedizierte als auch gemeinsame, parallele als auch serielle Busse umfassen. Oftmals wird einem parallelen Bus ein serieller Bus beigegeben, der als Backup und für die Diagnose dienen kann, wenn der parallele Bus ausfallen sollte.

Busse wickeln BUSTRANSAKTIONEN ab. Dies sind - bei einem Multimaster-System - Aktionsfolgen beginnend mit der Busanforderung durch einen der Master und endend mit der Busfreigabe. Typische Bustransaktionen sind: Schreiben (write cycle), Lesen (read cycle), Lesen-Modifizieren-Schreiben (read-modify-write cycle) und Blocktransfer. Spezialfälle sind z.B. der Transfer der Interrupt-Vektornummer (Kap. 7.2) oder der Botschaftentransfer.

Eine Transaktion erfordert einen oder mehrere BUSZYKLEN. Ein solcher Buszyklus besteht aus den Teilen: Busvergabe, Übertragung von Adresse und Daten und Busfreigabe. Zur Busvergabe gehören die Anforderung des Busses durch einen Master

7.1 Busse

(bus request) und die Zuteilung des Busses an einen der anfordernden Master (bus grant). Dieser Master wird dann zum BUSMASTER. Zur Übertragung gehört die Steuerung der Datenübertragung durch den Busmaster. Beide Teilzyklen lassen sich überlagern, so daß der nächste Busmaster schon feststeht, wenn der augenblickliche den Bus freigibt. Ist nur ein Master vorhanden (z.B. die CPU), so ist offensichtlich keine Busvergabe nötig (Bild 7.3). Der Master selektiert dann die gewünschte Slaveeinheit und bestimmt die Richtung des Datentransfers (read oder write). Die Signale zur Anwahl der Slaveeinheit werden entweder aus den Adreßsignalen allein oder aus Adreßsignalen und speziellen Steuersignalen (z.B. *Select* Speichermodul) des Prozessors gewonnen.

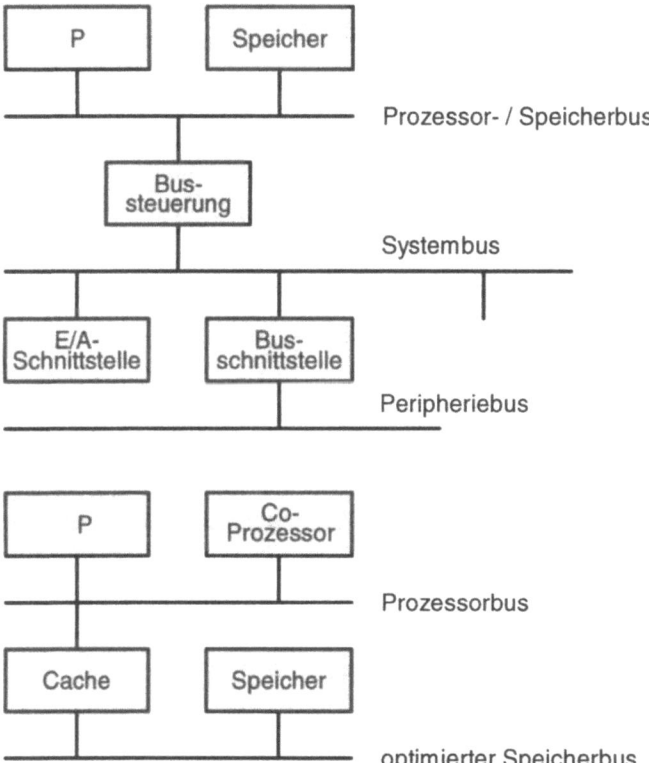

Bild 7.2 Beispiele für Bussysteme

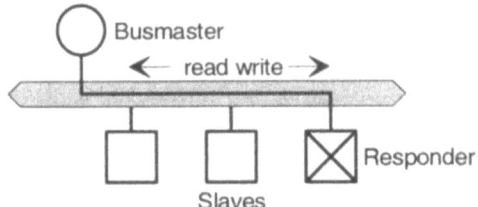

Responder: ausgewählte Slaveeinheit

Bild 7.3 Busmaster/Responder

Die Aktionen, die während eines Buszyklus' abzuwickeln sind, werden durch Protokolle festgelegt. Ein solches BUSPROTOKOLL ist ein Algorithmus, der die einzelnen Schritte der Transaktionsabwicklung bestimmt, d.h. das Protokoll beschreibt, wie die Daten zu übertragen sind und welche Zustände der Bus dabei einzunehmen hat. Im wesentlichen sind dies Protokolle für die Buszuteilung, die Datenübertragung und die Terminierung. Es gibt mehrere Möglichkeiten, Busprotokolle darzustellen, z.B.:

Impulsdiagramme:	Darstellung zeitlicher Verläufe	(Bild 7.9)
Flußdiagramme:	Darstellung des Steuerflusses	(Bild 7.10)
Endliche Automaten:	Darstellung von Zustandsübergängen	(Bild B1.4)
Petri-Netze :	Darstellung von Nebenläufigkeit	(Bild A3.3)

7.1.2 Buszuteilung

Wenn mehrere Master vorhanden sind, z.B. bei DMA (Kapitel 7.2.4) oder in einem Multiprozessorsystem, darf der Bus nur einem derjenigen Master zugeteilt werden, die gleichzeitig den Bus anfordern. Die Ziele des Busvergabezyklus sind somit die Auflösung von Konflikten bei der Busanforderung und eine faire Vergabe des Busses, d.h. kein Master soll auf Dauer von der Vergabe des Busses ausgeschlossen werden. Ein weiteres Ziel ist die Minimierung von Leerzeiten. Dies sind Zeiten, zu denen keine Nutzdaten übertragen werden können. Die Zuteilung kann zentral, d.h. durch eine zentrale Einheit - dem ARBITER (Schiedsrichter) - oder verteilt geschehen. Dafür gibt es wieder unterschiedliche Protokolle. Einige davon werden im folgenden vorgestellt.

Zur Busauslastung: Der Einfachheit halber sei angenommen, daß der Arbiter den Bus in festen Zyklen vergibt. Es sei r die Wahrscheinlichkeit, daß ein Master während eines solchen Zyklus' den Bus anfordert. Dann ist $B = 1 - (1-r)^p$ die Busaus-

7.1 Busse

lastung, d.h. die Wahrscheinlichkeit, daß während eines Vergabezyklus' wenigstens einer von p Mastern den Bus anfordert. Dies ist zugleich die mittlere Anzahl der Buszuteilungen in einem Zuteilungszyklus, da nur immer ein Master Busmaster werden kann (Bild 7.4). Nicht erfüllte Anforderungen werden in der Regel wiederholt. Dadurch erhöht sich r; der erhöhte Wert sei r'.

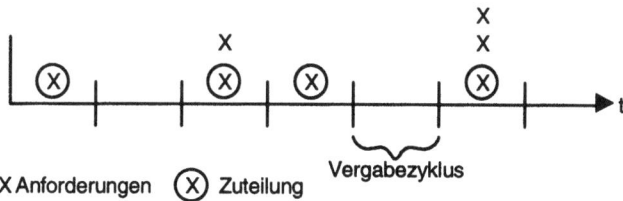

X Anforderungen   (X) Zuteilung   Vergabezyklus

Bild 7.4 Zur Busauslastung

Wir betrachten nun einen der Master. Er benötige für die Abarbeitung seines Programms T Vergabezyklen, wenn keine Zuteilungskonflikte entstehen würden. T' sei dagegen die Ausführungszeit, wenn Konflikte entstehen. Die Zahl der Zyklen, in denen der Master den Bus nicht anfordert, ist in beiden Fällen dieselbe. Also gilt:

$$T(1-r) = T'(1-r') \, .$$

Andererseits ist T' gleich der Summe aus der Anzahl der anforderungsfreien Zyklen und der Anzahl der Zyklen, in denen der Master den Bus anfordert und dabei eventuell blockiert wird. Also ist mit q der mittleren Anzahl zusätzlicher Zyklen:

$$T' = (1-r)T + rT(1+q).$$

Damit erhalten wir:

$$r' = \frac{r(1+q)}{1+rq} \, .$$

Mit der Annahme, daß q proportional zur Anzahl der Prozessoren ist, genauer mit $q = (p-1)s$ gilt:

$$B' = 1 - \left(1 - \frac{r(1-s) + rps}{1 - rs + rps}\right)^p \, .$$

Wertet man diese Beziehung aus, erkennt man, daß in einem größeren Multiprozessorsystem der Bus sehr schnell saturiert ist. Zur Veranschaulichung sei $r = 0{,}1$ und $s = 0{,}2$ angenommen. Dann ergibt sich für ein Monoprozessorsystem als Busauslastung $B = B' = 10\%$ und für ein Multiprozessorsystem mit 16 Prozessoren $B = 81{,}5\%$ und $B' = 99{,}7\%$.

Hauptvorteil der zentralen Zuteilung ist die kurze Reaktionszeit auf eine Busanforderung. Allerdings bildet der Arbiter einen „Zuverlässigkeits-Engpaß". Der Arbiter ist praktisch der Buscontroller, der den konfliktfreien Betrieb auf dem Bus steuert und überwacht. In einem Einprozessorsystem kann diese Funktion dem Prozessor selbst zufallen, der dann die dafür nötige Steuerlogik besitzt. Im folgenden seien einige Beispiele für die zentrale Buszuteilung gebracht.

Individuelle Steuerung (Bild 7.5): Jeder Master besitzt eine Bus-Request (BRQ-) und eine Bus-Grant (BGT-) Leitung zum zentralen Arbiter. Will ein Master den Bus belegen, so teilt er dies dem Arbiter durch ein BRQ-Signal mit. Der Arbiter kann dann entscheiden (z.B. nach Prioritäten), ob der Master den Bus erhalten kann. Wenn ja, teilt er dies dem Master durch ein BGT-Signal mit, der dann das Bus-Busy-Signal setzt. Nachteile einer individuellen Zuteilung sind die relativ große Anzahl Steuerleitungen und die schlechte Skalierbarkeit. In einem Monoprozessorsystem hat gewöhnlich der Prozessor die geringste Priorität, so daß Ein-/Ausgabeanforderungen so schnell wie möglich erfüllt werden können.

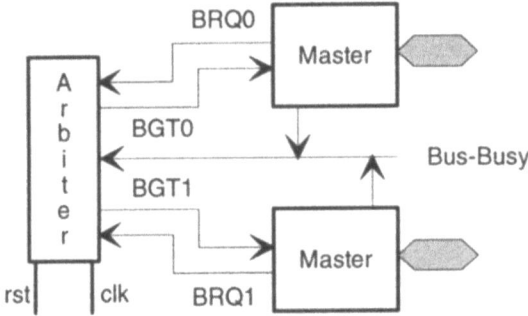

Bild 7.5 Individuelle Buszuteilung

Pollen (Abfragen, Bild 7.6): Die BGT-Leitungen werden durch einige wenige Poll-Count-Leitungen ersetzt. Nur eine einzige BRQ-Leitung ist nötig. Sie hat die Funktion einer ODER-Verknüpfung (Wire-OR). Auf ein Bus-Request-Signal reagiert die zentrale Buszuteilung (Arbiter) mit der zyklischen Erzeugung von Adressen auf den Poll-Count-Leitungen, solange bis das Bus-Busy-Signal aktiv wird. Sobald auf der Poll-Count-Leitung die Adresse (Nummer) desjenigen Masters erscheint, der den

7.1 Busse

Bus angefordert hat, setzt dieser das Bus-Busy-Signal und kann dann den Bus steuern. Wenn mehrere Master den Bus gleichzeitig anfordern, wird derjenige, dessen Adresse als erste erzeugt wird, den Bus erhalten. Dadurch lassen sich bei der Buszuteilung leicht Prioritäten berücksichtigen.

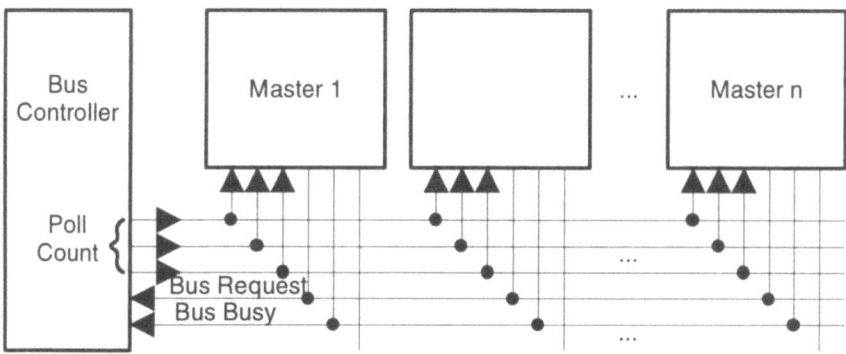

Bild 7.6 Pollen

Zentrale Daisy-Chain (Bild 7.7): Bei einer zentralen Daisy-Chain steuert einer der Master die Busvergabe (z.B. die CPU). Er erzeugt das Grant-Signal, wenn er den Bus nicht selbst benötigt, von einem der untergeordneten Master der Bus angefordert wurde und der Bus frei ist. Ein Master, der den Bus nicht belegen will, reicht das Signal an den nächsten in der Kette weiter. Sobald das Bus-Busy-Signal von einem Master aktiviert wird, deaktiviert die CPU das BGT-Signal wieder.

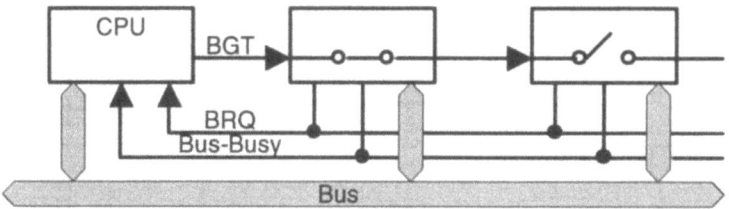

Bild 7.7 Daisy Chain

Die Buszuteilung kann auch dezentral durch Mitwirkung aller Teilnehmer erfolgen. Einige Verfahren der dezentralen Zuteilung sind: paralleles Polling, dezentrale Daisy-Chain und Mehrfachzugriff.

Paralleles Polling (Bild 7.8): Der Arbiter jedes Masters muß, wenn sein Master den Bus belegen will, anfragen, ob ein anderer Master mit höherer Priorität den Bus angefordert hat. Dabei vollzieht er die folgenden Schritte. Er aktiviert das Bus-Request-Signal, um den augenblicklichen Busmaster zur Busfreigabe zu bewegen, und liest das Bus-Busy-Signal. Wenn der Bus frei ist, teilt er allen Mastern die eigene Priorität (ID Nummer) mit. Wenn kein anderer Master mit höherer Priorität zur gleichen Zeit versucht, den Bus zu belegen, aktiviert er das Bus-Busy-Signal und erhält damit den Bus. Andernfalls wartet er, um dann den Zyklus neu zu beginnen. Um einen Konflikt erkennen zu können, müssen die Prioritäten geeignet codiert sein. Dazu besteht der ID-Bus aus Wire-OR-Leitungen. Die grundlegende Idee ist, daß jeder Master, wenn er merkt, daß eine höhere Priorität als seine eigene auf dem Bus liegt, die wenigst signifikanten Bits seiner Priorität zurücknimmt. Nach einer kurzen Verzögerung bleibt dann die höchste Priorität übrig. Wenn die Priorität um ein Paritätsbit für ungerade Parität erweitert wird, lassen sich zudem gewisse Busfehler erkennen.

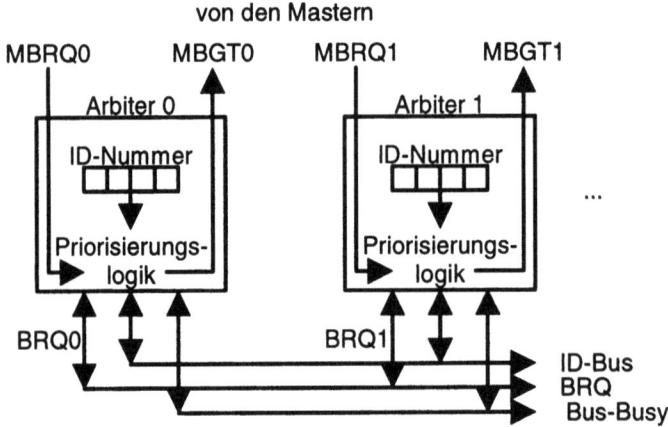

Bild 7.8 Paralleles Pollen

Dezentrale Daisy-Chain: Bei einer dezentralen Daisy-Chain sind die Master, z.B. mehrere CPUs, in einer geschlossenen Signalkette eingegliedert. Über diese Kette wird ein Grant-Impuls (Token) reihum weitergereicht. Wenn ein Master dieses Token empfängt, ist der Bus für ihn frei. Er kann ihn gegebenenfalls belegen. Sobald er die Transaktion beendet hat, oder falls keine Anforderung vorliegt, gibt er das Token weiter. Ein Bypass ermöglicht es u.U., fehlende oder ausgefallene Module zu umgehen.

Mehrfachzugriff: Bei Mehrfachzugriff kann jeder Master den Bus belegen, wenn er frei ist (CSMA: carrier sense multiple access). Kommt es zu einem Konflikt, gibt es zweierlei Möglichkeiten, darauf zu reagieren. Entweder wird die gestörte Übertragung weitergeführt, was dann durch das Ausbleiben der Rückmeldung des Empfängers erkannt wird, oder die Störung wird bereits vom Sender erkannt (CD collision detection), der daraufhin die Übertragung abbricht. Die beteiligten Master wiederholen anschließend nach unterschiedlichen Verzögerungszeiten ihren Zugriff.

Die dezentrale Zuteilung ist flexibler als eine zentrale, da sich zusätzliche Teilnehmer leichter integrieren lassen, und gewährleistet eventuell eine höhere Verfügbarkeit, da der Ausfall eines Teilnehmers keine so weitreichenden Konsequenzen hat wie der Ausfall einer zentralen Zuteilungslogik. Allerdings können der Logikaufwand pro Busmodul größer und die Reaktionszeiten länger sein.

7.1.3 Übertragungszyklus

Der Busmaster ist während des Übertragungszyklus' für die Synchronisation der Busteilnehmer zuständig. Daneben kann er auch für die Alarmbehandlung zuständig sein, d.h. dafür, daß ein (unvorhergesehenes) Ereignis allen Busteilnehmern mitgeteilt wird, und daß Fehler, die bei der Datenübertragung auftreten, schnell erkannt und, wenn möglich, auch behoben werden. Solche Fehler lassen sich z.B. durch Paritätsüberprüfung oder durch Zeitüberwachung (Watchdog-Timer) erkennen, z.B. wenn das Acknowledge-Signal ausbleibt. Bei geeigneter Codierung ist auch eine Fehlerkorrektur möglich.

Man unterscheidet zwischen Wort- und Blocktransfer. Blocktransfers benötigen gegenüber dem Einzelworttransfer nur einen Arbitrierungsvorgang. Je größer der transferierte Block desto größer die Übertragungs-Bandbreite. Es gibt Blocktransfers mit sequentieller und solche mit beliebiger Adreßfolge. Letztere findet man z.B. bei Vektorrechnern (Gather/Scatter) [Hwan98, Flyn95]. Caches werden typischerweise mit einem Blocktransfer geladen.

Beispiel eines synchronen Übertragungsprotokolls: Bild 7.9 zeigt ein Impulsdiagramm für einen synchronen Bus. Die Bustransaktionen werden auf der Basis eines gemeinsamen Takts gesteuert, den alle Busteilnehmer benutzen. Der Busmaster löst den Ablauf durch ein Startsignal aus (nicht gezeigt), das den Beginn eines Buszyklus' anzeigt.

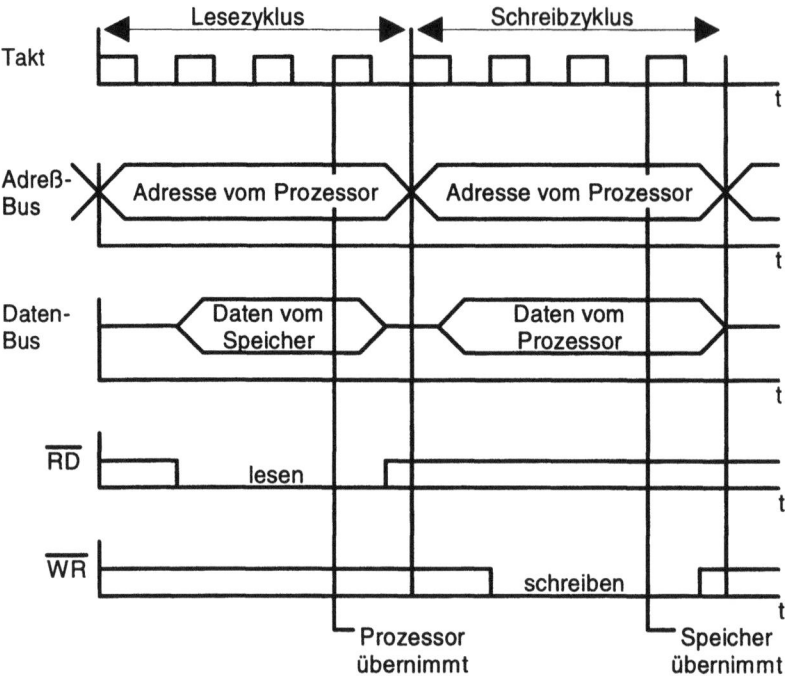

Bild 7.9 Impulsdiagramm

Im 1.Takt wird die Adresse bereitgestellt. Im 2. bis 3. Takt werden die Daten bereitgestellt und am Ende des 3. Takts übernommen. Nach dem 4. Takt kann ein neuer Zyklus beginnen. Die Steuersignale RD (read) und WR (write) sind während des 2. und 3. Takts gültig.

Die Vorteile der synchronen gegenüber der asynchronen Steuerung sind ein einfacheres Protokoll und eine einfachere Implementierung (als endlicher Automat). Sie ist außerdem schneller, da kein Handshaking nötig ist, und erfordert einfachere Schnittstellen und damit geringere Kosten. Die Nachteile der synchronen Steuerung sind die mögliche Taktverzerrung (clock-skew), weshalb sie nur für relativ kurze Busse geeignet ist (Systembus), und die Tatsache, daß der langsamste Busteilnehmer die Zykluslänge bestimmt. Außerdem legt sie ein starres Schema fest, denn jede Buseinheit muß in ihrem Zeitverhalten angepaßt sein. Um zu verhindern, daß wegen langsamer Busteilnehmer, die selten den Bus benötigen, die Reaktionszeiten zu groß werden, kann man vorsehen, daß die Busteilnehmer mit Hilfe eines Steuersignals den Buszyklus verlängern können. Der Busmaster reagiert dann darauf mit sogenannten WARTEZYKLEN (Wait-States).

7.1 Busse

Asynchrone Bustransaktionen benötigen keinen gemeinsamen Taktgeber. Die Steuerung der Transaktionen geschieht über den Austausch spezieller Signale zwischen den Teilnehmern an einer Transaktion (Handshaking). Bild 7.10 zeigt den Aktionsverlauf. Die Überwachung der Abfolge erfolgt durch Timeout, d.h. die Handshake-Signale werden jeweils innerhalb eines bestimmten Zeitintervalls erwartet. Ist dies nicht der Fall, wird vom Empfänger bzw. Sender ein Fehler angezeigt und die Transaktion eventuell wiederholt. Die Übertragungsgeschwindigkeit eines parallelen Busses paßt sich also automatisch den Anforderungen der Buseinheiten an. Deshalb können z.B. Geräte durch schnellere ersetzt werden, sobald die Gerätetechnologie solche zur Verfügung stellt.

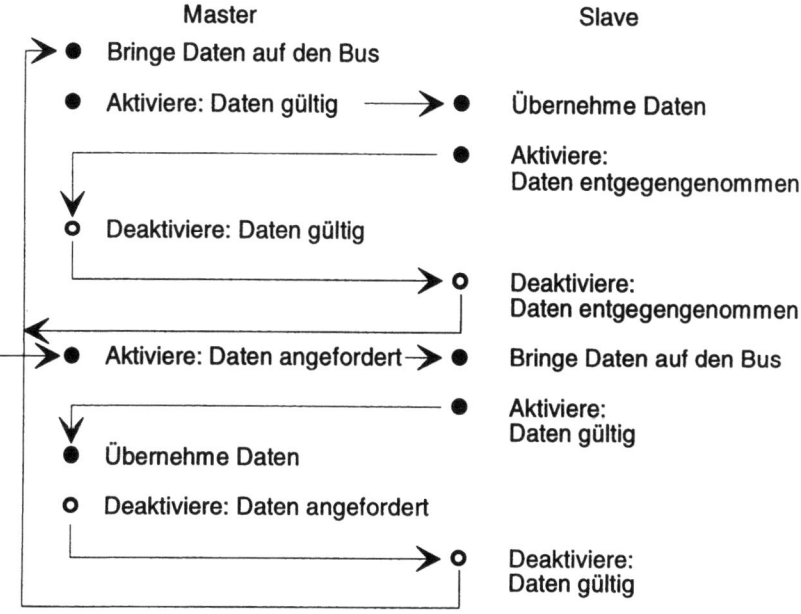

Bild 7.10 Handshaking (Lesen und Schreiben)

Auch für die Freigabe des Busses in einem Multimastersystem gibt es mehrere Möglichkeiten:

Freigabe nach Erledigung einer Transaktion (Terminierung), Freigabe erst auf Anforderung durch den Arbiter oder einen anderen Master (bus parking) oder Freigabe durch Verdrängung, wenn ein Master mit höherer Priorität den Bus anfordert.

7.2 Ein-/Ausgabe-Organisation

Die Organisation der Ein-/Ausgabe bestimmt die Verbindung des Rechnerkerns mit seiner Peripherie. Zur Peripherie zählen z.B. Hintergrundspeicher, Terminals, Drukker, Scanner oder auch Netze (Bild 7.11). Es gibt eine große Vielfalt von Peripheriegeräten. Aufgrund ihrer spezifischen Signale und Übertragungsabläufe können diese Geräte nicht direkt an den Systembus angeschlossen werden. Es ist jeweils eine Schnittstelle (genauer ein SCHNITTSTELLENADAPTER[1]) zur Anpassung erforderlich. Schnittstellen sind unterschiedlich komplex. Ein sogenannter DMA-Controller ist z.B. in der Lage, den Systemspeicherbus selbständig zu steuern und direkt auf den Speicher zuzugreifen (DMA: direct memory access). Einfache Schnittstellen können direkt auf dem Prozessor-Chip untergebracht sein. Schnittstellen werden entweder vom Prozessor gepollt, d.h. der Prozessor liest regelmäßig bestimmte Schnittstellenregister, oder aber sie unterbrechen durch einen Interrupt den Prozessor in seiner Arbeit und veranlassen ihn dadurch, mit ihnen zu kommunizieren.

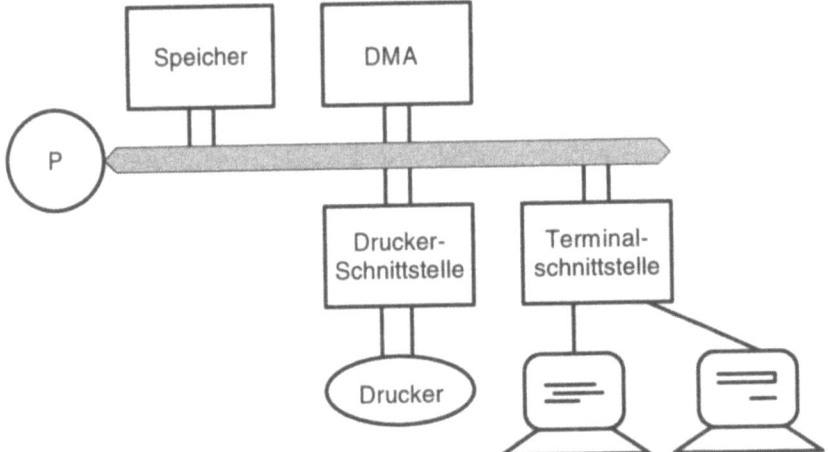

Bild 7.11 Ein-/Ausgabe

---

[1] Der Begriff Schnittstelle wird in mehreren Bedeutungen verwendet: Steckernormen, Schnittstellenadapter und im übertragenen Sinn für jede Soft- oder Hardwarekomponente, die zur Anpassung von Systemteilen dient.

7.2 Ein-/Ausgabe-Organisation

7.2.1 Interruptsystem

Bei einem Interrupt unterbricht der Prozessor kurzzeitig seine augenblickliche Arbeit, es sei denn, der Interrupt wurde nicht zugelassen - man sagt dann: er wurde *maskiert*. Meist unterscheidet der Prozessor mehrere Interrupt-Ebenen, die einzeln maskiert werden können. Ein nichtmaskierter Interrupt bewirkt einen Wechsel des Prozessors in den Systemmodus. Daraufhin führt der Prozessor eine sogenannte Interruptsequenz durch, die zur Vorbereitung der Ausnahmebehandlung durch die Software dient. Dabei müssen bestimmte Registerinhalte „gerettet" werden. Dazu gehören mindestens der Programmzählerstand, der Inhalt des Statusregisters und der des Stapelzeigers. Diese werden entweder auf den Stapel kopiert oder für jede Interruptebene gibt es einen entsprechenden Satz von Registern. Dann besteht das Retten lediglich im Umschalten auf einen anderen Registersatz. Während der Interruptsequenz ist in der Regel dafür gesorgt, daß kein weiterer Interrupt den Prozessor unterbricht (interrupt disabled). Als nächstes muß die Quelle des Interrupts ermittelt werden. Sie läßt sich auf verschiedene Weise ermitteln, beispielsweise wiederum durch Pollen oder durch Vektorisieren. Pollen heißt auch in diesem Fall, daß der Prozessor nach dem Interrupt bestimmte Schnittstellenregister abfragt, um die Interruptquelle zu bestimmen und den Interrupt zu bestätigen. Ist die Interruptquelle ermittelt, startet der Prozessor eine sogenannte Ausnahmebehandlungsroutine. In seiner Wirkung gleicht ein Interrupt einem Unterprogrammaufruf. Neben den maskierbaren Interrupteingängen besitzen Prozessoren weitere Signaleingänge für die Programmunterbrechung, z.B. einen Reset-Eingang.

Ein Interrupt-Pending-Bit zeigt dem Prozessor an, ob ein Interruptwunsch ansteht. Es wird in einer eigenen (meist der letzten) Phase der Befehlsausführung vom Prozessor gelesen, um festzustellen, ob ein Unterbrechungswunsch vorliegt. Ein Interrupt erfordert nämlich i.a. nicht, daß die Ausführung des aktuellen Befehls sofort abgebrochen wird. Wenn sich herausstellt, daß ein Unterbrechungswunsch vorliegt, muß der Prozessor, wie erwähnt, zuerst einen Teil seines Zustands (PC, CWP, SR) retten und dann als nächstes die Quelle der Unterbrechung identifizieren. Die Reaktion des Prozessors auf einen Interrupt bei interruptgesteuertem Pollen besteht somit aus folgenden Schritten:

Prolog:

      HW: Interrupt-Pending-Bit lesen und, falls gesetzt,
                  minimalen Prozessor-(Laufzeit)-Zustand retten

Ausnahmebehandlung:

SW: Polling starten und Adresse der Interruptroutine bestimmen;
Interruptquelle auffordern, den Interrupt zurückzunehmen;
Interrupt-Pending-Bit löschen;
Ausnahmebehandlung für Interruptquelle starten.

Epilog:

Ende der Interruptbehandlung der Interruptquelle mitteilen
HW: ursprünglichen Prozessorzustand restaurieren (RTE).

Bild 7.12 zeigt eine einfache Hardware für die Unterstützung von Interrupts. Die Interrupt-Anforderungen werden hier zu einem einzigen Interrupt-Input zusammengefaßt. (Sie werden geodert). Die Interrupt-Pending-Flagge (IP) zeigt an, ob ein nichtmaskierter Unterbrechungswunsch ansteht, und ein Flip-Flop (Interrupt-Disable: ID) erlaubt das Sperren und Wiederfreigeben von Interrupts. Ein nichtmaskierter Interrupt setzt automatisch dieses Flip-Flop. Das Interruptmasken-Register IM dient dazu, Interrupts individuell zu maskieren. Es kann benutzt werden, um während der Ausnahmebehandlung Interrupts gleicher oder niedrigerer Priorität zu unterbinden.

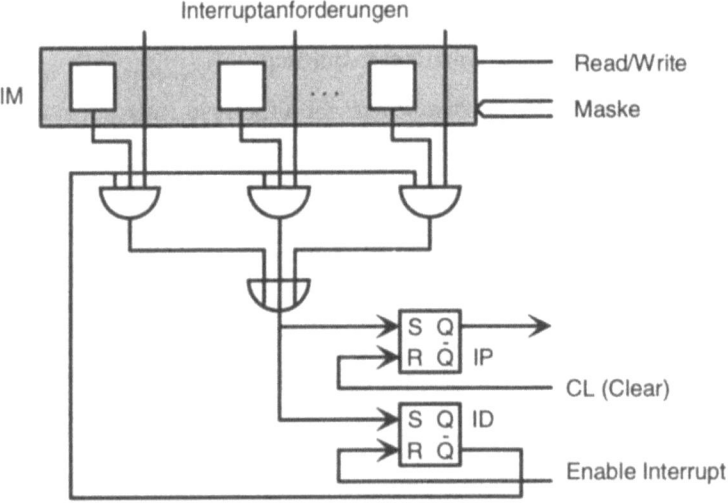

Bild 7.12 Interrupt-Hardware

7.2 Ein-/Ausgabe-Organisation

Vektorisieren heißt, daß sich die Interruptquelle durch Senden einer Interrupt-Vektornummer von sich aus dem Prozessor bekannt gibt. Dann muß eine Priorisierung aller Interruptwünsche vorgenommen werden. Ein Interrupt-Controller für vektorisierte Interrupts kann die Priorisierung und einen Teil der Interruptinitialisierung übernehmen und so den Prozessor, der ihn durch das INTA-Signal (interrupt acknowledge) aktivieren kann, entlasten (Bild 7.13). Außerdem reduziert der Interrupt-Controller die Zahl der nötigen Interrupt-Inputs des Prozessors. Bild 7.14 zeigt ein Beispiel für einen Interrupt-Controller [Flik94].

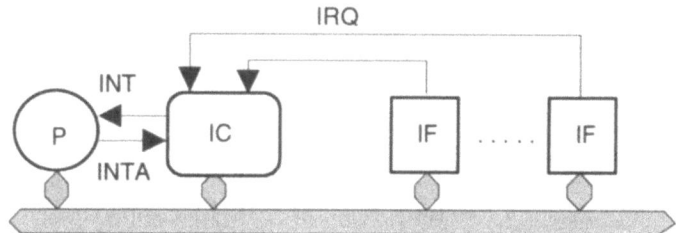

IC Interrupt-Controller IF Schnittstelle

Bild 7.13 Interrupts

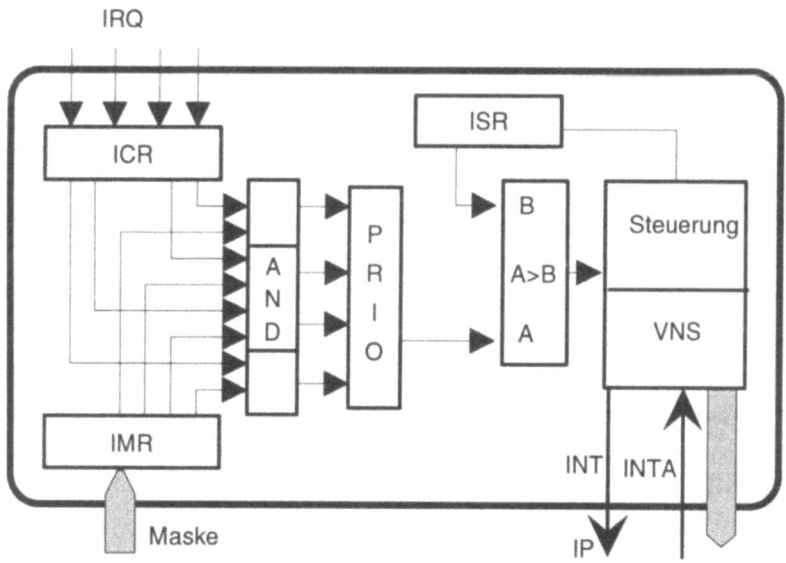

Bild 7.14 Interrupt-Controller

Der Interrupt-Controller hat eine ähnliche Aufgabe wie ein Busarbiter - mit dem Unterschied, daß jetzt nicht der Bus sondern der Prozessor den Anforderern zugeteilt werden muß. Die Aufgaben eines Interrupt-Controllers sind u.a. :

- Entgegennehmen und Speichern von Interrupt-Anforderungen der Peripherie (IRQ: Interrupt Request)
- Maskieren von Interrupts
- Signalisieren, daß mindestens ein Interruptwunsch existiert (INT)
- Entgegennehmen der Interruptbestätigung von seiten des Prozessors (INTA)
- Priorisieren der nichtmaskierten Interrupt-Anforderungen und Bereitstellen der Interrupt-Vektornummer
- Zurücknehmen des INT-Signals.

Register ICR (Interrupt-Code-Register) speichert die Unterbrechungsanforderungen der Geräte (IRQ Interrupt Request); Register IMR (Interrupt-Mask-Register) speichert die Interruptmaske; eine 0 maskiert die entsprechende Unterbrechungsanforderung. AND ist ein Array von UND-Gattern und PRIO eine Prioritätslogik (A und B sind Prioritäten). Wenn ein Interrupt zugelassen wird, wird das entsprechende Bit im ICR wieder gelöscht, damit eine weitere Interrupt-Anforderung gestellt werden kann.

Das Interruptservice-Register ISR sortiert die zugelassenen Interrupts nach deren Prioritäten. Derjenige mit höchster Priorität wird jeweils behandelt. Damit ist sichergestellt, daß die Bearbeitung eines Interrupts nur durch einen Interrupt mit höherer Priorität unterbrochen werden kann. Neue Interrupts gleicher oder niedrigerer Priorität werden maskiert. Das Interruptservice-Register kann auch vom Prozessor gelesen und geladen werden. Der Prozessor teilt dem Controller jedesmal die Beendigung einer Ausnahmebehandlung mit (EOI end of interrupt), so daß dieser das Interruptservice-Register aktualisieren kann. VNS ist ein Speicher für Interrupt-Vektornummern. Der Prozessor aktiviert das INTerrupt-Acknowledge-Signal, um mitzuteilen, daß der Interrupt empfangen wurde und um die Interrupt-Vektornummer anzufordern. Die Interrupt-Vektornummer wird dann über den Datenbus (also muß auch dieser Bus zugeteilt werden) oder über einen separaten Interrupt-Vektor-Bus dem Prozessor vom Controller mitgeteilt.

7.2 Ein-/Ausgabe-Organisation

Jede Vektornummer ist ein Index in die Vektortabelle im Hauptspeicher. Sie hält die Adressen von Ausnahmebehandlungsroutinen bereit. Die so indizierte Routine wird, falls der Interrupt akzeptiert wurde, nach dem Prolog von der CPU ausgeführt.

Prolog bei Vektorisierung (Interruptsequenz):

Interrupt-Pending-Bit lesen und, falls gesetzt
(weitere Interrupts sind jetzt gesperrt):

minimalen Prozessor-Zustand retten;
Interrupt-Pending-Bit löschen;
Interrupt bestätigen und damit Vektornummer anfordern;
(Interrupt-Code-Register wird momentan „eingefroren" und
das entsprechende Interrupt-Bit gelöscht);
mit der Vektornummer die effektive Adresse der Ausnahmebehandlungsroutine aus der Vektortabelle entnehmen und
das ID-Bit rücksetzen.

Der Interrupt-Controller ist oftmals schon auf dem Prozessorchip integriert. Zusätzliche Interruptquellen können durch einen externen Interrupt-Controller oder gar durch Kaskadieren mehrerer externer Interrupt-Controller verwaltet werden. Wie im Falle der Buszuteilung läßt sich auch das Interruptsystem verteilt, z.B. als verteilte Daisy-Chain, aufbauen (Bild 7.15).

Der Prozessor kann einen oder mehrere Interrupt-Inputs haben. Mit n Interruptleitungen des Prozessors sind 2^n verschiedene Interruptcodes (Interruptebenen) möglich. Verwendungsmöglichkeiten dafür sind: (a) Der Interruptcode definiert die Priorität des Interrupts, wobei ein eigener Baustein dann die Codierung vornehmen muß, und (b) der Prozessor bestimmt aus dem Interruptcode die Interrupt-Vektornummer selbst (autovektorisierter Interrupt).

7.2.2 Beispiel für einen Schnittstellenbaustein

Ein UART (Universal Asynchronous Receiver/Transmitter) diene als Beispiel für einen Schnittstellenbaustein. Er ermöglicht eine asynchrone, serielle Datenübertragung zwischen CPU und Gerät, z.B. einen Terminal mit Tastatur und Bildschirm (Bild 7.16). Die Datenübertragung erfordert auf der Ausgabeseite eine Parallel/Serien- und auf der Eingabeseite eine Serien/Parallelumsetzung. In einfachen Ein-/Ausgabesystemen übernimmt die CPU die Steuerung der Ein-/Ausgabe. Die

Schnittstellen unterstützen sie dabei. Dazu kann die CPU durch Schreiben der Steuerregister der Schnittstellen unterschiedliche Betriebsarten bestimmen.

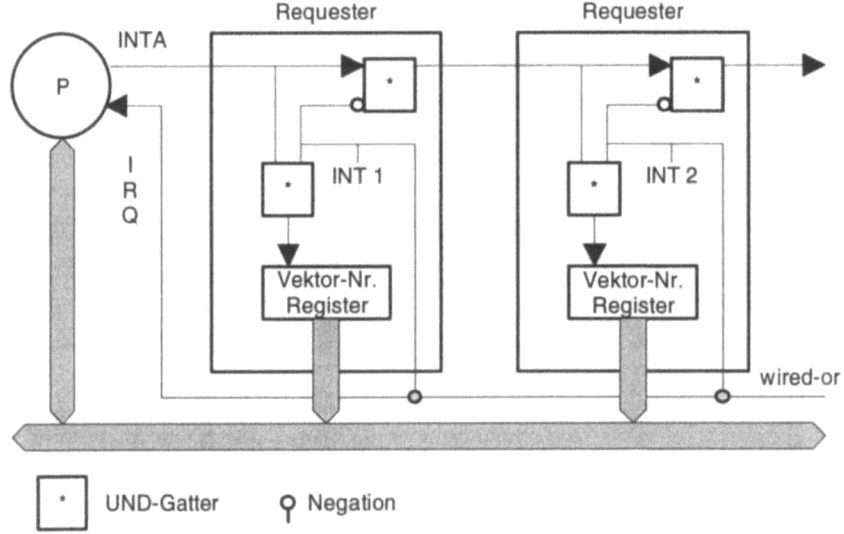

Bild 7.15 Daisy-Chain

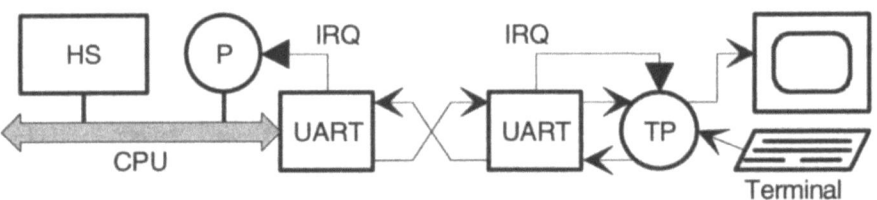

TP Terminalprozessor

Bild 7.16 Datenübertragung

Für den Systemprogrammierer ist in erster Linie das zugehörige Registermodell von Interesse. Ein UART enthält im wesentlichen folgende sichtbare Register sowie eine (einfache) Interrupt-Logik (Interrupt-Decoder).

SCHIEBEREGISTER: RSR: Receiver Shift Register, TSR: Transmitter Shift Register
PUFFERREGISTER: RDR: Receiver Data Register, TDR: Transmitter Data Register

7.2 Ein-/Ausgabe-Organisation

STEUERREGISTER: SR: Statusregister, vom Prozessor lesbar,
CR: Steuerregister, vom Prozessor ladbar,
VR: Register für Interrupt-Vektornummern

Bild 7.17 zeigt die wesentlichsten Register des Registermodells.

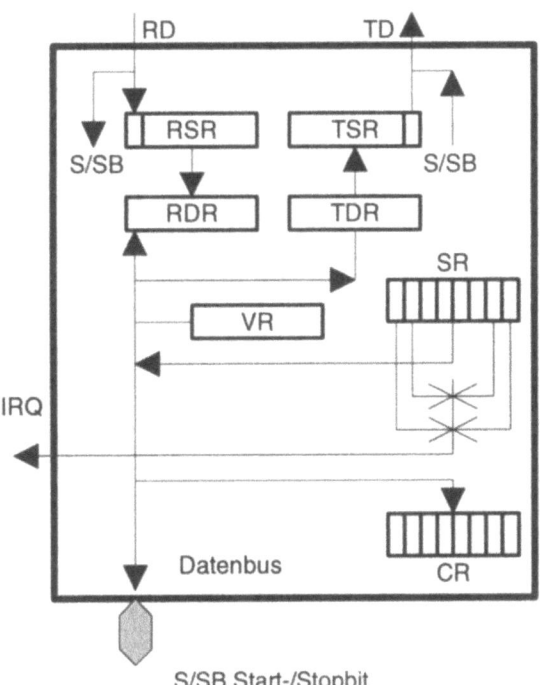

Bild 7.17 Schnittstelle

Über den Inhalt des Statusregisters (SR) und einen Interrupt wird dem Prozessor angezeigt, ob Daten angekommen sind: RDRF (RDR full), Daten vom Gerät abgenommen wurden: TDRE (TDR empty), ein Übertragungsfehler entstanden ist: PE (parity error), und ob RDR neu geladen wurde, bevor es vom Prozessor gelesen wurde: OVRN (overrun). Das Steuerregister (CR) dient hauptsächlich dazu, einzelne Aktionen zu sperren oder zuzulassen. Bits des Steuerregisters sind:

RE: receiver enabled   TE: transmitter enabled
RIRE: receiver interrupt enabled   TIRE: transmitter interrupt enabled
EIE: error interrupt enabled

Ein Interrupt erfolgt, wenn der Boolesche Ausdruck [(TDRE und TIRE) oder (RDRF und RIRE) oder EIE und (OVRN oder PE)] wahr ist. Der Interrupt bewirkt die Ausführung einer Interrupt-Routine; die Alternative ist das Pollen.

Die Eingabe eines Zeichens erfolgt über die Empfangsleitung RD (TD ist die Sendeleitung). Die Datenbits werden nacheinander in RSR übernommen. Dann wird das Zeichen als Ganzes nach RDR übertragen. Dies wird im Statusregister durch Setzen des RDRF-Bits angezeigt. Wird RDRF neu geladen bevor es vom Prozessor gelesen wurde, so wird das Überlaufbit OVRN gesetzt. Bei Verwendung eines Paritätsbits wird während des Empfanges auch eine Paritätsüberprüfung durchgeführt. Bei Erkennen eines Übertragungsfehlers wird das PE-Bit gesetzt. Alle diese Statusbits können vom Prozessor abgefragt, d.h. gepollt, oder, wenn das EIE-Bit gesetzt ist, durch die Interruptlogik ausgewertet werden. Im Falle der Freigabe des Interrupts wird die Interruptquelle über die im Vektornummerregister (VR) stehende Vektornummer identifiziert. Ähnliches geschieht bei der Ausgabe eines Zeichens durch den Prozessor. Die Ausgabe erfolgt durch Laden des Pufferregisters TDR. Von dort werden die Daten in das Schieberegister übernommen. Die Schnittstelle fügt dann bei der seriellen Übertragung die Start- und Stopbits und eventuell auch ein Paritätsbit hinzu.

Solange die Quelle, z.B. ein Gerät, keine Daten übertragen will, sendet sie über ihr UART eine 1 (Bild 7.18).

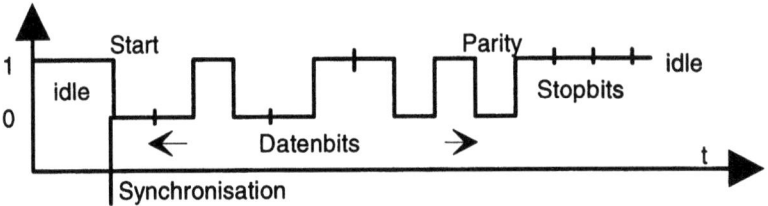

Bild 7.18

Ein Zeichen ist eine vereinbarte Anzahl von Datenbits. Die Quelle beginnt die Übertragung mit dem Wechsel nach 0 (Startbit). Danach sendet sie mit einer vereinbarten Frequenz die Datenbits und eventuell noch ein Paritätsbit und beendet den Vorgang durch Senden einer festen Anzahl von Stopbits. Diese sind erforderlich, um das nächste Startbit erzeugen zu können. Die Schnittstelle des Empfängers synchronisiert sich, sobald sie das Startbit entdeckt, in den Übertragungsvorgang ein, übernimmt die Datenbits in das Schieberegister RSR und überprüft das Paritätsbit. Die Datenbits werden dann in das Pufferregister RDR übernommen. Falls zugelassen (d.h. wenn RIRE gesetzt ist), wird anschließend der Interrupt ausgelöst. Wenn während der Übertragung ein Fehler auftritt, werden auch die entsprechenden Bits des Statusregisters gesetzt.

7.2.3 Peripheriebusse

Periphere Geräte werden nicht immer einzeln über Schnittstellen mit dem Systembus verbunden. Statt dessen können sie über einen gemeinsamen Peripheriebus betrieben werden. Der Peripheriebus wird über einen sogenannten Hostadapter an den Systembus angeschlossen. Vorteile sind u.a. eine bessere Erweiterbarkeit des Systems und eine einheitliche Peripherieschnittstelle.

Beispiele: PCI- und SCSI-Bus (Bild. 7.19)

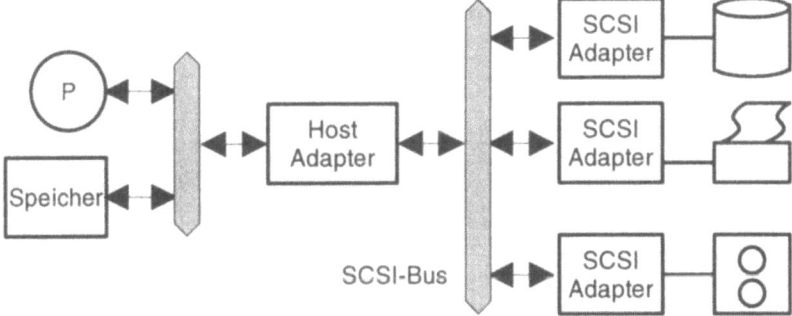

Bild 7.19 Peripheriebus

Der PCI-Bus (Peripheral Component Interconnect) ist ein prozessorunabhängiger Peripheriebus für den schnellen Datenaustausch zwischen den angeschlossenen Adaptern oder zwischen Adapter und Systemspeicher. Er unterstützt den Bursttransfer von Daten. Busvergabe und Datenübertragung lassen sich überlagern (hidden bus arbitration).

Der SCSI-Bus (Small Computer Standard Interface) dient zur Übertragung großer Datenblöcke zwischen dem Systemspeicher und E/A-Geräten, wie Festplatten, CD-ROM-Laufwerken oder Bandgeräten. In der SCSI-Norm sind sowohl die Hardware (parallele Schnittstelle) als auch das Protokoll definiert. Je nach Busbreite können insgesamt bis zu 8 oder 16 Geräte am SCSI-Bus angeschlossen werden. Ein Gerät kann aber wiederum aus acht weiteren (logischen) Einheiten bestehen. Jedes angeschlossene Gerät kann die Rolle eines Initiators übernehmen, d.h. Kommandos absetzen, oder die eines Targets, d.h. Kommandos ausführen. Mehrere Kommandos können gleichzeitig in Bearbeitung sein. Ein Initiator kann, nachdem er ein Kommando abgesetzt hat, den Bus freigeben bis das Target bereit ist zu antworten. Sämtliche an den SCSI-Bus angeschlossenen Einheiten benötigen ihrerseits einen Adapter, der die Signale des lokalen Busses in die des SCSI-Busses umsetzt. Diese Schnittstellen sind häufig schon in den Geräten integriert.

Ein Adapter erzeugt, wie gesagt, Steuersignale und Meldungen, die für den Datenaustausch benötigt werden. Bild 7.20 zeigt seinen prinzipiellen Aufbau. Sein Registersatz enthält u.a. Steuer-, Status- und Befehlsregister. Der Initiator der Datenübertragung schreibt in das Befehlsregister ein entsprechendes Kommando, das vom Adapter dann in die erforderlichen Signale und Meldungen umgesetzt wird.

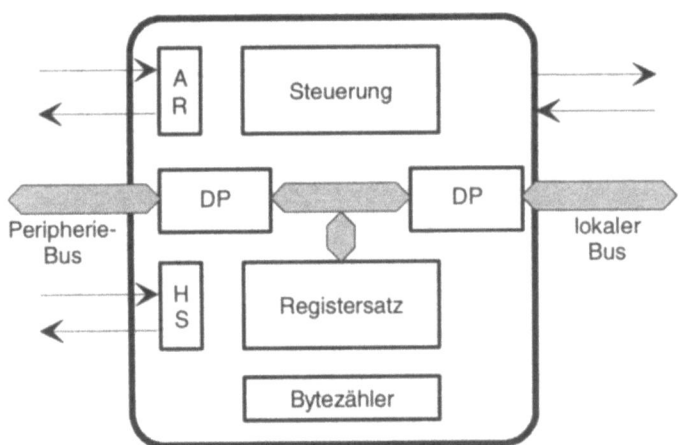

AR Peripherie-Bus-Arbitrierungslogik;
HS Handshake-Logik zur Erzeugung der Handshake-Signale;
DP Datenpuffer (FIFO) mit Paritätsbit-Generator und -Checker

Bild 7.20 Adapter

7.2.4 DMA-Controller und Kanäle

Das Ein-/Ausgabesystem eines Rechners beeinflußt wesentlich seine Antwortzeit und seinen Durchsatz. Denn der schnellste Rechnerkern kann nur wenig leisten,

7.2 Ein-/Ausgabe-Organisation

wenn er nicht ausreichend schnell mit Daten versorgt bzw. von Daten entsorgt wird. Um eine ausbalancierte Rechnerarchitektur zu erhalten, sieht man deshalb auch für das Ein-/Ausgabesystem Parallelität vor; z.B. in Form von Coprozessoren als Ein-/Ausgabe-Controller oder in Form von attached Prozessoren als Ein-/Ausgabekanäle (I/O-Prozessoren).

DMA-Controller

Sogenannte DMA-fähige Ein-/Ausgabe-Controller sind in der Lage, die Datenübertragung zwischen Speicher und Gerät selbständig ohne Zuhilfenahme des Prozessors abzuwickeln (DMA direct memory access). DMA-Controller können als Busmaster den Systembus steuern. Für einen Übertragungsvorgang werden der Schnittstellenbaustein und der Controller zunächst vom Prozessor initialisiert. Er lädt dazu die Steuer- und Adreßregister. Anschließend startet er die Ein- bzw. die Ausgabe. Die eigentliche Übertragung der Daten findet dann im Zusammenspiel zwischen der Gerätesteuerung, dem Controller und dem Speicher statt. Wenn der Übertragungsvorgang beendet ist, zeigt der Controller dies dem Prozessor durch einen Interrupt an.

Ein Beispiel für eine DMA-Steuerung zeigt Bild 7.21. Auf der Geräteseite besitzt der Controller mehrere Ports. Dies sind im wesentlichen Registersätze für die serielle und/oder parallele Datenübertragung. Bild 7.22 zeigt die Systemeinbindung eines derartigen Controllers.

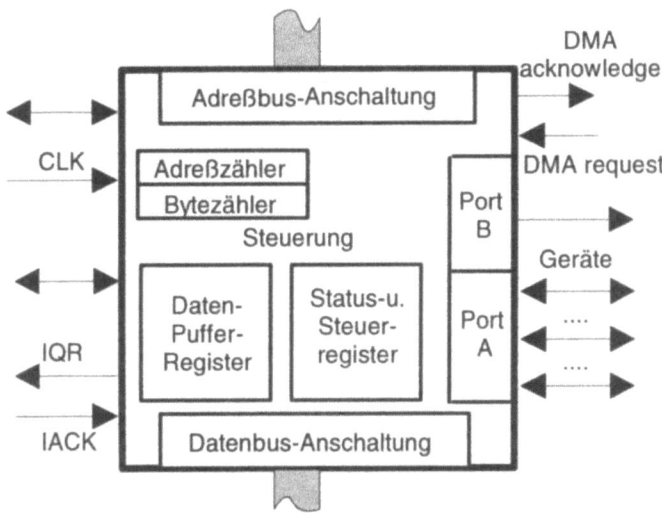

Bild 7.21 E/A-Controller

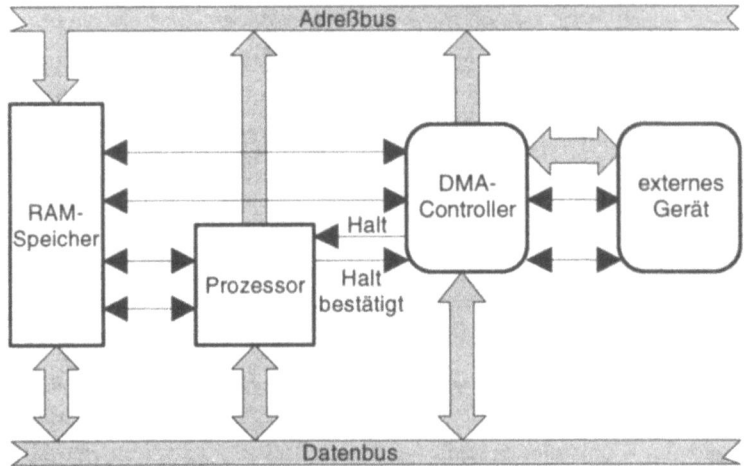

Bild 7.22 DMA

Die Integration eines DMA-Controllers in den Rechnerkern kann auf verschiedene Weise erfolgen, z.B. *transparent*, d.h. der DMA-Controller verwendet nur solche Buszyklen, die der Prozessor nicht benötigt, durch *Cycle Stealing*, d.h. der DMA-Controller kann dem Prozessor Buszyklen entziehen, oder durch *Blocktransfer*, d.h. der DMA-Controller erhält den Bus für die Übertragung eines ganzen Datenblocks, wobei es möglich ist, mehrere Blöcke zu verketten. Für den Blocktransfer verwendet der Controller das Byte-Zählregister. Dies wird anfangs vom Prozessor mit der Anzahl der zu übertragenden Bytes geladen.

Vorteile der DMA sind die Beschleunigung des Datenaustauschs mit der Peripherie und die Entlastung der Zentraleinheit. Der Bus kann sich aber als Flaschenhals auswirken. Eine Abhilfe bietet ein dedizierter DMA-Bus. Außerdem ist auf Datenkonsistenz bei Caches zu achten.

Ein-/Ausgabekanäle

Ein-/Ausgabekanäle werden durch attached DMA-fähige Spezialprozessoren mit einem eigenen Befehlssatz für die Ein-/Ausgabe realisiert. Es besteht eine enge Kopplung mit dem Hauptprozessor. Bei einem Multiport-Speicher können CPU und Kanal unabhängig auf den Speicher zugreifen. Der gemeinsame Speicher enthält Kanalprogramme und einen Kommunikationsbereich für den Austausch von Steuerinformation. Die CPU initialisiert den Kommunikationsbereich z.B. mit der Nummer des gewünschten Kanalprogramms und den Bereichsadressen für die zu übertragenden Daten. Dann startet sie die Ein- oder Ausgabe. Sobald der Kanal den Speicherbus benötigt, sendet er ein DMA-Request-Signal an die CPU.

E/A-Kanäle entlasten den Rechnerkern noch weitergehender von der Ein-/Ausgabe als z.B. DMA-Controller, da sie selbständig die Kanalprogramme ausführen können. Sie werden hauptsächlich bei Mainframes und Superrechnern für eine schnelle Datenver- und -entsorgung und die Verwaltung einer Vielzahl von Geräten eingesetzt, sowie bei Multiprozessoren mit enger Kopplung, die große Datenmengen bearbeiten. Man unterscheidet zwischen Multiplexer-, Block-Multiplexer- und Selektor-Kanälen. Multiplexer-Kanäle erlauben die zeitlich verzahnte Ausführung mehrerer E/A-Aufträge und eignen sich für langsame Geräte; Block-Multiplexer-Kanäle erlauben eine blockweise, verzahnte Datenübertragung von/zu mehreren Geräten; Selektor-Kanäle halten die Verbindung mit dem Gerät für die Dauer der gesamten E/A-Transaktion aufrecht. Sie eignen sich für schnelle Geräte.

Ähnlich wie der Prozessor läßt sich auch ein Kanal virtualisieren. Das Betriebssystem verwaltet dann typischerweise eine Warteschlange von E/A-Steuerblöcken (virtuelle Kanäle), welche die für die E/A nötige Information enthalten, z.B. Größe und Ort der zu übertragenden Datenmenge und Identifikation des Kanalprogramms. Ein einziger physikalischer E/A-Kanal bedient dann diese Warteschlange.

E/A-Prozessoren

E/A-Prozessoren (IOP: I/O-Prozessor) sind eine Weiterentwicklung des Kanalkonzepts. Für die Ein-/Ausgabe werden universelle Mikroprozessoren eingesetzt, die in der Lage sind, weitere Funktionen zu erfüllen, z.B. Initialisieren von Geräten, Datenformatierung, Treiberfunktionen oder Fehlererkennung und -behandlung. Mit der Einführung von E/A-Prozessoren gelangt man zu speziellen Multiprozessor-Systemen (Bild 7.23). Dies sind i.a. asymmetrische Multiprozessor-Systeme, da nun die Prozessoren des Gesamtsystems für unterschiedliche Aufgaben ausgelegt sind.

7.2.5 Rechnernetze

Zur Peripherie zählen gewissermaßen auch die Verbindungsnetze für die Übertragung von Daten zwischen unterschiedlichen Rechnern. Für die Schnittstellen zwischen den Rechnern und dem Netz gibt es unterschiedliche Normen und Strukturen, je nachdem, ob es sich z.B. um ein privates Lokales Netz oder ein öffentliches Weitbereichsnetz handelt.

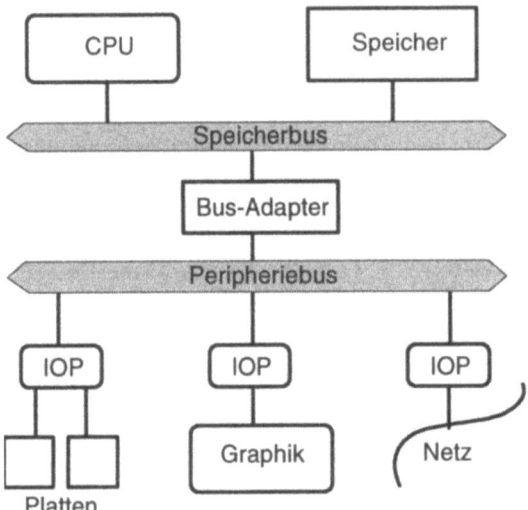

Bild 7.23 E/A-Prozessoren

Die Übertragungsleistung eines Netzes ist durch seine Bandbreite und seine Kapazität bestimmt.

Bandbreite: Frequenzbereich für die Signalübertragung (Hz);
Kapazität: Informationsmenge, die pro Zeiteinheit übertragen werden kann (Bits/sec).

Bei den Verbindungsarten unterscheidet man Punkt-zu-Punkt- und Mehrpunktverbindungen. Ein Sternnetz z.B. besteht aus einem Punkt-zu-Punkt-, ein Bussystem aus einer Mehrpunktverbindung. Bei einem verbindungslosen Kommunikationsdienst besteht keine feste Verbindung zwischen den Kommunikationspartnern. Die Daten werden dem Netz übergeben, das dann für deren Übertragung sorgt. Bei einem verbindungsorientierten Dienst besteht dagegen während der Datenübertragung zwischen den Kommunikationspartnern eine feste Verbindung. Die Bezeichnungen simplex, duplex und halbduplex werden verwendet, um anzudeuten, ob die Verbindung Daten nur in eine Richtung, gleichzeitig in beide Richtungen oder in beide Richtungen zu unterschiedlichen Zeiten übertragen kann.

Für höchste Leistungsansprüche (Multimedia-Anwendungen) sind ATM-basierte Kommunikationsdienste definiert worden (Bild 7.24). Das ATM (Asynchronous Transfer Mode)-Prinzip erlaubt es, Netzbenutzern Bandbreite und Kanalkapazität nach Bedarf zur Verfügung zu stellen. Mit ATM werden Dateneinheiten fester Län-

7.2 Ein-/Ausgabe-Organisation

ge, sogenannte Zellen, unabhängig voneinander übertragen. Die Kommunikation ist verbindungsorientiert und benutzt virtuelle Verbindungen, virtuelle Kanäle genannt.

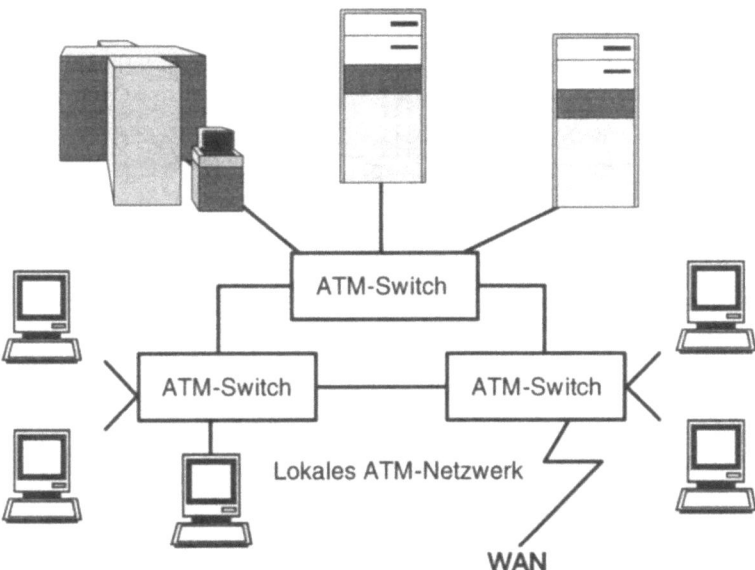

Bild 7.24 Rechnernetz

Ein ATM-Switch ist eine Vermittlungsstelle für virtuelle Kanäle. Er kann sich intern blockierend oder nichtblockierend verhalten. Ein typischer ATM-Switch (Bild 7.25) besteht aus mehreren Input- und Outputports, einem Router, einem Multiportspeicher, der die Warteschlangen für die zu sendenden Zellen enthält, und der Steuerung (MCP: management and control processor). Inputports bereiten die Zellen für das Routen, die Outputports für das Übertragen auf. Eine ankommende Zelle läßt sich gleichzeitig an mehrere Outputports weiterreichen (indem die Bits der Adresse am Zellenanfang entsprechend gesetzt werden, multicast). Die Output-Warteschlangen für die Zellen befinden sich, wie erwähnt, im Switch-Speicher. Die Steuerung ist u.a. auch für das Performanz- und Fehlermanagement zuständig. Als Transfermedium eines ATM-Switches kann auch ein Kreuzschienenverteiler, ein paralleler Bus oder ein mehrstufiges Verbindungsnetzwerk (cell switch fabric) dienen. Derartige Schaltelemente können verwendet werden, um größere, selbstroutende und fehlertolerante ein- oder mehrstufige Verbindungssysteme, sogenannte Switch Fabrics, aufzubauen. Bild 7.26 zeigt ein solches fehlertolerantes Verbindungsnetzwerk mit redundanter vierter Stufe [DalC95].

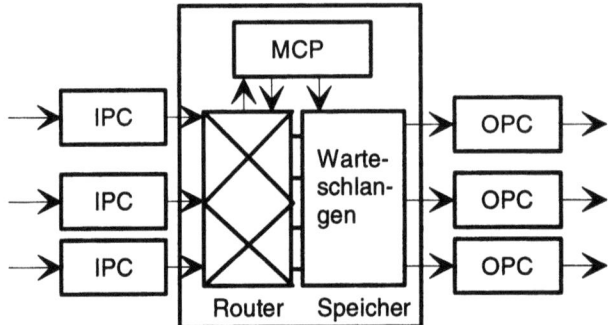

Bild 7.25 ATM-Switch

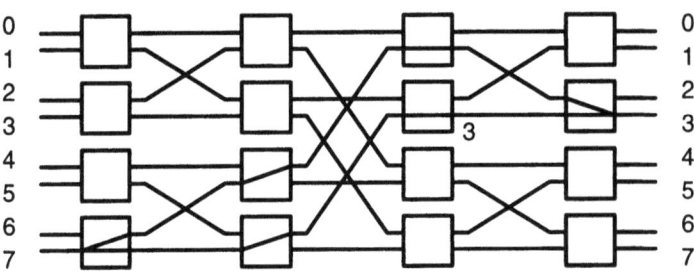

Bild 7.26 Fehlertolerantes dynamisches Verbindungsnetzwerk

8 Parallelrechner

Parallelrechner besitzen mehrere Verarbeitungseinheiten und ein leistungsstarkes Verbindungssystem (oder auch mehrere), so daß alle Verarbeitungseinheiten gleichzeitig zur Lösung einer Aufgabe beitragen können. Im Prinzip kann also mit einem Parallelrechner eine beliebig hohe Rechenleistung bereitgestellt werden. Jedoch:

„The dream of building computers by simply aggregating processors has been around since the earliest days of computing. However, progress in building and using effective and efficient parallel processors has been slow. This rate of progress has been limited by difficult software problems as well as by a long process of evolving architecture of multiprocessors to enhance usability and improve efficiency" ([Henn96], Seite 740). Dieselben Autoren konstatierten aber auch:

„The use of parallel processing in some domains is beginning to be understood. Probably first among these is the domain of scientific and engineering computation. This application domain has an almost limitless thirst for more computation. ... It is now widely held that one of the most effective ways to build computers that offer more performance than that achieved with a single-chip microprocessor is by building a multiprocessor that leverages the significant price/performance advantages of massproduced microprocessors. This is likely to become more true in the future."

Nachdem in diesem Kapitel einige der Grundzüge gängiger Parallelrechner-Architekturen näher erläutert wurden, werden wir deshalb auch auf ihre Verwendung für das wissenschaftliche Rechnen näher eingehen.

8.1 Parallelrechner-Architekturen

Wie in Kapitel 1 dargelegt, gibt es viele verschiedene Architekturklassen für Parallelrechner. Die folgende Übersicht (Bild 8.1) soll dies nocheinmal illustrieren.

Zur SIMD-Klasse zählen die Vektorrechner und die Feldrechner. Feldrechner haben eine zentrale Steuerung für alle Prozessorelemente. Da die Prozessorelemente keine eigene Steuerung besitzen, sind sie relativ einfach und es entfällt die Notwendigkeit, sie explizit zu synchronisieren. SIMD-Rechner sind hauptsächlich für spezielle Anwendungen gedacht, die einen einzigen Kontrollfluß aufweisen, aber Operationen mehrfach auf unterschiedliche Daten ausführen. Da es nur eine Steuereinheit gibt, kann immer nur ein Befehl decodiert werden. Er wird dann allen Prozessorelementen zugewiesen (broadcast). Die Prozessorelemente, deren Ergebnisse dabei unerwünscht sind, werden einfach maskiert, d.h. sie schreiben ihre Ergebnisse nicht in den Speicher. Dies führt zu dem sogenannten SIMD-Overhead. Um diesen Overhead möglichst zu vermeiden, versieht man oft die Prozessorelemente mit mehr Autonomie, z.B. mit der Möglichkeit, den Speicher indirekt zu adressieren.

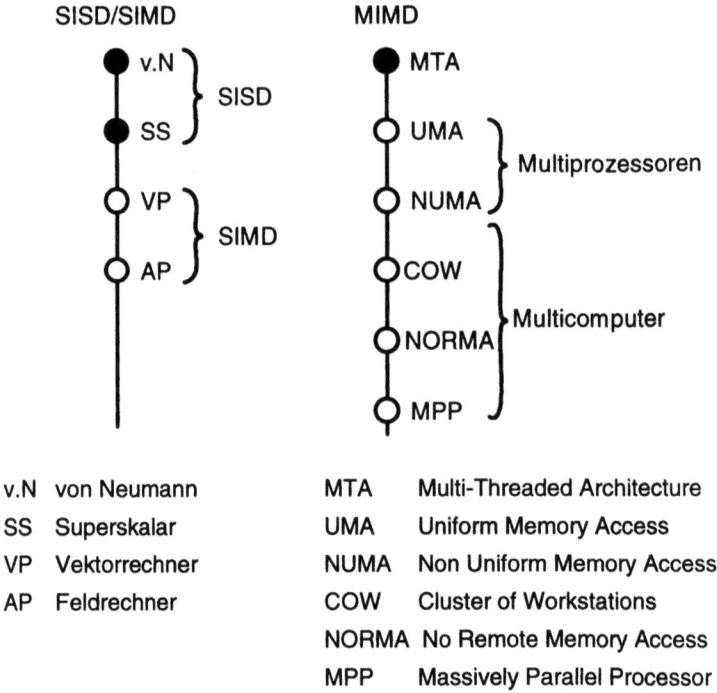

Bild 8.1 Rechnerklassen

Eine Zwischenstellung zwischen MIMD und SIMD nehmen die sogenannten MSIMD-Architekturen (Multiple-SIMD-Architekturen) ein. Ein MSIMD-Feldrechner besteht aus einer (kleinen) Anzahl von Steuerprozessoren und einer viel größeren Anzahl von Prozessorelementen (Bild 8.2). Zu jedem Zeitpunkt steuert jeder Steuerprozessor eine Untermenge der Prozessorelemente, d.h. es entstehen mehrere Kontrollflüsse. Der Vektorrechner CRAY-Y-MP bietet ein weiteres Beispiel für MSIMD-Architekturen (Bild 8.3). Die vier Vektorprozessoren sind über einen gemeinsamen Multiportspeicher eng gekoppelt. Eine spezielle Hardware unterstützt die Synchronisation dieser Prozessoren. Diese Hardware besteht im wesentlichen

8.1 Parallelrechner-Architekturen

aus Adreß- und Synchronisationsregister. Vektorrechner besitzen für Vektoren meist schnelle Pufferspeicher, die der Arbeitsgeschwindigkeit der Prozessorpipelines angepaßt sind und die sich oft auch verketten lassen, so daß auf einem einzigen Datenstrom nacheinander mehrere komplexe Vektoroperationen ausgeführt werden können (Bild 8.4).

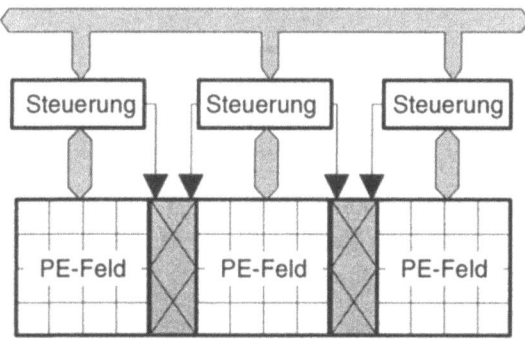

Bild 8.2 MSIMD-Feldrechner

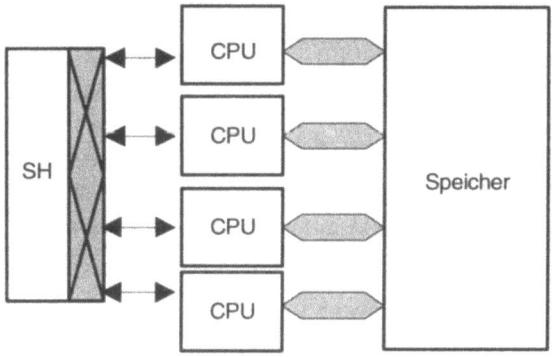

SH Synchronisations-Hardware

Bild 8.3 MSIMD-Vektorrechner

Eine wichtige Unterklasse der UMA-Klasse bilden die symmetrischen Multiprozessoren (SMP). SMP-Architekturen haben den Vorteil, daß sich ihr Programmiermodell nur wenig von dem eines SISD-Rechners unterscheidet.

184   Kapitel 8: Parallelrechner

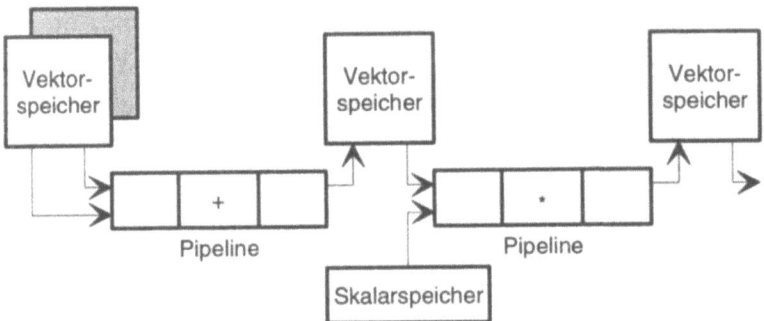

Bild 8.4 Verkettung von Pipelines

Bild 8.5 zeigt eine typische NUMA-Architektur. Sie weist eine hierarchische Busarchitektur auf und ist in mehrere Cluster unterteilt. Die einzelnen Cluster sind SMPs, die über Sekundärcaches (schnelle Pufferspeicher) und den Interclusterbus miteinander verbunden sind. An Stelle des Interclusterbusses kann auch ein Verbindungsnetzwerk treten. Eine Architektur, die NUMA-Rechnerknoten - sogenannte Hypernodes - zu einem massiv parallelen System verbindet, hat CONVEX mit den SPP-Rechnern vorgestellt.

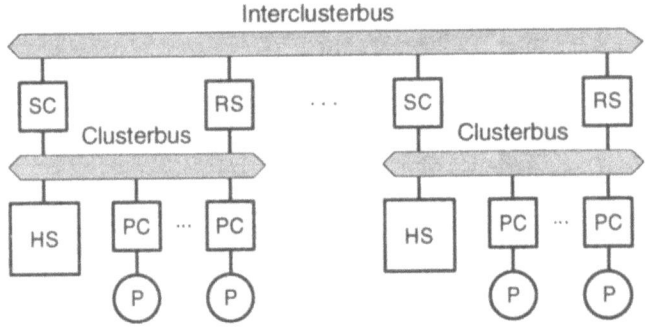

PC Primärcache; SC Sekundärcache; HS Hauptspeicher; RS Router
Bild 8.5 NUMA-Architektur

Bild 8.6 zeigt den Aufbau eines Hypernodes. Jeder Hypernode enthält z.B. vier CPUs mit privatem Speicher und Instruktions-Cache. Ein sogenannter CPU-Agent bildet die Schnittstelle zum Hypernode-Verbindungsnetzwerk, das ein Bus oder ein Kreuzschienenverteiler sein kann. Jeder Hypernode besitzt außerdem einen privaten

8.1 Parallelrechner-Architekturen

und einen global zugänglichen Speicher. Ein SPP-Rechner besteht aus mehreren Hypernodes, die über ein weiteres Verbindungsnetzwerk (CTI CONVEX Toroidal Interconnect) verbunden sind.

Bild 8.7 zeigt eine sogenannte cache-kohärente NUMA-Architektur (DASH). Die Cache-Kohärenz wird von einer speziellen Knotenhardware, dem Directory Controller, gewährleistet.

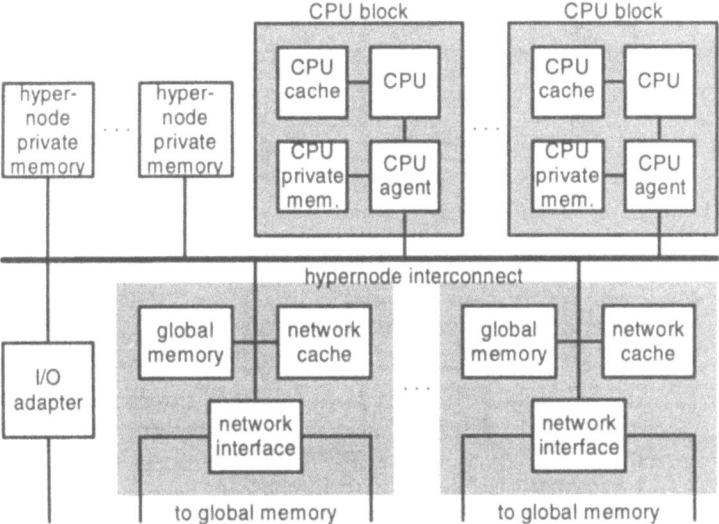

Bild 8.6 Hypernode

Als Beispiele für massiv parallele Multiprozessoren vom NORMA-Typ lassen sich transputerbasierte Parallelrechner anführen. Der Transputer ist, wie in Kapitel 4 erläutert wurde, ein Prozessor mit On-Chip-Hardware-Unterstützung für den Botschaftenaustausch. Er besitzt dafür spezielle Funktionseinheiten (FUs), sogenannte Links. Diese lassen sich für die Punkt-zu-Punkt-Kommunikation mit anderen Transputern verwenden (Bild 8.8). Die Links können nebenläufig zum Prozessor den Datenaustausch mit anderen Transputern abwickeln. Dies erlaubt, die Kommunikationslatenz zu verbergen (Multithreading), da während des Datenaustauschs auf den beiden beteiligten Prozessoren andere Prozesse laufen können. Der T9000 besitzt einen eigenen Coprozessor für die Verwaltung der Links (VCP virtual channel processor). Es ist somit relativ einfach, mit Transputern massiv parallele Rechner aufzubauen. Außerdem wurde ein spezieller Router-Chip entwickelt (IMS-C104).

Dies ist ein 32×32 Kreuzschienenverteiler für Transputer-Links. Mit seiner Hilfe lassen sich dynamische Verbindungsnetzwerke beinahe beliebiger Komplexität aufbauen. Beispiele dafür sind das Benes-Netzwerk, das Omega-Netzwerk oder Hypercubes (Kapitel 1). Die Verbindungsnetzwerke lassen sich zudem kaskadieren. Die Wegewahl basiert auf dem Cut-Through-Routing.

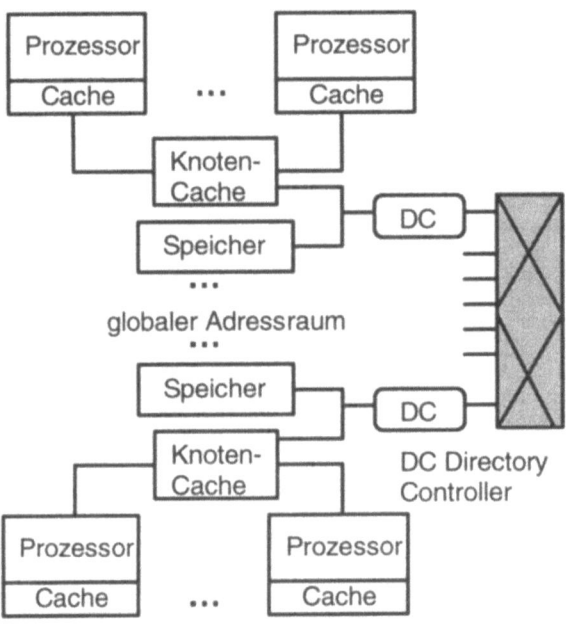

Bild 8.7 Cache-kohärente NUMA-Architektur

Anders als bei Transputern enthalten die Rechnerknoten des IBM SP2 Parallelrechners einen gängigen RISC-Prozessor (RISC System/R6000) und zudem weitere Bausteine für die Interprozessor-Kommunikation (Bild 8.9). Besondere Aufmerksamkeit galt der Entwicklung des leistungsfähigen Verbindungselements, dem Vulcan-Switch VCS. Dies ist ein 8x8-Crossbar mit Cut-Through Routing. Den SP2 Rechner kann man auch als einen hochleistungsfähigen Workstation-Cluster (COW) sehen.

Datenflußrechner sind Parallelrechner gänzlich anderer Architektur. Feinkörnige Datenflußrechner realisieren Nebenläufigkeit auf Instruktionsebene [Unge95]. Maschineninstruktionen werden in einer Aktivitätstabelle beschrieben, die ihren Opera-

8.1 Parallelrechner-Architekturen

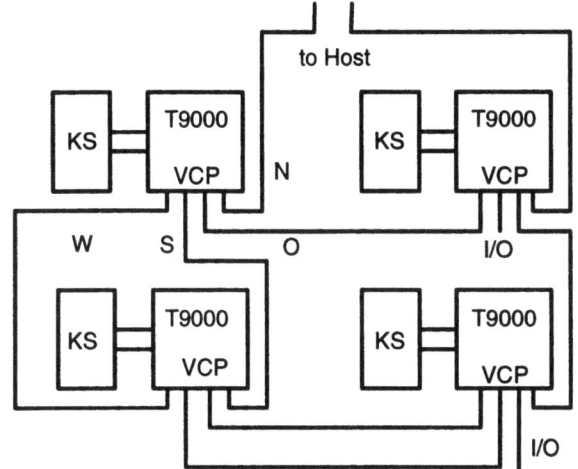

N, O, W, S sind Links, KS ist der externe Knotenspeicher

Bild 8.8 Multitransputer

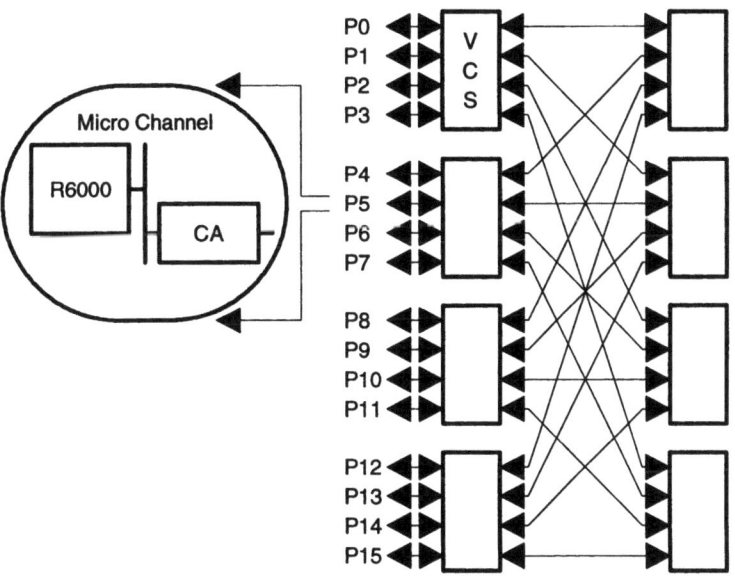

CA Kommunikationsadapter, VCS Vulcan Switch

Bild 8.9 SP2

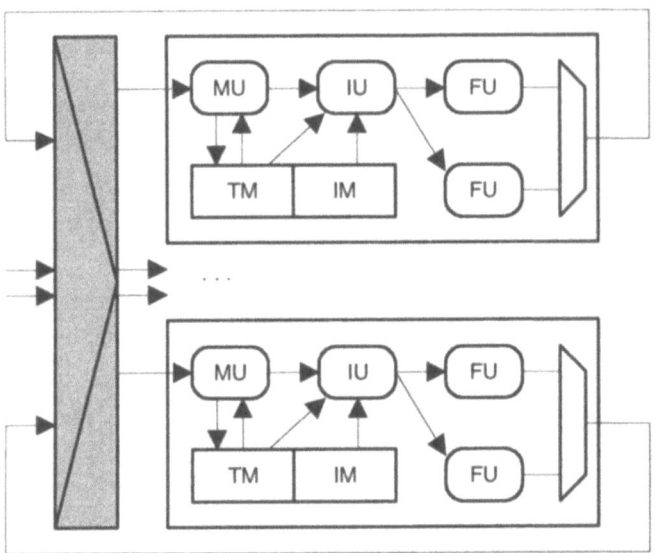

Bild 8.10 Datenflußarchitektur

tions-Code und Einträge für Operandenwerte sowie einen Zielverweis enthält. Zielverweise adressieren gewissermaßen die Instruktionen, die das Resultat der Befehlsausführung benötigen - dadurch wird die Datenabhängigkeit zwischen den Instruktionen spezifiziert. Wenn eine Instruktion der Aktivitätstabelle ausführungsbereit ist, d.h. die benötigten Operandenwerte sind ermittelt worden, wird sie einer Funktionseinheit zugewiesen. Die Einheit, welche die Aktivitätstabelle verwaltet, wird Schalteinheit (Enabling Unit) genannt. Sie prüft bei Eintragen eines Operandenwerts jedesmal, ob die entsprechende Instruktion dadurch ausführungsbereit wird. Wenn ja, schickt sie den Eintrag als sogenanntes Befehlspaket an diejenige Funktionseinheit, die den Befehl ausführen kann und die nach der Ausführung das Ergebnis an die Schalteinheit zurückschickt. Oft besteht die Schalteinheit selbst aus zwei Einheiten. Die Operandenwerte werden im sogenannten Token-Speicher abgelegt und von der Vergleichseinheit (Matching Unit) verwaltet. Instruktionen sind im Instruktionsspeicher abgelegt, auf den die Instruktions-Holeinheit (Instruction Dispatch oder Fetch Unit) zugreift. Bild 8.10 zeigt die Grundstruktur eines derartigen Datenflußrechners. MU ist die Vergleichseinheit, TM der Tokenspeicher, IU die Instruktions-Holeinheit, IM der Instruktionsspeicher (instruction pool) und FU eine Funktionseinheit.

8.2 Verbindungsnetzwerke

„Die Mikroprozessoren für die Knoten eines Parallelrechners sind normalerweise keinen besonderen Einschränkungen unterworfen (natürlich sollte ein Mikroprozessor für rechenintensive Anwendungen Gleitkomma-Arithmetik haben); man kann davon ausgehen, daß die Prozessoren im Hinblick auf die Architekturanforderungen beliebig sind. Zumindest gilt dies für diejenigen Architekturen, bei denen Standardmikroprozessoren verwendet werden. Trotz der Vorteile letzterer (Verfügbarkeit, günstiger Preis) haben einige Hersteller doch ihre eigenen Mikroprozessoren entwickelt. Die Situation ist aber anders, wenn man die Art der Verbindungsstrukturen betrachtet: Hier sieht man bei fast jedem Hersteller eine andere Architektur der verwendeten Verbindungsnetze." [Wald95, Kapitel 7]

Das eigentlich Neue an Parallelrechnern hinsichtlich ihrer Architektur sind also ihre Verbindungsnetzwerke. Das durch ein Verbindungsnetzwerk festgelegte Verbindungsmuster nennt man die Topologie des Parallelrechners. Einige der wichtigsten Verbindungsstrukturen für Parallelrechner sind Mehrfachbusse, Ringe, zwei- und dreidimensionale Gitter, Tori, Hypercubes, Fat Trees, Pyramiden, Crossbar-Hierarchien oder mehrstufige Schalternetze, z.B. Banyan-, Benes-oder Omega-Netzwerke (Bild 8.11).

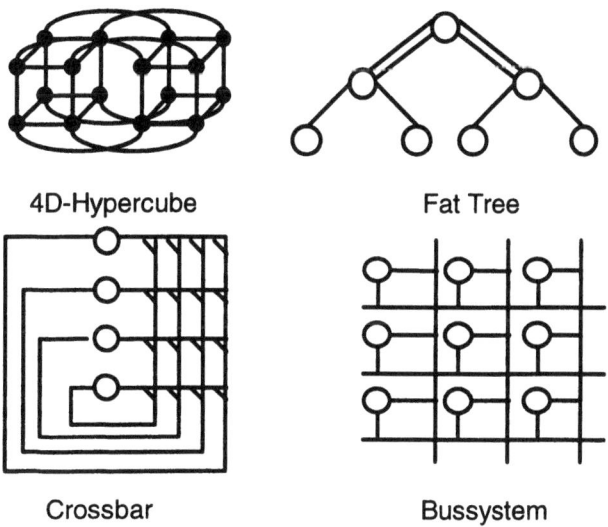

Bild 8.11 Verbindungstopologien

Ein Omega-Netzwerk mit N Eingängen besitzt $\log_2 N$ Schalterstufen. Der dynamische Hypercube (Bild 8.12) besitzt dagegen nur 2 Stufen, die jedoch meist mehrfach zu durchlaufen sind - im schlimmsten Fall $\log_2 N + 1$ mal.

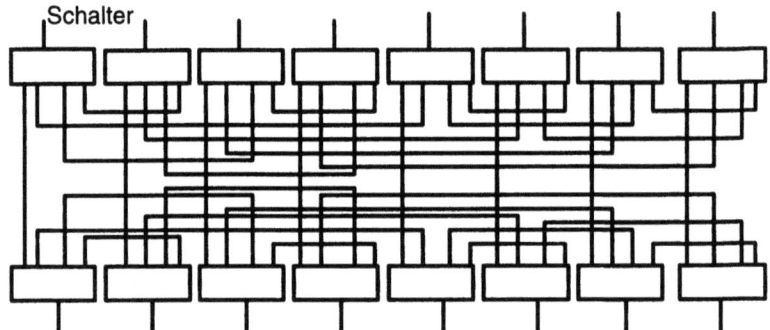

Bild 8.12 Dynamischer Hypercube

Verbindungsnetze können spezialisiert sein und unterschiedliche Aufgaben wahrnehmen. Beispielsweise können in massiv parallelen Rechnern eigene Verbindungsnetzwerke für die Systemsteuerung, den Datentransfer, die Ein-/Ausgabe und die Systemdiagnose vorhanden sein. So verbindet z.B. das Diagnosenetzwerk der Connection Machine CM5 mehrere Diagnoseprozessoren mit den sogenannten Scan-Pfaden (Kapitel 4.4) der Prozessoren.

Für einen Leistungsvergleich von Parallelrechnerarchitekturen ist neben der Prozessorzahl natürlich auch die Leistung der Ein-/Ausgabe zu berücksichtigen. Außerdem muß die unterschiedliche Leistung der Prozessoren selbst Berücksichtigung finden. Z.B. ist zu beachten, daß den einfachen Prozessorelementen bei Feldrechnern leistungsfähige Mikroprozessoren bei Mehrprozessorsystemen gegenüberstehen. Vor allem aber beeinflußt das Verbindungsnetzwerk die erzielbare Beschleunigung. Von ihm werden eine hohe Übertragungsleistung, Zuverlässigkeit und nicht zuletzt wirtschaftliche Erstellungs- und Betriebskosten erwartet. Daneben ist deren Skalierbarkeit ein wichtiges Kriterium. D.h. es ist wichtig, daß sie es auf einfache Weise erlauben, immer größere parallele Systeme zusammenzufügen, so daß die Kommunikationsbandbreite wenigstens linear mit der Anzahl der Prozessoren steigt, die Kommunikationslatenz dagegen nur langsam zunimmt.

Maßgeblich für die Leistung eines Verbindungsnetzwerks sind also seine Kapazität, ausgedrückt in Bandbreiten, und seine Latenz.

8.2 Verbindungsnetzwerke

Seine END-TO-END-BANDBREITE ist die maximale (oder mittlere) Anzahl an Bytes/s, die zwischen zwei Kommunikationspartnern ausgetauscht werden können; seine GESAMT-BANDBREITE ist eine Funktion der End-to-End-Bandbreite und der (mittleren) Anzahl der Kommunikationspartner, die gleichzeitig aktiv sein können; die BISEKTIONS-BANDBREITE ist die minimale Bandbreite zwischen zwei Netzwerkhälften, wenn alle möglichen Halbierungen des Netzwerks betrachtet werden.

Die Kommunikationslatenz setzt sich zusammen aus der Zeit T_S, die der Prozessor für die Kommunikation benötigt - dies ist die Aufsetz- oder Set-up-Zeit -, der Zeit T_W für den Wegeaufbau im Verbindungsnetz und der eigentlichen Übertragungszeit T_U. T_U hängt von der Länge der übertragenen Botschaft ab. Die eigentliche Netzwerklatenz ist $T_N = T_W + T_U$. Also gilt für die Kommunikationszeit:

$$T_K = T_S + T_N \tag{8.1}$$

Mit q der Wahrscheinlichkeit für einen nichtlokalen Datentransfer und Z der lokalen Transferzeit, z.B. der Speicherzugriffszeit, ist die effektive Transferzeit somit gleich:

$$Z_{eff} = Z + qT_K \tag{8.2}$$

Beispiel: Mehrstufige Netzwerke. Bei Übertragen eines Datenwortes entstehe kein Konflikt. T_{SW} sei die Schaltzeit eines Schaltelements und T_V die Übertragungslatenz für ein Datenwort pro Verbindungsstrecke. Für Omega-Netze erhalten wir als Netzwerklatenz dann:

$$T_{omega} = (\log_2 N)T_{SW} + (\log_2 N + 1)T_V \tag{8.3}$$

Für den dynamischen Hypercube ergibt sich:

$$\text{min: } T^a{}_{hyp} = 2T_{SW} + 3T_V \tag{8.4}$$
$$\text{max: } T^b{}_{hyp} = (\log_2 N + 1)T_{SW} + (\log_2 N + 2)T_V$$

Mit einer Schaltzeit von 25 ns und einer Übertragungslatenz von 5 ns ergeben sich folgenden Werte für diese Netzwerklatenzen (Tabelle 8.1).

Tabelle 8.1

N	16	64	256	1024
Omega [ns]	125	185	245	305
Hypercube min [ns]	65	65	65	65
max [ns]	155	215	275	335

Die Netzwerklatenz ist von der Größenordnung der lokalen Transferzeit. Dagegen ist die Start-Up Zeit in der Regel sehr viel größer.

Für eine konkrete Anwendung ist auch der BALANCE-FAKTOR b eine wichtige Bewertungsgröße; b ist die Gesamtkommunikationszeit geteilt durch die Gesamtberechnungszeit. Dieser Faktor soll natürlich möglichst klein sein. Er hängt von vielen Größen ab, so z.B. von der Übertragungsstrategie, der Netzwerktopologie, der Wegewahlstrategie, der Übertragungssicherheit und nicht zuletzt von der Anwendung selbst.

8.3 Parallelrechner und wissenschaftliches Rechnen

Es gibt mehrere Gründe, sich mit Parallelrechnern zu beschäftigen. Die wichtigsten sind ihre Leistung, Skalierbarkeit und Verfügbarkeit. Parallelrechner haben gegenüber Rechnernetzen eine größere Kommunikationsbandbreite und geringere Kommunikationslatenz. Das System als ganzes kann somit zur Lösung einer einzigen Aufgabe herangezogen werden. Sie lassen sich auch leicht speziellen Anwendungsprofilen anpassen, indem weitere und eventuell auch spezialisierte Verarbeitungseinheiten hinzugenommen werden, z.B. Vektor- oder Graphikprozessoren, um bestimmte Anwendungen zu beschleunigen. Schließlich kann ein Parallelrechner so entworfen werden, daß er keine zentrale, zuverlässigkeitskritische Komponente enthält. Dann lassen sich defekte Komponenten ausgliedern, so daß sich die Leistung nur schrittweise vermindert (graceful degradation, sanfter Leistungsabfall).

Parallelrechner eignen sich besonders für das wissenschaftliche Rechnen, da sich preisgünstige Prozessoren - mit einem gegenüber Hochgeschwindigkeits-Monoprozessoren zwar eingeschränkten Leistungsumfang aber einem sehr günstigen Preis-/Leistungsverhältnis - zu einem großen Hochleistungsrechner verbinden lassen. Viele wissenschaftliche Probleme (Grand Challenges) verlangen nämlich eine enorme Re-

8.3 Parallelrechner und wissenschaftliches Rechnen

chenleistung, die im Grunde nur große Parallelrechner bereitstellen können. Unter dem Schlagwort „Grand Challenges" werden eine Reihe von Problemen des wissenschaftlichen Rechnens angesprochen, die eine Rechenleistung von mehr als 10^{12} MFLOPs und einen Arbeitsspeicher von mehr als 10^{12} Bytes erfordern[1].

Die erzielbare Beschleunigung hängt aber nicht nur von der Größe des Parallelrechners ab sondern auch von der Anzahl der parallelisierbaren Verarbeitungsschritte der Anwendung. Wenn nur ein Bruchteil $1-f$, mit $0 < f \leq 1$, voll parallel verarbeitet werden kann und der Rest sequentiell abgearbeitet werden muß, ist die Ausführungsdauer des Programms auf einem Parallelrechner mit p Prozessoren:

$$T(p) = f \cdot n \cdot t_S + n \cdot (1-f) \cdot \frac{t_S}{p} \tag{8.5}$$

Für die Beschleunigung gilt:

$$S(p) = \frac{T(1)}{T(p)} = \frac{p}{1 + f(p-1)} \tag{8.6}$$

Die Effizienz

$$E(p) = S(p)/p = \frac{1}{1 + f(p-1)} \tag{8.7}$$

ist ein Maß für die Auslastung der Prozessoren.
Im Grenzfall $p \to \infty$ erhält man:

$$S = \frac{1}{f} \quad \text{und} \quad E = 0.$$

Diese Beziehung, die allerdings auf vereinfachenden Annahmen basiert, ist eine spezielle Form des Amdahlschen Gesetzes aus dem Jahr 1967 [Amda67]. Um eine Effizienz größer 0,5 zu erzielen, muß demnach $f < 1/(p-1)$ sein. Für $p = 10$ heißt das, daß f kleiner 11% und für p = 100 kleiner 1% sein muß. Dies verdeutlicht zum einen, wie wichtig es ist, Anwendungen so zu strukturieren, daß ihr Skalaranteil möglichst klein wird. Zum anderen wird deutlich, daß ein Parallelrechner auch eine hohe Skalarleistung benötigt. In anderen Worten, das System muß ausbalanciert sein.

---

[1] D.H. Weingarten (Spektrum der Wissenschaft, April 1996) „Wir ließen 448 Prozessoren des GF11 zwei Jahre lang unentwegt arbeiten, um die Masse des leichtesten Gluonenballs und seine Zerfallsrate zu ermitteln. Das Ergebnis überraschte uns."

Es sei nun angenommen, daß beliebig viele Prozessoren zur Verfügung stehen, die für die Bearbeitung eines Auftrags T_∞ Zeit benötigen. Ferner sei $p(t)$ die Anzahl der Prozessoren, die zur Zeit t aktiv sind, d.h. zur Zeit t nebenläufig arbeiten können (Parallelitätsgrad). Dann ist

$$\int_0^{T_\infty} p(t)\, dt = T(1) \tag{8.8}$$

die benötigte Gesamtrechenzeit - also die Zeit, die eine einzige Verarbeitungseinheit benötigen würde. Der über die Zeit gemittelte PARALLELITÄTSGRAD des Auftrags ist:

$$\overline{p} = \frac{1}{T_\infty} \cdot T(1) = S_\infty .$$

S_∞ ist der Speed Up, wenn beliebig viele Einheiten zur Verfügung stehen würden. Im allgemeinen gilt somit offensichtlich:

$$E(p) \leq \min\left\{\frac{\overline{p}}{p}, \frac{1}{1 + f(1-p)}\right\}. \tag{8.9}$$

Unseren Überlegungen zur Beschleunigung lag die Annahme zugrunde, daß die betrachtete Anwendung sowohl eine wie auch p Verarbeitungseinheiten nutzen kann. „Reibungsverluste" durch Kommunikation und „Parallelitätsverschnitt" wurden vernachlässigt. Wenn jedoch der Kommunikationsaufwand mit der Anzahl der Verarbeitungseinheiten wächst, kann ab einer bestimmten Größe des Parallelrechners die Beschleunigung wieder abnehmen. Man nennt diesen Effekt Prozessor-Thrashing. Eine Anwendung, für die dies nicht der Fall ist, soll skalierbar heißen. Andererseits heiße eine Rechnerarchitektur skalierbar, wenn ohne Änderungen der Basisarchitektur die Rechner dieser Architekturklasse hinsichtlich ihrer Leistung erweiterbar sind und zwar derart, daß skalierbare Anwendungen nicht modifiziert werden müssen. Solche Erweiterung können z.B. sein: Hinzufügen weiterer Verarbeitungseinheiten, Vergrößern der Speicherkapazität und -bandbreite, Vergrößern der Bandbreite des Verbindungsnetzwerks oder Vergrößern der Ein-/Ausgabeleistung. Eine skalierbare Parallelrechner-Architektur besitzt eine konstante Zahl von Anschlüssen pro Prozessor (konstante lokale Komplexität), ein skalierbares Verbindungssystem, Mechanismen, die die Netzwerklatenz eliminieren oder verbergen, ein skalierbares Ein-/Ausgabesystem sowie Fehlertoleranz, die verhindert, daß durch Erweiterung die Zuverlässigkeit des Systems abnimmt.

8.3 Parallelrechner und wissenschaftliches Rechnen

Wir wollen jetzt die parallele Bearbeitungszeit T konstant halten, indem wir mit größer werdendem Multiprozessor auch den Auftrag vergrößern. Die Bearbeitungszeit auf einem Monorechner ist dann

$$T(1) = [f + (1-f)p]T \qquad (8.10)$$

Für den sogenannten SKALIERTEN SPEED UP erhalten wir:

$$S_p^S = \frac{T(1)}{T} = f + (1-f)p = p - (p-1)f \qquad (8.11)$$

Es ergibt sich ein linearer Anstieg in p. (Dies ist mit dem Amdahlschen Gesetz zu vergleichen). Für die skalierte Effizienz erhalten wir:

$$E^S(p) = 1 - \left(1 - \frac{1}{p}\right)f \qquad (8.12)$$

Die skalierte Effizienz geht also nicht gegen 0. Große Parallelrechner sind somit vor allem für skalierbare Anwendungen nützlich, also dann, wenn die Anwendung mit der Größe des Rechners wachsen kann.

Nun ist aber zu vermuten, daß mit der Komplexität und Größe eines Systems auch dessen Fehleranfälligkeit zunimmt - und damit auch seine Ausfallwahrscheinlichkeit. Ein Parallelrechner läßt sich jedoch verhältnismäßig leicht zu einem fehlertoleranten System machen. In einem nicht fehlertoleranten System ist entweder jeder Teil voll leistungsfähig oder aber das Gesamtsystem ist ausgefallen. Ein fehlertolerantes System bleibt dagegen funktionstüchtig, wenn Teile ausfallen. Leistung und Zuverlässigkeit beeinflussen sich aber gegenseitig. Um dies zu zeigen, sei ein Parallelrechner mit N Verarbeitungseinheiten betrachtet. Falls sie (d.h. Prozessoren oder Rechner) ausfallen, sei es möglich, die Anwendung von den restlichen weiterbearbeiten zu lassen. Das Gesamtsystem fällt also erst aus, wenn keine Verarbeitungseinheit mehr intakt ist. Andernfalls vermindert sich lediglich seine Leistung. Desweiteren sei davon ausgegangen, daß sich ausgefallene Verarbeitungseinheiten wieder herstellen und dann in das System integrieren lassen. Wenn die Verarbeitungseinheiten gleiche Ausfallwahrscheinlichkeiten besitzen und Ausfälle statistisch unabhängig sind, ist somit die Verfügbarkeit $A(N)$ des Parallelrechners, d.h. die Wahrscheinlichkeit, daß von N Verarbeitungseinheiten wenigstens eine intakt ist, offensichtlich größer als die des Monorechners und man erhält vermutlich auch ohne, daß der Parallelrechner für die nebenläufige Ausführung der Anwendung verwendet wird, einen Speed Up, denn Ausfallzeiten schlagen bei vorhandener Reserve weniger stark zu Buche.

Um dies zu zeigen, betrachten wir die Laufzeiten $T(N)$ und $T^F(N)$ einer bestimmten Anwendung auf dem fehlerfreien bzw. fehleranfälligen Parallelrechner.

Die Beschleunigung des fehleranfälligen Systems ist:

$$S_N^F = \frac{T^F(1)}{T^F(N)} .$$

Außerdem interessiert uns das Verhältnis $D(N) = \dfrac{T(1)}{T^F(N)}$ der Laufzeiten auf einem ideaIen fehlerfreien Monoprozessor zu der auf dem realen fehleranfälligen Parallelrechner.

Durch Ausfälle des Gesamtsystems und die Dauer der Wiederherstellung verlängert sich die Laufzeit auf dem fehleranfälligen gegenüber der auf einem idealen fehlerfreien Monorechner, da nur derjenige Zeitanteil von $T^F(1)$ zur (nützlichen) Ausführungszeit beiträgt, zu dem der Prozessor intakt ist. Also gilt mit A_1 der Verfügbarkeit des Monorechners die Beziehung: $T(1) = T^F(1) \times A_1$.

Somit erhalten wir für den erzielbaren Speed Up:

$$S_N^F = \frac{T^F(1)}{T(1)} \cdot \frac{T(1)}{T^F(N)} = \frac{D(N)}{A_1} .$$

Wir erhalten einen Speed Up, selbst wenn die Anwendung nicht parallelisierbar wäre, also für $f = 1$, nämlich $S_N^F = \dfrac{A_N}{A_1}$, da dann $T(1) = T(N) = T^F(N) \times A_N$ und somit $D(N) = A_N$ gilt, und außerdem der redundante Parallelrechner sicher zuverlässiger ist als der nichtredundante Monorechner. Der Speed Up wird umso größer, je unzuverlässiger der Monoprozessor ist. (Eine genauere Analyse erfolgt in Anhang A2).

Wie steht es aber mit dem Preis/Leisungsverhältnis bei Parallelrechnern? Es sei $K(p)$ das Preis/Leistungsverhältnis bei Einsatz von p Prozessoren; $T(p)^{-1}$ ist die erzielbare Leistung. Wenn $C(p)$ die Kosten sind, ist also

$$K(p) = C(p) \times T(p) = C(p) \times T(1) / S(p). \qquad (8.13)$$

Der Einsatz von p Prozessoren macht sich bereits bezahlt, wenn $K(p) < K(1)$ bzw. für den erzielten Speed Up gilt:

8.3 Parallelrechner und wissenschaftliches Rechnen

$$S(p) > \frac{C(p)}{C(1)} .$$

Numerisches Beispiel: Es seien m die Speicherkosten und g die Kosten für die Grundausstattung (Gehäuse, Stromversorgung, etc). Jedem Prozessor des Parallelrechners wird außerdem ein lokaler Speicher mit Kosten $m/4$ beigegeben. Insgesamt sei also: $C(1) = g+5+m$ und $C(p) = 2g+5p+m+mp/4$; $5p$ sind die Kosten für p Verarbeitungseinheiten. Die folgende Tabelle zeigt, für welchen Speed Up sich p Prozessoren bezahlt machen, wenn $m = g = 10 (\times 10^3$ DM$)$ ist. Wie man sieht, würde sich in diesem Beispiel schon eine geringe Effizienz lohnen.

Tabelle 8.2

p	4	16	128
S(p) ≥	2,4	6	39,6
E(p) ≥	0,60	0,375	0,30

Heutige Parallelrechnerarchitekturen können die für das wissenschaftliche Rechnen (computational science / engineering) benötigte Rechenleistung aber nur bereitstellen, wenn die Parallelrechner-Programme optimiert werden.

„The computer is too often seen as capable of very fast computation, but rarely are finite arithmetic, numerical algorithms, architecture, and program construction taken into account in scientific formulations. The scientist or engineer who avoids these considerations is at a grave disadvantage. In the same way that sloppy experimental technique cannot be tolerated, so too the inappropriate marrying of applications, algorithms, and architectures cannot be tolerated in computer modeling (computational engineering)." *D.E. Stevenson.*

In anderen Worten, was überwunden schien, nämlich das mühsame Optimieren von Programmen, ist nun wieder notwendig. Dafür gibt es eine Reihe von Gründen. Der wichtigste ist wohl, daß die Prozessoren zwar immer leistungsfähiger wurden, die Leistung der Speichersysteme aber nicht mithalten konnte. Die Diskrepanz der von modernen Mikroprozessoren benötigten und von heutigen Speicherbausteinen gelieferten Zugriffsgeschwindigkeit hat deshalb zu komplexen Speicherarchitekturen geführt, vergleiche Bild 8.6 und 8.7. Es ist auch nicht ersichtlich, daß diese Diskrepanz in Zukunft geringer werden wird.

Ein optimales Parallelrechner-Programm beachtet beispielsweise die Cachestruktur des Rechners und vermeidet falsche Datenabhängigkeiten, die entstehen, wenn aufeinanderfolgende Instruktionen ohne zwingenden Grund auf dieselben Register zugreifen, und die verhindern können, daß die Prozessorpipeline voll ausgenützt wird. Durch Umbenennen der Register können diese Abhängigkeiten beseitigt werden. (Wie wir gesehen haben, wird in manchen Prozessoren das Registerumbenennen von der Hardware durchgeführt). Ein weiteres Beispiel liefert das Programmstück (A) (s.u.). Es wird auf das Feld x sequentiell zugegriffen. Da die Daten blockweise im Cache zwischengelagert werden, sind auf Grund der Referenzlokalität von A nur selten erfolglose Cachezugriffe (cache misses) zu erwarten. Andererseits können in einem superskalaren Prozessor oder Parallelrechner die Instruktionen nicht nebenläufig ausgeführt werden, da das Feld sequentiell durchlaufen werden muß. Im äquivalenten Programmstück (B), das durch Umordnen der Schleifen entstanden ist, ist es dagegen möglich, Instruktionen nebenläufig auszuführen, jedoch auf Kosten der Referenzlokalität.

```
(A)   for (i=0; i<512; i=i+1)
          for (j=1; j<512; j=j+1)
              x[i][j]=2*x[i][j-1];

(B)   for (j=1; j<512; j=j+1)
          for (i=0; i<512; i=i+1)
              x[i][j]=2*x[i][j-1];
```

Beim Einsatz eines Parallelrechners für das wissenschaftliche Rechnen ist neben der Speicherarchitektur vor allem die Architektur des Verbindungsnetzwerks zu berücksichtigen - selbst wenn versucht wurde, möglichst viel davon vor dem Anwender zu verbergen. Die Anwendung ist entsprechend zu strukturieren. Ein wichtiger Aspekt dabei, aber auch mit die schwierigste Aufgabe, ist, für einen guten Lastausgleich zu sorgen, der es ermöglicht, daß immer alle Verarbeitungseinheiten beschäftigt sind. Aufgaben, die bisher sequentiell ausgeführt wurden, müssen dazu in möglichst unabhängige Teilaufgaben gleicher Größe zerlegt werden, was sequentielle Algorithmen nicht immer zulassen. Für einen Leistungsgewinn ist deshalb oft die Entwicklung neuer 'paralleler' Algorithmen erforderlich. Wie gut die Ausnutzung der Parallelität gelingt, wird also wesentlich von der Effizienz der Abbildung der Anwendung auf die gewählte Rechnerarchitektur bestimmt.

ANHANG A : Modellierung und Bewertung

A1 Leistungs- und Zuverlässigkeitsbewertung

A2 Stochastische Modellierung

A3 Generalisierte Stochastische Petri-Netze

A1 Leistungs- und Zuverlässigkeitsbewertung

Es gibt grundsätzlich drei verschiedene Verfahren, die Leistung und Zuverlässigkeit eines Systems abzuschätzen: durch Messen, durch mathematische Analyse oder durch Simulationsexperimente. Charakteristisch für die mathematische Analyse sind ein moderater Zeitaufwand und gute Optimierungsmöglichkeiten. Analytische Modelle erlauben aber meist nur einen geringen Detailierungsgrad. Die größere Realitätsnähe ist der wesentlichste Vorteil der simulativen Bewertung. Andererseits lassen sich mit Simulationen oft nur statistische Aussagen gewinnen. Beide Methoden können sich aber gegenseitig ergänzen. Die mathematische Analyse läßt sich in einem frühen Stadium des Entwurfprozesses nutzen, um möglichst schnell den Entwurfspielraum nach günstigen Alternativen zu durchsuchen und Architekturkandidaten auszuwählen. Dann können diese Architekturvorschläge durch Simulation auf dem Computer genauer untersucht und sogenannte „Was-Wenn"-Szenarien durchgespielt werden.

A1.1 Modellbildung

Für die Analyse oder die Simulation wird ein Modell des Bewertungsobjekts benötigt. Die Modellbildung erfolgt in der Regel dadurch, daß zunächst ein konzeptionelles Architekturmodell entworfen wird (Bild A1.1). Aus diesem wird ein formales Modell gewonnen, das dann in ein von einem Rechner analysierbares Modell übertragen bzw. in einer geeigneten Simulationssprache (z.B. VHDL) implementiert wird. Der Vorteil der Verwendung einer Modellierungssprache wie VHDL ist, daß das Modell nicht nur für Simulationsexperimente sondern auch für die Verifikation und die Synthese, also für den Entwurf, dienen kann. Das Modell kann Zufallsvariable als Abbilder realer Systemgrößen enthalten. Man spricht dann von einer stochastischen Analyse oder einer stochastischen Simulation (Monte-Carlo-Simulation). Für die stochastische Simulation werden Pseudozufallszahlen verwendet, die ein Zufallszahlengenerator-Programm erzeugt. Bei TRANSAKTIONSORIENTIERTEN Modellen, einem wichtigen Modelltyp für Rechnerarchitekturen, geht man davon aus, daß es mobile Objekte, sogenannte Transaktionen oder Aufträge, und stationäre Objekte, sogenannte Stationen, gibt. Transaktionen passieren die Stationen. Dabei können sie verzögert werden und eine Zustandsänderung des Modells nach sich ziehen. Warte(schlangen)modelle sind typische transaktionsorientierte Modelle. Modellbausteine sind Bedienstationen mit Warteschlangen für Aufträge (Jobs).

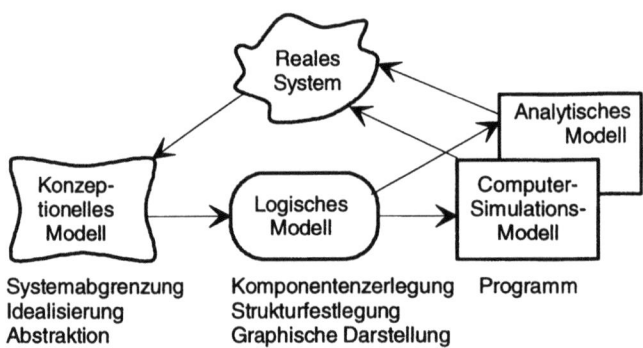

Bild A1.1 Modellierung

Bild A1.3 zeigt ein einfaches Wartemodell einer Rechenanlage mit mehreren Arbeitsplatzrechnern und einem Dateiserver (Bild A1.2 WS work station). Es beschreibt den Auftragsfluß durch ein Netzwerk von Bedienstationen und die Erledigung der Aufträge durch diese Bedienstationen. Die Aufträge für den Server werden von den Arbeitsplatzrechnern (Bedienstationen ohne Warteschlange) erzeugt und modellieren z.B. Datenbankabfragen oder Druckjobs. Bedienzeiten wie auch Ankunftszeiten der Aufträge können zufällig verteilt sein.

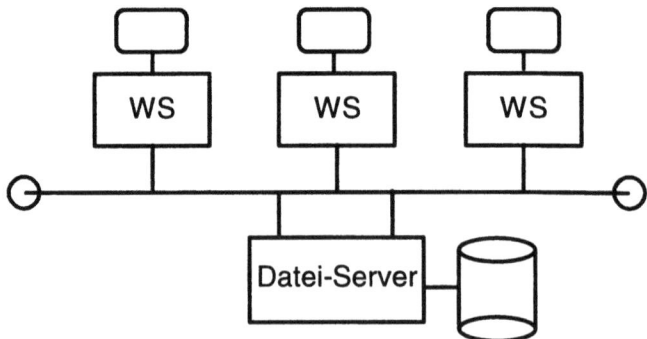

Bild A1.2 Workstation-Netz

A1.1 Modellbildung

Mögliche Bewertungsergebnisse sind die Auslastung des Dateiservers, die mittlere Zahl der erledigten Jobs pro Zeiteinheit (Durchsatz), die mittlere Antwortzeit oder die mittlere Zeit von der Erzeugung eines Auftrags bis zu seiner Erledigung (turn around time). Dieses Modell wird in der Literatur als Central-Server-Modell bezeichnet [Koba78].

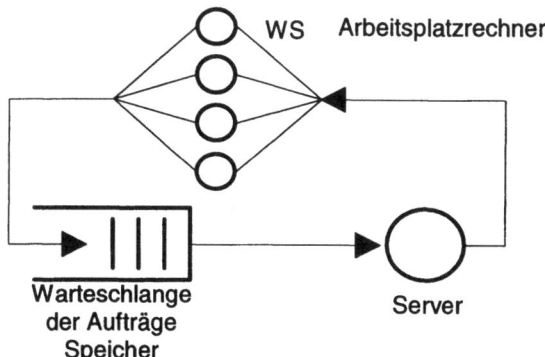

Bild A1.3 Modell eines Workstation-Netzes (Central-Server-Modell)

Wartesysteme werden üblicherweise durch die Zeichenfolge a/b/c/d/s klassifiziert, mit der folgenden Bedeutung:

a bezieht sich auf die Verteilungsfunktion der Zwischenankunftzeiten für Aufträge und b auf die Verteilungsfunktion der Bedienzeiten (mit D: deterministischer, M: Markovscher, E_k Erlangscher, G allgemeiner Verteilung); c bezieht sich auf die Anzahl der Bedienstationen; d auf die Kapazität des Systems für Aufträge, d.h. Maximalzahl der Aufträge, die sich im System befinden können, und s auf die Bedienstrategie, z.B. Fifo, Lifo oder RR (round robin).

So bezeichnet z.B. M/M/1/5/Fifo ein Markovsches Wartesystem mit einer Bedienstation, die die Aufträge in der Reihenfolge, in der sie eintreffen, bearbeitet. Sein Warteraum kann höchstens 5 Aufträge aufnehmen; weitere werden abgewiesen.

In einem Wartenetz sind diese Attribute für jeden Knoten einzeln festzulegen. Bild A1.4 zeigt ein weiteres Beispiel eines Wartenetzmodells. Der Masterprozessor nimmt z.B. Suchaufträge entgegen, die er nach einer Aufbereitung dann an die Slaveprozessoren weiterreicht. Der Bus kann in einem Buszyklus fester Länge immer nur einen Auftrag übermitteln. Die Slaveprozessoren verwalten die erhaltenen Aufträge unterschiedlich - nach der First-in-First-out- bzw. Round-Robin-Strategie[1]. Sie besitzen unterschiedlich viele CPUs. Kompliziertere Modelle dieser Art lassen sich nur simulativ auswerten. Dafür gibt es spezielle Simulationssprachen und Simulationssysteme.

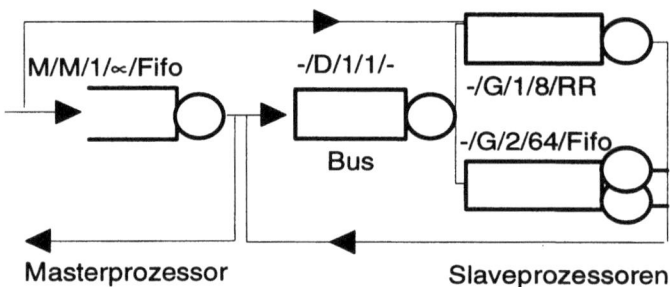

Bild A1.4 Modell eines Datenbankrechners

STOCHASTISCHE PETRI-NETZE eignen sich ebenfalls für die Belange der Architekturbewertung. In Anhang A3 werden einige Beispiele dafür vorgestellt. Warteschlangenmodelle und Petri-Netze gehören zu den sogenannten *nichtinterpretierten* Modellen (uninterpreted models). Darunter versteht man, daß berechnete Variablenwerte Aktionsfolgen nicht beeinflussen. Wenn aber das zukünftige Verhalten des modellierten Systems z.B. davon abhängt, welche Daten es erzeugt hat, muß für seine Bewertung entweder ein interpretiertes Modell zur Verfügung stehen oder aber die Modellbeschreibung muß durch zusätzliche Verhaltensregeln ergänzt werden. Interpretierte Modelle sind oftmals komplexer als nichtinterpretierte. Sie können z.B. in einer HDL wie Verilog oder VHDL formuliert werden. Sogenannte FSM-MODELLE (Finite State Machines oder endliche Automaten) bilden einen weiteren, wichtigen Modelltyp für die Modellierung von Rechnersystemen. Dabei wird vom Aufbau des Systems aus Bauelementen abstrahiert und statt dessen sein Verhalten durch eine diskrete Menge von Zuständen beschrieben (Anhang B1).

Als Beispiel sei ein Busarbiter mit individueller Buszuteilung in VHDL modelliert (vgl. Bild 7.5 jedoch ohne Bus-Busy-Signal). Er vergibt den Bus an einen von zwei Mastern ohne Busparken. Der Busmaster besitzt den Bus solange, bis er ihn von sich aus freigibt. Der Arbiter hat zwei Inputs (brq0 und brq1) und zwei Outputs

---

[1] Round Robin: Reihum- oder Zeitscheibenverfahren

A1.1 Modellbildung

(bgt0 und bgt1). Die Signale sind aktiv bei logisch 0. Das FSM-Modell hat vier Zustände: GRANT0 und GRANT1 (G0 und G1: der Bus ist dem Master0 bzw. dem Master1 zugeteilt), IDLE0 und IDLE1 (I0 und I1: der Bus wurde von Master0 bzw. Master1 freigegeben, ohne daß der andere Master ihn angefordert hat). Wenn beide Master den freien Bus gleichzeitig anfordern, erhält ihn derjenige, der ihn nicht zuletzt schon hatte. Bild A1.5 zeigt das Zustandsübergangsdiagramm.

Bild A1.6a zeigt eine für Simulation geeignete Formulierung dieses FSM-Modells in VHDL (Moore-Automat, Anhang B1). Sie spezifiziert zwei Prozesse: `state_diagram` und `capture`. Während der Simulation werden die Prozesse aktiviert, wenn sich eines der in ihrer Argumentliste aufgeführten Signale ändert. Der Prozeß `capture` aktualisiert das Zustandsregister bei steigender Taktflanke. Zu einer Testumgebung (test bench) gehört noch ein Taktgenerator, der den Automaten treibt (Bild A1.6b).

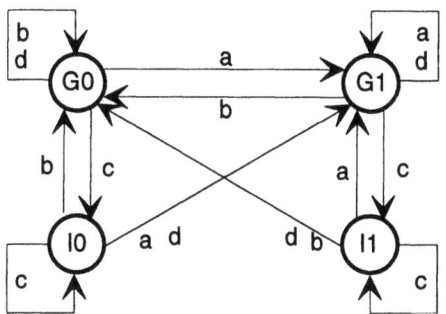

a: brq0 and NOT(brq1);   b: NOT(brq0) and brq1
c: brq0 and brq1   d: NOT(brq0) and NOT(brq1);
Die Signale sind aktiv bei logisch 0, z.B. fordert Master 0 den
Bus mit NOT(brq0) = 1 an.

Bild A1.5 Zustandsdiagramm

Schnittstellendefinition:

```
ENTITY arbiter IS PORT (
    rst, clk:       IN  std_logic;
    brq0, brq1:     IN  std_logic;
    bgt0, bgt1:     OUT std_logic);
END arbiter;
```

Verhaltensbeschreibung:

```
ARCHITECTURE behavioral_view OF arbiter IS
     TYPE states IS (GRANT0, GRANT1, IDLE0, IDLE1);
     SIGNAL state, next_state: states;
BEGIN
state_diagram: PROCESS(state, brq0, brq1) BEGIN
     CASE state IS
          WHEN GRANT0 => bgt0 <= '0'; bgt1 <= '1';
                    -- Ausgabe im Zustand GRANT0
               IF brq0 = '1' AND brq1 = '0' THEN
               next_state <= GRANT1;
               ELSIF (brq0 AND brq1) = '1' THEN
               next_state <= IDLE0;
               ELSE next_state <= GRANT0;
               END IF;
          WHEN GRANT1 => bgt0 <= '1'; bgt1 <= '0';
                    -- Ausgabe im Zustand GRANT1
               IF brq0 = '0' AND brq1 = '1' THEN
               next_state <= GRANT0;
               ELSIF (brq0 AND brq1) = '1' THEN
               next_state <= IDLE1;
               ELSE next_state <= GRANT1;
               END IF;
          WHEN IDLE0 => bgt0 <= '1'; bgt1 <= '1';
                    -- Ausgabe im Zustand IDLE0
               IF brq1 = '0' THEN
               next_state <= GRANT1;
               ELSIF (brq0 = '0' AND brq1 = '1') THEN
               next_state <= GRANT0;
               ELSE next_state <= IDLE0;
               END IF;
          WHEN IDLE1 => bgt0 <= '1'; bgt1 <= '1';
                    -- Ausgabe im Zustand IDLE1
               IF brq0 = '0' THEN
               next_state <= GRANT0;
               ELSIF (brq0 = '1' AND brq1 = '0') THEN
```

A1.1 Modellbildung

```
                next_state <= GRANT1;
            ELSE next_state <= IDLE1;
            END IF;
        END CASE;
END PROCESS;
capture: PROCESS(rst, clk) BEGIN
        IF rst = '1' THEN state <= IDLE0;
        ELSIF clk'EVENT AND clk = '1' THEN
        state <= next_state;
        END IF;
END PROCESS;
END behavioral_view;
```

Bild A1.6a Endlicher Automat

Bild A1.6b zeigt die Schnittstelle des Treiberbausteins `clock_gen` und eine Testumgebung für das Arbiter-Modell. M1 und M0 sind Ersatzdarstellungen für die Master.

```
ENTITY clock_gen IS
    GENERIC(T : Time);
    PORT(clk : OUT bit);
        reset : OUT bit);
END clock_gen;
```

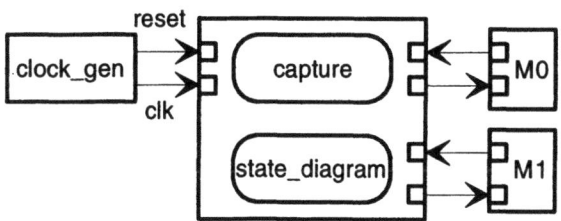

Bild A1.6b Testumgebung

Zu ein und demselben System kann es verschiedene Modelle geben. Das eine Modell gibt bestimmte Größen besser wieder, ein zweites liefert genauere Aussagen für andere Größen. Charakteristisch für Modelle ist, daß keines alle Aspekte, die volle Wirklichkeit, beschreibt.

Modellbildung umfaßt im wesentlichen die Abgrenzung gegen die Umwelt, die Bestimmung der Modellobjekte, die Festlegung der Objektattribute und die Definition der Modellstruktur [Schm85, Blec96]. Ein Modell ist ein in sich abgeschlossenes Ganzes. Reale Systeme sind dagegen in der Regel offen; d.h. die Umwelt, die nicht zum betrachteten System gehören soll, beeinflußt das System. Für diese Umwelteinflüsse muß im Modell eine Ersatzdarstellung gefunden werden. Dies ist insbesondere für die Validierung (Kapitel 1) erforderlich. In VHDL beispielsweise kann man daher für das zu simulierende System auch eine Testumgebung (test bench) erstellen. Diese hat die Eingabesignale (Stimuli) bereitzustellen und die Ausgabesignale mit den erwarteten Werten zu vergleichen. Nach der Abgrenzung gegen die Umwelt ist zu bestimmen, welche Objekte das Modell enthalten soll und welche Attribute diese haben. Dieser Schritt bedient sich der Abstraktion und Idealisierung. Abstraktion bedeutet, daß nicht alle Objekte und Attribute des realen Systems im abstrakten Modell repräsentiert werden. Idealisierung bedeutet, daß reale Gegebenheiten auf ideale Objekte abgebildet werden. Es muß dann festgelegt werden, in welcher Weise die einzelnen Modellobjekte miteinander in Verbindung stehen und wie sie sich gegenseitig beeinflussen.

Die anschließende Modellauswertung ist in der Regel dann sehr aufwendig, da viele Schritte dafür erforderlich sind - nicht nur die eigentliche Modellanalyse. Vielmehr zählen auch eine Sensitivitätsanalyse und die Modellvalidierung dazu, d.h. die Validierung der Modellannahmen, der Modellstruktur und der Modelldynamik wie auch der Ausdruckskraft der Simulations- oder Analyseergebnisse. Hinzu kommen die Verfeinerung, Verbesserung und Kalibrierung des Modells (Modellmodifikation), die Modelloptimierung und schließlich auch die Modellwartung. Diese Schritte sind mehrfach zu wiederholen, falls sich herausstellt, daß der Entwurf oder das Modell Schwächen hat, die eliminiert werden müssen (Bild A1.7). Softwarewerkzeuge können helfen, die Bewertung in vertretbarer Zeit vorzunehmen. Sie arbeiten in der Regel mit Entwurfswerkzeugen und Hardware-Beschreibungssprachen, wie VHDL, zusammen.

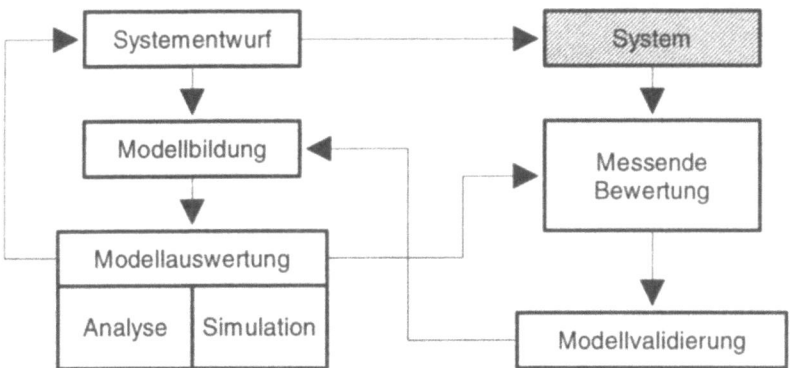

Bild A1.7 Modellbasierte Bewertung

A1.2 Leistungsbewertung durch Simulation

„Wodurch unterscheiden sich Simulationen auf dem Computer von der Simulation des Krieges im Schachspiel? Von der Simulation einer komplizierten mathematischen Gleichung in einem Gestänge mit rollenden und gleitenden Gelenken, wie man sie in den Schaukästen alter mathematischer Institute aufbewahrt? Von der Simulation einer Wahrscheinlichkeitsverteilung auf einem Nagelbrett, über das viele Murmeln rollen?

Eine mögliche Antwort ist diese: Man hatte früher keinerlei Modell oder Gestänge oder mathematisches Gleichungssystem zur Verfügung, wenn es um Situationen ging, die zweierlei in sich vereinten: Eine große Zahl von Einzelteilen, also Freiheitsgraden, und eine komplexe Struktur, die ihr Zusammenwirken regelt. ... Seit es große Computer gibt, ist das anders. Ihre Leistungen als Rechner oder als Datenverarbeitungsmaschinen sind eindrucksvoll, aber noch viel eindrucksvoller ist ihre Rolle als Modell komplexer, bisher nicht beherrschbarer Phänomene." *V. Braitenberg* [Brai95].

Für die Systembewertung sind verschiedene Simulationsverfahren gebräuchlich. Für die Bewertung von Rechnerarchitekturen kommt vor allem die diskrete Simulation in Betracht (Bild A1.8). Sie basiert auf Modellen, deren Zustandsmengen diskret sind [Span95].

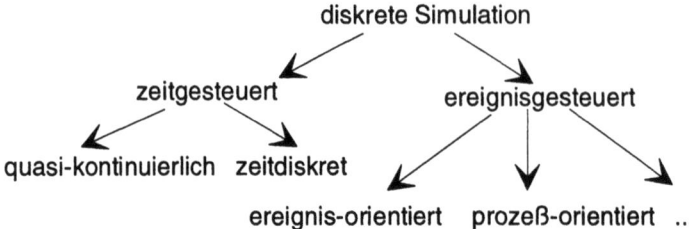

Bild A1.8 Simulationsverfahren

Beim zeitgesteuerten Verfahren verstreicht die Simulationszeit schrittweise zwischen den Ereignissen. Quasi-kontinuierlich heißt, daß die Schritte sehr klein sind. Bei jedem Zeitfortschritt wird eine Liste von möglichen Aktivitäten durchsucht und diejenigen, die zu dem betrachteten Zeitpunkt zulässig sind, werden gestartet. Diesem Verfahren steht die ereignisgesteuerte Simulation gegenüber. Sie kann ereignis- oder prozeßorientiert sein. Bei der ereignisorientierten Simulation definiert der Modellierer Ereignisse und programmiert Routinen, durch die diese Ereignisse ausgelöst werden, wenn bestimmte Aktivierungsbedingungen erfüllt sind. Beim prozeßorientierten Verfahren definiert der Modellierer Prozesse, die bestimmte Betriebsmittel des Systems benutzen. Jeder Prozeß kann aktiv sein, d.h. Ereignisse auslösen, oder auf ein Ereignis warten. Die Verwaltung der Liste von erzeugten Ereignissen, des sogenannten Kalenders, geschieht dann im wesentlichen durch ein Prozeß-Scheduling.

Die ereignisgesteuerte Simulation basiert somit auf einem Systemmodell, dessen Zustandsänderungen durch Ereignisse bewirkt werden. Die Aufgabe besteht dann darin, eine repräsentative Folge von Ereignissen zu berechnen. Man geht also davon aus, daß der Zeitpunkt, zu dem ein Ereignis stattfindet, im voraus bestimmt werden kann oder durch ein anderes Ereignis voraussagbar wird. Die Ereignisse selbst werden als zeitlos angenommen, d.h. das Verweilen in den Zuständen wird „übersprungen" (Bild A1.9 Zeitraffereffekt).

Die wichtigsten Schritte eines Simulationszyklus' sind nach der Initialisierung des Simulationsexperiments, d.h. nach der Herstellung des Anfangszustands und der Berechnung einer initialen Liste von Ereignissen:

(1) Übergang zum nächsten Ereignis in der zeitgeordneten Ereignisliste (Kalender) und Aktualisieren der Simulationszeit;

A1.2 Leistungsbewertung durch Simulation

(2) Bestimmung des neuen Zustands; es sind neue Werte für die Zustandsvariablen zu berechnen und eventuell ein oder mehrere neue Ereignisse einzuplanen. Jedes neue Ereignis erhält einen Zeitstempel (simulierte Zeit), der besagt, wann es eintreffen wird;

(3) Einordnen der neuen Ereignisse in die nach den Zeitstempeln geordnete Ereignisliste, den Kalender;

(4) Werte der Simulationsgrößen aufzeichnen; neuen Simulationszyklus beginnen.

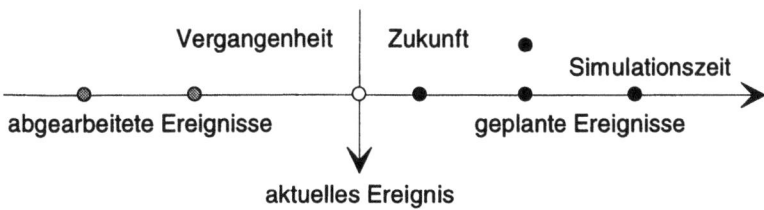

Bild A1.9 Ereignisse

Im Beispiel des Workstation-Netzes (Bild A1.3) sind die Ereignisse „Auftrag A_i erzeugt" und „Auftrag A_j bedient" einzuplanen. Der Systemzustand ist durch die Anzahl der Aufträge im Dateiserver bestimmt. In diesem Beispiel benötigt die Simulation neben der Vorgabe der Erzeugungs- und Bedienzeiten für die Aufträge A_i und A_j (oder deren Erzeugungs- und Bedienraten) keine weiteren Eingabedaten. Im FSM-Modell (Bild A1.6) sind die einzuplanenden Ereignisse die Zustandsübergänge, wie sie in den Prozeßdefinitionen angegeben sind. Für Simulationsexperimente müssen geeignete Folgen von Eingabedaten (Busanforderungen, Resetsignal, Takt) erzeugt werden, die eine Testumgebung liefern kann.

Hinsichtlich der Eingabedaten für ein Simulationsexperiment kann man zweierlei Wege beschreiten [Schm85].

A: Simulation mit repräsentativen Daten

Steht ein reales System zur Verfügung, dann kann eine Simulation mit repräsentativen Daten, sogenannten Spurverfolgungsdaten (traces), vorteilhaft sein. Diese Daten werden durch Messungen an dem realen System (etwa durch Monitore) geliefert. Sie werden durch ein Analyseprogramm aufbereitet und können dann als Eingabedaten für die Simulation dienen (trace driven simulation).

B: Simulation mit zufälligen Eingabedaten

Die Eingabedaten werden aus Wahrscheinlichkeitsverteilungen ermittelt. Sie können als Zufallszahlen gewonnen werden, die mit Hilfe von Pseudo-Zufallszahlengeneratoren erzeugt werden (self-driven simulation). Soll die Simulation aussagekräftige Ergebnisse liefern, dann ist es wichtig, daß die Zufallszahlen gewisse statistische Eigenschaften haben.

Die Simulation mit Spurverfolgungsdaten (Ereignisspuren) ist oft realistischer als eine Simulation mit zufälligen Eingabedaten, bei der die Eigenschaften des Systems statistisch charakterisiert werden müssen. Ereignisspuren lassen sich jedoch nicht immer ohne weiteres gewinnen.

Stochastische Simulationsexperimente können sehr aufwendig sein und müssen daher sorgfältig geplant werden. Sie erlauben Beobachtungen durchzuführen, die am realen System nicht möglich oder zu aufwendig wären. Sie sind die einzige Möglichkeit, wenn das reale System nicht vorliegt, oder wenn im realen System die Vorgänge zu schnell oder zu langsam ablaufen, um studiert werden zu können. Vor allem ist man auf stochastische Simulationen angewiesen, wenn es darum geht, die Zuverlässigkeit und die Verfügbarkeit eines Systems oder seine Toleranz gegenüber Komponentenausfällen und störenden äußeren Einflüssen - kurz seine Verläßlichkeit- zu überprüfen, da für solche Untersuchungen oft Fehler provoziert werden müssen, die das reale System eventuell zerstören würden (z.B. ein Leck im Rumpf einer Autofähre). Man führt dann besser am Modell sogenannte simulative Fehlerinjektions-Experimente durch.

Bei der ereignisorientierten Simulation schreitet, wie bereits erwähnt, die Simulationszeit von Ereignis zu Ereignis weiter. Es wird angenommen, daß zwischen den Ereignissen nichts wichtiges geschieht. Der Simulator (die „Simulationsmaschine") verwaltet dann im wesentlichen Ereignislisten, in denen die anstehenden Ereignisse mit ihren Eintrittszeitpunkten eingetragen werden und veranlaßt, daß die jeweils aktuellen Ereignisse erzeugt werden. Das modellierte System wird aus der Sicht der Ereignissteuerung betrachtet (zentrale Sicht).

In der prozeßorientierten Simulation wird ein System als Familie nebenläufig aktiver Prozesse modelliert, die miteinander interagieren. Diese Prozesse benutzen Betriebsmittel. Die Simulationsentitäten sind somit Prozesse, die z.B. ein Ereignis erzeugen, auf ein Ereignis warten oder sich selbst suspendieren können. Das zu modellierende System wird jetzt mehr aus der Sicht der einzelnen Systemkomponenten betrachtet (lokale Sicht). Die Laufzeitumgebung des prozeßorientierten Simulators

A1.2 Leistungsbewertung durch Simulation

muß Funktionen zur Verwaltung der Prozesse und Ereignisse bereitstellen. So läßt sich im Beispiel aus Bild A1.2 jeder Arbeitsplatzrechner wie auch der Server als Prozeß (besser: Thread) modellieren. Ein Arbeitsrechner-Prozeß fordert das Betriebsmittel „Server" an. Sobald er dieses erhält, geht er für die Zeit der Auftragsbearbeitung in den „hold"-Zustand, d.h. der Prozeß suspendiert sich und der Simulator notiert die Bedienzeit. Wenn die Bedienzeit verstrichen ist[1], wird der Prozeß wieder aktiviert. Danach gibt er das Betriebsmittel „Server" wieder frei und geht für die Zeit, die er für das Erzeugen eines neuen Auftrags benötigt, erneut in den hold-Zustand. Anschließend fordert er wieder den Server an.

Das prozeßorientierte Paradigma eignet sich besonders für die Simulation von Rechnerhardware, da es zugleich Struktur- und Verhaltensaspekte zu modellieren gestattet. Die in Kapitel 5 erwähnte Hardwarebeschreibungssprache VHDL wurde für die ereignisgesteuerte, prozeßorientierte Simulation konzipiert [Blec95]. Aus Effizienzgründen wird oft ein compilierendes Simulationsverfahren verwendet. Dabei steuert nicht eine (universelle) Simulationsmaschine die Prozeßausführung und Zeitfortschaltung, sondern es wird aus dem Simulationsmodell ein spezielles Programm erzeugt, das (nach der Compilation) die komplette Simulation steuert.

Bild A1.10 zeigt das Vorgehen bei der Simulation im Überblick. Simulationsexperimente haben, wie gesagt, gegenüber der mathematischen Analyse den großen Vorteil, daß das Simulationsmodell sehr detailliert sein kann und (nahezu) keine einschränkenden Annahmen über das Verhalten der Modellkomponenten gemacht werden müssen - was bei einer mathematischen Analyse oft notwendig ist.

Gegenüber Experimenten mit Prototypen hat die Simulation den Vorteil, daß sich auch Teilprozesse beobachten lassen, die in realen Systemen nicht ohne weiteres beobachtbar sind.

„Simulationists get closer to the system than any other type of modeler. [They] do not force a system into a preconceived normative model [and] recognise that the model upon which we make our recommendations contains additional information and insights that are useful during implementation." *A. Pritzker* [Prit95]

---

[1] D.h., die Simulationszeit ist entsprechend weit fortgeschritten.

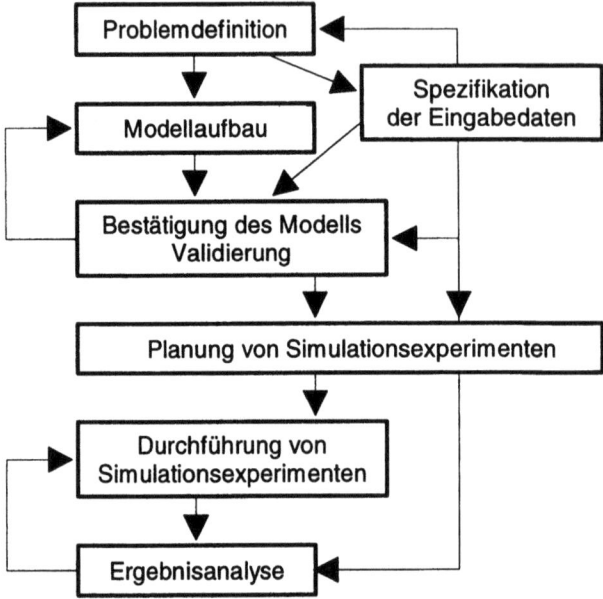

Bild A1.10 Modellentwicklung und Simulation

A1.3 Zuverlässigkeitsbewertung fehlertoleranter Architekturen

Unter FEHLERTOLERANZ versteht man allgemein die Fähigkeit, trotz Störungen die erwünschte Dienstleistung zu erbringen. Von einem fehlertoleranten Rechner spricht man, wenn die Fehlertoleranz in seiner HSA und nicht nur in einzelnen organisatorischen Maßnahmen begründet ist [DalC95].

Zu fehlertoleranten Rechnerarchitekturen gelangt man durch den sinnvollen Einsatz von Redundanz. Diese „nützliche" Redundanz kann in *struktureller* oder *funktioneller* Redundanz bestehen. Strukturelle Redundanz erweitert das System um zusätzliche Hardwarekomponenten (z.B. Reserveeinheiten oder Diagnoseprozessoren). Funktionelle Redundanz liegt vor, wenn bereits existierende Komponenten um spezielle Funktionen, die der Zuverlässigkeit dienen, erweitert werden, z.B. Selbstüberprüfung bei Schaltkreisen. Außerdem unterscheidet man zwischen *statischer* und *dynamischer* Redundanz. Statische Redundanz ist von vornherein für Fehlertoleranz vorgegeben, dynamische Redundanz ist variabel und oft nur im Fehlerfall im Einsatz.

A1.3 Zuverlässigkeitsbewertung fehlertoleranter Architekturen

Bild A1.11 zeigt ein fehlertolerantes Workstation-Netzwerk mit struktureller und funktioneller Redundanz. Es enthält redundante Busse und ein gemeinsames Spiegelplattensystem. Fällt eine Komponente aus, so wird dies erkannt und eine andere Komponente gleichen Typs kann deren Aufgabe mit übernehmen. Man nennt dies einen sanften Leistungsabfall (graceful degradation).

Ein Rechnersystem mit sanftem Leistungsabfall erkennt also selbst, wann eine seiner Komponenten ausgefallen ist und rekonfiguriert sich dann so, daß es weiterhin funktionstüchtig bleibt, wenn auch mit geringerer Leistung. Bei solchen Systemen ist es wichtig, zu wissen, wie groß die zu erwartende Leistung bei Fehlereinflüssen, Rekonfiguration und Betriebsmittelengpässen ist.

Ein weiteres Beispiel für eine fehlertolerante Rechnerarchitektur wurde in Kapitel 1.4.5 vorgestellt (Stratus Continuous Processing). Die Fehlertoleranz des Rechnerkerns dieses Systems basiert auf Vierfachredundanz (PSR, Kapitel 5.3.2). Andere Baugruppen des Systems operieren nach dem Prinzip des sanften Leistungsabfalls. Wenn beispielsweise eine der Plattensteuerungen ausfällt, wird ihre Aufgabe von der anderen mitübernommen. Fällt ein Bus aus, übernimmt der andere die ganze Last. Jeder Bus hat Parität und seine eigene Stromversorgung.

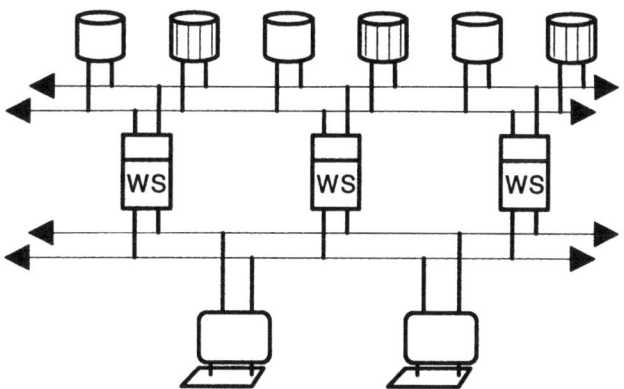

Bild A1.11 Fehlertolerantes Workstation-Netzwerk

Auch für die Zuverlässigkeitsbewertung fehlertoleranter Rechnerarchitekturen können neben analytischen Verfahren Simulation und Messungen herangezogen werden. Messende Verfahren sind jedoch - anders als bei der Leistungsbewertung - problematisch, da zum einen Fehler (hoffentlich) sehr selten sind und, wenn sie dennoch auftreten, ungeahnte Folgen haben können. Man ist also in verstärktem Maß auf modellbasierte Untersuchungen angewiesen. In Anhang A2 soll am Beispiel des Duplexsystems gezeigt werden, wie sich durch Modellanalyse die Zuverlässigkeit und Verfügbarkeit fehlertoleranter Rechnerarchitekturen bestimmen läßt.

Simulationsexperimente können vor allem dazu dienen, die Fehlertoleranzmaßnamen selbst zu bewerten. Dazu sind auf der Basis eines Fehlermodells auch die in Frage kommenden Fehler zu simulieren. Typische Fragen, die sich durch solche Fehlerinjektionsexperimente beantworten lassen, sind: Wie empfindlich reagiert das System auf bestimmte Fehler? Wie schnell können sich Folgefehler im System ausbreiten? Wie lange dauert es bis ein Fehler entdeckt wird (Fehlerlatenz)? Wie groß ist die Leistungseinbuße durch die Fehlertoleranzmaßnamen im fehlerfreien Betrieb oder bei Auftreten von Fehlern?

Für die Durchführung von Fehlerinjektionsexperimenten muß man sich natürlich darüber im Klaren sein, was die repräsentativen Fehler des Systems sind, und wo und wann sie injiziert werden müssen. Da ein mögliches Fehlverhalten des Systems von der Systemlast abhängen kann, muß auch bestimmt werden, unter welchem Lastprofil die Experimente durchzuführen sind. In ein Simulationsmodell lassen sich Fehler injizieren, z.B. durch Hinzufügen spezieller Modellkomponenten, sogenannter Saboteure, oder durch Modifizieren vorhandener Komponenten, d.h. durch Erzeugung von Mutanten (Bild A1.12). Eine weitere Möglichkeit besteht im Einfügen von Fehlerereignissen in Spurverfolgungsdaten.

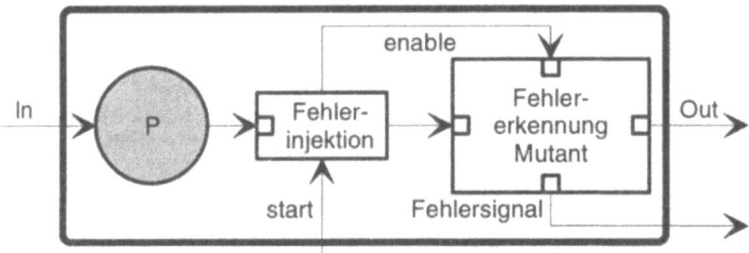

Bild A1.12 Saboteur und Mutant

Die Trennung in Entities und Architectures in VHDL und die Möglichkeit, ein Modell je nach Bedarf zu konfigurieren, erleichtern das Hinzufügen von Saboteuren und die Untersuchung von Mutanten beträchtlich. VHDL erlaubt außerdem strukturelle Fehler, Verhaltensfehler und Datenflußfehler in separaten Architekturmodellen zu beschreiben und zu simulieren.

A2 Stochastische Modellierung

Bevor man eine - meist aufwendige - Simulationsstudie in Angriff nimmt, ist es oft angebracht, erst eine analytische Leistungs- und Zuverlässigkeitsabschätzung vorzunehmen. Der erste Schritt wird dann eine Mittelwertanalyse sein.

A2.1 Leistungsbewertung durch Mittelwertanalyse

Als Modelle für eine solche Mittelwertanalyse wählen wir wieder Warte(schlangen)-systeme. Diese bestehen, wie erwähnt, aus einem Warteraum, einer oder mehreren Bedienstationen, einer Bedienstrategie und Aufträgen, die bedient werden wollen. Deren mittlere Ankunftsrate sei α; dies ist die mittlere Anzahl der eingehenden Aufträge pro Zeiteinheit. Unser Beispiel besitze eine einzige Bedienstation mit Bedienrate β. Der maximal mögliche Durchsatz an erledigten Aufträgen ist dann offensichtlich gleich β.

Wir machen nun folgende Annahmen: Der Warteraum sei in seiner Größe nicht beschränkt; α und β seien zeitunabhängig und $\alpha < \beta$. Außerdem befinde sich das System im eingeschwungenen (stationären) Zustand, d.h. im Mittel verlassen soviele Aufträge das System wie ankommen. Dann ist der mittlere (effektive) Durchsatz D gleich α und somit gilt für die Auslastung U des Rechners (vgl Kapitel 1.3):

$$U = D/\beta = \alpha/\beta. \qquad (A2.1)$$

Die relevanten Zeitgrößen sind:

T_Z Zwischenankunftszeit für Aufträge mit dem Erwartungswert $1/\alpha$,
T_B Bedienzeit mit dem Erwartungswert $1/\beta$
T_W Wartezeit der Aufträge im Warteraum (Speicher).

Die Verweildauer eines Auftrags im Wartesystem, auch Systemantwortzeit genannt, ist

$$T_V = T_W + T_B.$$

Die Littlesche Formel

Unter der Füllung F des Wartesystems zur Zeit t versteht man die Anzahl der Aufträge, die sich zur Zeit t im System befinden. Für die im eingeschwungenen Zustand zu erwartende Füllung $E[F]$ gilt die Littlesche Formel [Koba78, Triv82]:

$$E[F] = D \cdot E[T_V] = \alpha\, E[T_V] \quad (A2.2)$$

Über $E[F]$ läßt sich auch der Erwartungswert $E[T_W]$ der Wartezeit bestimmen:

$$E[T_W] = E[T_V] - 1/\beta = E[F]/\alpha - 1/\beta. \quad (A2.3)$$

Es sei nun p_i die Wahrscheinlichkeit, daß sich im stationären Zustand i Aufträge im System befinden. Dann ist $\quad E[F] = \sum_{i=1}^{\infty} i\, p_i$. $\quad$ (A2.4)

Wie bestimmt man nun die stationären Zustandswahrscheinlichkeiten p_i? Im nächsten Abschnitt werden wir darauf eingehen.

Die Littlesche Formel gilt auch für die Bedienstation alleine:

$$E[F^B] = D \cdot E[T_V^B]$$

mit F^B der Füllung der Bedienstation und T_V^B der Verweildauer in der Bedienstation, also der Bedienzeit T_B. Die Füllung F^B ist 0 oder 1 und ihr Erwartungswert ist, wenn p die Wahrscheinlichkeit dafür ist, daß ein Auftrag bearbeitet wird, gleich:

$$E[F^B] = 1 \cdot p + 0\,(1-p) = p.$$

Also:

$$p = E[F^B] = D \cdot E[T_B] = \alpha/\beta = U \quad (A2.5)$$

Die Auslastung U der Bedienstation ist somit auch die Wahrscheinlichkeit dafür, daß (im stationären Zustand) ein Auftrag bedient wird, und diese ist gleich dem Erwartungswert der Füllung der Bedienstation.

Beispiel: Durch Messungen wurde ermittelt, daß ein Dateiserver pro Auftrag (Transaktion) im Mittel drei Plattenzugriffe durchführt und die Platte dabei zu 30% ausgelastet wird. Insgesamt wurden 7200 Transaktionen pro Stunde gemessen. Wie groß ist die mittlere Bedienzeit T_P der Platte? Die mittlere Bedienzeit des Servers betrage 0.5 Sekunden. Wie groß ist seine Auslastung? Antwort: $\alpha = 7200/3600 = 2$ Transaktionen pro Sekunde; $E[T_P] = U_{platte}/3\alpha = 50$ msec; $U_{server} = \alpha E[T_{server}] = 1$.

A2.1 Leistungsbewertung durch Mittelwertanalyse

Beispiel: Wie groß ist die Wahrscheinlichkeit dafür, daß bei der Arbeitsmengen-Strategie Seitenfehler entstehen, und wie groß ist die mittlere Verweilzeit einer Seite im Hauptspeicher?

$S(t,T) = |W(t,T)|$ sei die Größe der Arbeitsmenge und $w(T) = E[S(t,T)]$ deren Erwartungswert, d.h. die Größe der Arbeitsmenge über die ganze Prozeßlaufzeit gemittelt. Die Seitenfehlerwahrscheinlichkeit $g(T)$ ist natürlich abhängig von der Fenstergröße T. Wenn das Fenster um eine Referenz größer wird, gibt es zwei Situationen:

(a) Die zusätzliche Referenz betrifft eine Seite in der augenblicklichen Arbeitsmenge, d.h. $\Delta S = S(t,T+1) - S(t,T) = 0$.

(b) Die zusätzliche Referenz betrifft eine neue Seite, also $\Delta S = 1$.

Für den Erwartungswert von ΔS gilt somit:

$$E[\Delta S] = 1 \cdot g(T) + 0(1-g(T)) = g(T)$$

und $\quad E[\Delta S] = E[S(t,T+1)] - E[S(t,T)] = w(T+1) - w(T)$.

Also: $\quad g(T) = w(T+1) - w(T)$.

Je größer die Seitenfehlerrate, umso schneller wächst die Arbeitsmenge mit der Fenstergröße. Es sei nun $v(T)$ der Erwartungswert der Verweildauer einer Seite in der Arbeitsmenge; $g(T)/\Delta T$ ist die Ankunftsrate neuer Seiten (mit $\Delta T = 1$ Zeiteinheit); $w(T)$ ist der Erwartungswert der Füllung der Arbeitsmenge. Die Littlesche Formel liefert nun:

$$w(T) = g(T) \cdot v(T).$$

Also:

$$v(T) = \frac{w(T)}{g(T)} = \frac{w(T)}{w(T+1) - w(T)}$$

Mittlere Warteschlangenlänge

Die Auslastung U ist also die Wahrscheinlichkeit, daß wenigstens ein Auftrag im Warteschlangensystem ist. Mit p_i als Wahrscheinlichkeit, daß sich im System i Aufträge befinden, ergibt sich somit:

$$U = \sum_{i=1}^{\infty} p_i = 1 - p_0 \qquad (A2.6)$$

und für die mittlere Warteschlangenlänge gilt: $E[Q] = \sum_{i=1}^{\infty}(i-1)p_i = E[F] - U$.

Damit haben wir eine weitere Beziehung für die Auslastung, nämlich:

$$U = E[F] - E[Q] \qquad (A2.7)$$

Mit den Littleschen Formeln folgt dann:

$$E[F] = D \cdot E[T_V] = D \cdot E[T_W] + D \cdot E[T_B] = D \cdot E[T_W] + U$$
$$= D \cdot E[T_W] + E[F] - E[Q]$$

Also ist die mittlere Warteschlangenlänge:

$$E[Q] = D \cdot E[T_W] \qquad (A2.8)$$

Es sei nun ein Beispiel für die Anwendung dieser Mittelwertbeziehungen gebracht.

Das Central-Server-Modell

Das Central-Server-Modell haben wir bereits unter dem Aspekt der Simulation kennengelernt. Es modelliert z.B. ein Rechnernetz (Client-Server System) als einfaches Warte(schlangen)netz, d.h. durch Vernetzung mehrerer Wartesysteme. Es bestehe aus einem Pool von Arbeitsplatzrechnern (Workstations WS) und einem zentralen Server, z.B. Datenbankrechner oder E/A-Server (Bild A1.2).

Das Wartenetz-Modell (Bild A1.3) enthält einen Pool von Bedienstationen (Arbeitsplatzrechnern) ohne Warteraum und einen Server mit Warteraum. Die Arbeitsplatzrechner erzeugen die Aufträge für den Server. Jeder Benutzer eines Arbeitsplatzrechners erzeugt den nächsten Auftrag aber erst, wenn der vorangegangene erledigt ist. Dazu benötigt er eine gewisse Denkzeit. Das Modell enthält somit zwei Wartesysteme und eine konstante Anzahl an Aufträgen. (Sie ist gleich der Anzahl der Arbeitsplatzrechner). Das System wird wieder im eingeschwungenen Zustand betrachtet.

Die Modellparameter sind

- die mittlere Denkzeit $\delta^{-1} = E[T_D]$; Zeit bis ein Auftrag für den Server erzeugt ist,
- die mittlere Bearbeitungszeit eines Auftrags durch den Server $\beta^{-1} = E[T_B]$,
- die Anzahl der Auftraggeber N (Workstations);

A2.1 Leistungsbewertung durch Mittelwertanalyse

und die interessierenden Zeiten sind

- die Wartezeit für einen Auftrag: T_W,
- die Antwortzeit des Systems: $T_V = T_B + T_W$,
- die Zykluszeit: $T_Z = T_D + T_V$.

Es ist $U(N)$ die Auslastung des zentralen Servers, $\lambda = N/E[T_Z]$ die Ankunftsrate am Server und $\mu = U(N)/E[T_B]$ seine effektive Bedienrate. Denn, wie wir gesehen haben, ist U die Wahrscheinlichkeit dafür, daß ein Auftrag bedient wird. Andererseits ist im stationären Zustand μ auch gleich der Ankunftsrate λ. Daraus folgt:

$$E[T_V] = \frac{N \cdot E[T_B]}{U(N)} - E[T_D] \qquad (A2.9)$$

Als Richtwert für die optimale Anzahl N^* an Workstations sei der Schnittpunkt der Asymptote von $E[T_V]$ mit der Abszisse genommen (Bild A2.1). Dies ergibt $N^* \approx E[T_D] / [T_B]$ denn im Sättigungsbereich ist U nahezu konstant 1.

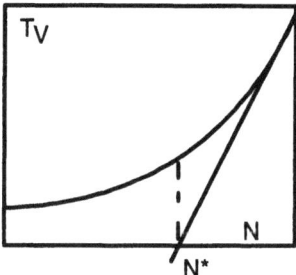

Bild A2.1 Antwortzeit

Das Central-Server-Modell ist ein sogenanntes geschlossenes Wartenetz. Für derartige Netze existiert eine gut entwickelte Theorie [Koba78].

Numerisches Beispiel: T stehe im folgenden für den Erwartungswert $E[T]$.

Es seien $N = 30$ und $T_D = 30$ sec. Wie groß muß die Bedienzeit sein, damit die Antwortzeit T_V im Sättigungsbereich weniger als 15 Sekunden beträgt? Antwort:

$T_B < U \cdot (T_V + T_D) / N = 1{,}5$ sec. Wieviele Benutzer sollten bei einer Bedienzeit von 10 sec höchstens zugelassen werden? Antwort: $N^* = T_D / T_V = 3$ Benutzer. Dann beträgt im Gleichgewicht die Wartezeit $T_W = T_V - T_B = 30/U(3) - 40$ sec.

Wie aber läßt sich die Auslastung $U(3)$ bestimmen? Bevor wir das Central-Server-Modell weiter behandeln können, muß die Zustandsraummethode eingeführt werden. Diese führt uns dann zu stochastischen Prozessen, speziell zu den sogenannten Markov-Prozessen.

A2.2 Zustandsraummethode

Die Zustandsraummethode besteht darin, das Systemverhalten durch die interessierenden Systemzustände zu modellieren und bestimmte Annahmen über die Verteilung der Verweilzeiten in den Zuständen zu treffen [Buch94]. Den Zustandsübergängen werden (i.a. zeitabhängige) Übergangsraten zugeordnet, welche die mittlere Anzahl der Übergänge zwischen zwei Zuständen pro Zeiteinheit angeben (Bild A2.2). Daraus werden dann Zustandsaufenthaltswahrscheinlichkeiten bestimmt. Aus diesen wiederum können Leistungs- und Zuverlässigkeitsgrößen berechnet werden.

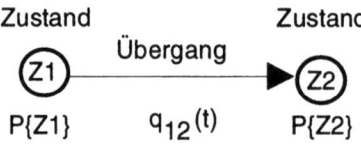

P{Zi} Zustandsaufenthaltswahrscheinlichkeit, $q_{12}(t)$ Übergangsrate

Bild A2.2 Zustandsübergang

Ein Markov-Prozeß liegt vor, wenn die Wahrscheinlichkeit, innerhalb einer bestimmten Zeit von Zustand Z_i in den Zustand Z_j zu wechseln, nicht davon abhängt, auf welchem „Weg" der Zustand Z_i erreicht wurde. Die Kenntnis früherer Zustände enthält dann keine nützliche Information über das weitere Verhalten des Prozesses.

Zur Notation: Es bezeichne $X(t_n) = Z_{i_n}$ die Situation: „zum Zeitpunkt t_n im Zustand Z_{i_n} zu sein". $P\{E|A\}$ sei die (bedingte) Wahrscheinlichkeit für die Situation E, wenn bekannt ist, daß Situation A vorliegt.

Die Markov-Eigenschaft lautet:

A2.2 Zustandsraummethode

$$P\left\{X(t_n) = Z_{i_n} \mid X(t_0) = Z_{i_0}, X(t_1) = Z_{i_1}, \ldots, X(t_{n-1}) = Z_{i_{n-1}}\right\} =$$

$$= P\left\{X(t_n) = Z_{i_n} \mid X(t_{n-1}) = Z_{i_{n-1}}\right\}$$

für alle denkbaren Zustandsfolgen mit $t_0 < t_1 < t_2 < \ldots < t_{n-1}$.

Ein Markov-Prozeß heißt *homogen*, wenn die Übergangsraten nicht von der Zeit abhängen. Im folgenden wollen wir nur homogene Markov-Prozesse mit endlichen Zustandsräumen betrachten. Es sei nun $p_i(t)$ die Wahrscheinlichkeit dafür, daß der Prozeß sich zur Zeit t im Zustand Z_i befindet. Die Theorie der Markov-Prozesse liefert für diese Zustandswahrscheinlichkeiten das Differentialgleichungssystem (Chapman-Kolmogoroff):

$$\frac{dp_i(t)}{dt} = \left[\sum_{j(i \neq j)} p_j(t) q_{ji}(t)\right] - p_i(t) q_i(t) \qquad (A2.10)$$

mit $\sum_j p_j(t) = 1$ und $i = 1, 2, \ldots, N$ (N Anzahl der Zustände des Prozesses).

Es ist $q_{ij}(t)$ die Übergangsrate von Zustand i zum Zustand j zur Zeit t und

$$q_i(t) = \sum_j q_{ij}(t) \quad \text{mit } i \neq j.$$

Dieses Differentialgleichungssystem kann als Erhaltungsgleichung für „Wahrscheinlichkeitsmasse" interpretiert werden. Das System (der Markov-Prozeß) befindet sich im eingeschwungenen oder stationären Zustand, wenn die Zustandswahrscheinlichkeiten zeitunabhängig sind. Falls es einen solchen stationären Zustand gibt, lassen sich die zugehörigen Zustandswahrscheinlichkeiten bestimmen, indem man die linke Seite des Gleichungssystems gleich 0 setzt. Man erhält dadurch das algebraische Gleichungssystem:

$$p_i \sum_{\substack{j \\ (i \neq j)}} q_{ij} = \sum_{\substack{j \\ (i \neq j)}} p_j q_{ji} \qquad (A2.11)$$

mit $\sum_j p_j = 1$.

224   Anhang A2:Stochastische Modellierung

Der stationäre Zustand wird nach einer genügend langen Zeitspanne, genauer für $t \to \infty$, erreicht.

Im folgenden soll nun an zwei Beispielen gezeigt werden, wie sich durch Markov - Modell-Analyse Leistungsgrößen ermitteln lassen unter der Annahme, daß Stationarität vorliegt. Im nächsten Abschnitt wird ein Beispiel für die transiente Analyse behandelt.

Das Central-Server-Modell (Fortsetzung)

Wartenetze sind Netzwerke bestehend aus mehreren Wartesystemen. Sie stellen eine vielseitige Unterklasse von zustandsdiskreten, stochastischen Modellen dar, die in verschiedensten Bereichen angewendet werden. Sogenannte Produktformnetze (oder separable Netze) bilden eine Unterklasse von Wartenetzen, die mit analytischen Methoden gelöst werden können und deren stationäre Zustandswahrscheinlichkeiten relativ leicht zu ermitteln sind [Koba78, Bolc89]. Das Central-Server-Modell ist ein solches Produktformnetz.

Angenommen wir haben wieder N Arbeitsplatzrechner und einen Server. Das folgende Diagramm (Bild A2.3) zeigt die Zustandsübergänge. Im Zustand i liegen i Aufträge für den Server vor.

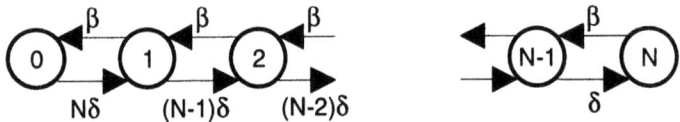

$\beta = 1/E[T_B]$ Bedienrate des Servers; $\delta = 1/E[T_D]$ Denkrate

Bild A2.3 Zustandsdiagramm

Das stationäre Gleichungssystem lautet, mit $\delta = E[T_B]$ und $\beta = E[T_D]$:

$$N\delta \cdot p_0 = \beta \cdot p_1,$$
$$((N-i)\delta + \beta) \cdot p_i = (N-i+1)\delta \cdot p_{i-1} + \beta \cdot p_{i+1}, \quad 1 \leq i < N$$
$$\beta \cdot p_N = \delta \cdot p_{n-1}$$

Die stationäre Lösung ist:

A2.2 Zustandsraummethode

$$p_n = \left[\prod_{i=1}^{n} \frac{\delta(N-i+1)}{\beta}\right] p_0 = \left(\frac{T_s}{T_d}\right)^n \frac{N!}{(N-n)!} p_0 \qquad (A2.12)$$

mit $\sum_{i=0}^{N} p_i = 1$. $U_s = 1 - p_0$ ist die Serverauslastung und die mittlere Warteschlangenlänge des Servers ist

$$E[Q] = \sum_{i=1}^{N} (i-1) p_i. \qquad (A2.13)$$

Numerisches Beispiel für $T_B = 10s$ und $T_D = 30s$ also $T_B/T_D = 0,33$ und $N = 3$ (vgl. A2.9). Die Tabelle A2.1 zeigt die resultierenden Zustandswahrscheinlichkeiten und die Werte für die Serverauslastung, die mittlere Wartezeit und die mittlere Warteschlangenlänge.

Tabelle A2.1 Zustandswahrscheinlichkeiten:

$p_0 = 0,346$	$p_1 = 0,346$	$p_2 = 0,231$	$p_3 = 0,077$
$U_s = 65,4\%$	$E[T_W] = 5,9$ sec	$E[Q] = 0,385$	

Bild A2.4 zeigt eine Erweiterung des Central-Server-Modells unter Einbeziehung eines Filesystems. Über einen DMA-Controller werden Aufträge entgegengenommen. Die CPU bearbeitet sie und gibt das Ergebnis an die Peripherie, die aus einem Platten-Array und einem Terminalprozessor besteht, weiter. Auch dieses Modell besitzt bei entsprechenden Bedienstrategien eine Produktformlösung.

Sanfter Leistungsabfall

Im nächsten Beispiel betrachten wir wieder einen MIMD-Parallelrechner mit N Prozessoren. Uns interessiert nun, welche Beschleunigung man erwarten kann, falls - anders als in Kapitel 8.3 - der Parallelrechner erst dann repariert wird, wenn alle Prozessoren ausgefallen sind. Wir setzen jetzt auch keinen konstanten Parallelisierungsgrad der Anwendungen voraus, sondern überlegen uns, wie sich die Anwendung (Last) möglichst optimal auf die Prozessoren des Parallelsystems aufteilen läßt. Der Parallelrechner sei mit einem Hostrechner verbunden; Host und Verbindungsbus seien zuverlässig.

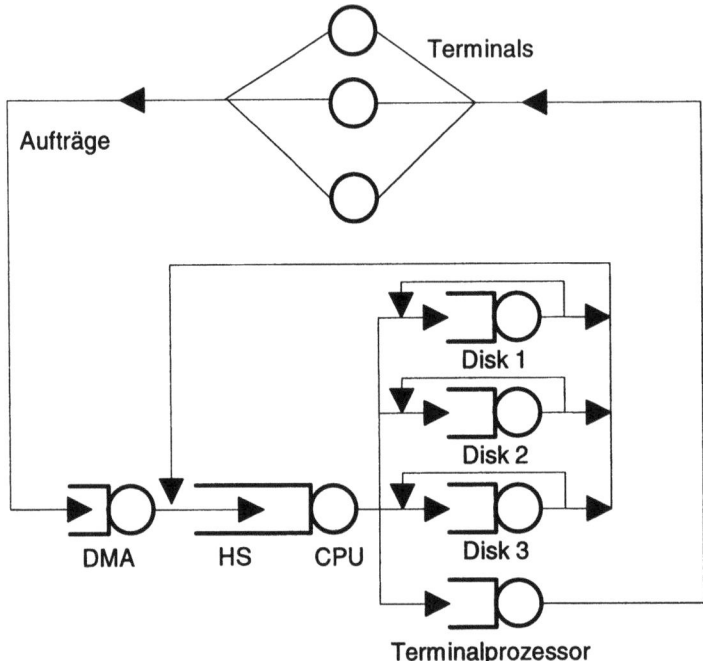

Bild A2.4 Erweitertes Central-Server-Modell

Wir modellieren das Gesamtsystem als M/M/1/∞/FiFo-Wartesystem. Die mittlere Joblänge sei J (Programmlänge in Bytes), wobei Jobs mit einer mittleren Rate α erzeugt werden. Jeder Job wird zuerst dem Host übergeben, der ihn auf die verfügbaren Prozessoren des Parallelrechners aufteilt. Einige Prozessoren können ausgefallen sein (Ausfallrate λ). Wieviele ausgefallen sind, ermittelt der Hostrechner durch Diagnose, bevor er einen Job auf den Parallelrechner lädt. Es bleibt die Möglichkeit, bestehen, daß ein Job nicht korrekt ausgeführt wird und deshalb wiederholt werden muß, wenn während der Bearbeitungszeit Prozessoren ausfallen. Die Diagnose durch den Host soll dies sicherstellen (Zeitredundanz). Die mittlere Antwortzeit T_A des Systems im eingeschwungenen Zustand ist (vgl. A2.2):

$$T_A = \frac{1}{\alpha}\mathrm{E}[F] = \frac{1}{\frac{1}{S}-\alpha}, \quad (A2.14)$$

mit $S = \gamma^{-1}$ der mittleren Bedienzeit des Gesamtsystems.

A2.2 Zustandsraummethode

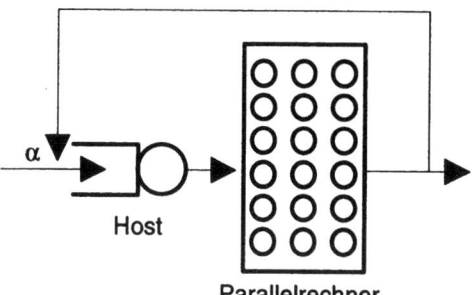

Bild A2.5 Gesamtsystem

Die mittlere Füllung E[F] ist nämlich eine Funktion der mittleren Bedienrate γ des Systems. Es sei $\alpha < \gamma$. Für die stationäre Zustandsverteilung π_i, mit i dem Füllwert des Wartesystems, erhalten wir das Gleichungssystem:

$$\alpha \pi_0 = \gamma \pi_1,$$
$$(\alpha + \gamma)\pi_i = \alpha \pi_{i-1} + \gamma \pi_{i+1}$$

mit $\sum_i \pi_i = 1$.

und $E[F] = \sum_i i\pi_i$. Daraus erhält man $\pi_i = \left(\dfrac{\alpha}{\gamma}\right)^i \cdot \pi_0$ und $E[F] = \dfrac{\alpha S}{1 - \alpha S}$.

Die mittlere Bedienzeit des Systems ist die Summe aus der Fehlerdiagnoseczeit D, der mittleren Ladezeit L und der mittleren Bearbeitungszeit B, also $S = D + L + B$. Die mittlere Ladezeit hängt von der mittleren Jobgröße J (in Bytes) und der Bandbreite b (Bytes/Sekunden) des Busses ab: $L = J / b$. Das Laden erfolgt sequentiell durch einen Host. Wenn m Prozessoren verfügbar sind, teilt der Host den Job auf diese auf, indem er Prozessor i einen Auftrag der Größe $J \cdot f_i^m$ (i=1,2,...,m) mit $f_1^m + f_2^m + ... + f_m^m = 1$ ($f_i^m > 0$) übergibt und zwar so, daß der Parallelrechner möglichst gut ausgelastet ist. Dies ist der Fall, wenn alle Prozessoren so früh wie möglich mit ihrer Berechnung beginnen und gleichzeitig (nach T_E Zeiteinheiten) damit fertig werden. D.h. es soll, wenn T_i die Zeitdauer bis zur Beendigung der Berechnung durch Prozessor i ist, gelten:

$$T_1 = T_2 = T_3 = ... T_m = T_E. \tag{A2.15}$$

Der Host verteilt die Last entsprechend auf die Prozessoren. (Wir nehmen der Einfachheit halber an, daß die Prozessoren, wenn überhaupt, nur gegen Ende ihrer Berechnung miteinander kommunizieren). Bild A2.6 zeigt diese Aufteilung der Last.

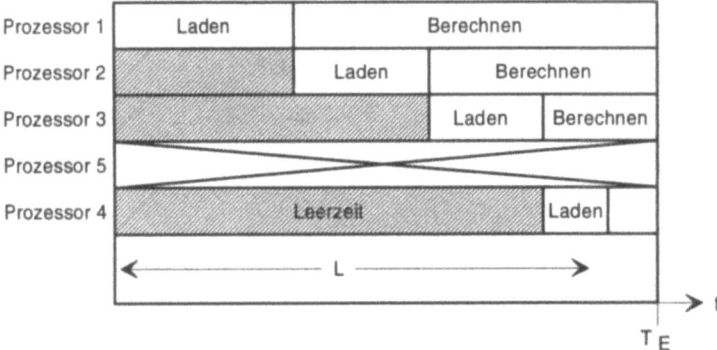

Bild A2.6 Lastverteilung

Für $m \geq 1$ hat der m-te Prozessor nach dem Ladevorgang zum Abschluß noch einen Auftrag der Größe $f_m^m J$ zu berechnen. Dazu benötigt er die Zeit $\hat{T}_m = f_m^m \frac{J}{c}$, wenn c die Prozessorgeschwindigkeit ist. Es ist $f_m^m = d/((1+d)^m + 1)$ mit $d = c/b$ (s. A2.17).

Ist der Parallelrechner ausgefallen, wird er zunächst repariert. Die mittlere Reparaturdauer sei R. Dann aber stehen wieder alle N Prozessoren zur Verfügung. Insgesamt ergibt sich mit den Wahrscheinlichkeiten $p_{N-m}(N)$, daß im stationären Zustand genau m Prozessoren intakt sind, für die mittlere Bedienzeit der Ausdruck:

$$S = D + \frac{J}{b} + \sum_{i=1}^{N} \hat{T}_i \cdot p_{N-i}(N) + (R + \hat{T}_N) p_N(N) . \qquad (A2.16)$$

Nun sind noch die Wahrscheinlichkeiten $p_{N-m}(N)$ zu bestimmen. Das folgende Zustandsdiagramm (Bild A2.7) beschreibt die Zustandsübergänge des Parallelrechners ($\mu = R^{-1}$ ist die Reparaturrate). Im Zustand j sind j Prozessoren defekt.

A2.2 Zustandsraummethode

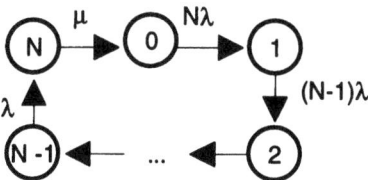

Bild A2.7 Zustandsübergänge des Parallelrechners

Für die stationäre Zustandsverteilung gilt also:

$$N\lambda\, p_0(N) = \mu\, p_N(N)$$
$$i\lambda\, p_{N-i}(N) = (i+1)\lambda\, p_{N-i-1}(N), \quad i = N-1,\ldots,1$$
$$\mu\, p_N(N) = \lambda\, p_{N-1}(N)$$

mit $\sum_{i=0}^{N} p_i(N) = 1$

Mit $\sigma = \mu/\lambda$ ist:

$$p_{N-i}(N) = \frac{1}{i}\sigma \cdot p_N(N) \quad, i < N, \quad \text{und}$$

$$p_N(N) = \left[1 + \sigma \sum_{i=1}^{N}\frac{1}{i}\right]^{-1}.$$

Numerisches Beispiel: Es seien $N = 3$ und $\mu = \delta/N$, d.h. die mittlere Reparaturzeit wachse linear mit der Anzahl der zu reparierenden Prozessoren. Für $D = 60$ sec, $J/c = 600$ sec, $\sigma = 1000$, $d = 0{,}1$ und $1/\delta = 1200$ sec erhält man für die mittlere Bedienzeit des Parallelrechners $S = 470$ sec. Für einen Monorechner ist $\mu = \delta$ und im stationären Zustand ist der mittlere Anteil Q seiner Ausfallzeiten $1/\delta$ gleich (vgl. A2.30): $Q = (1/\delta)(1 - A) = \dfrac{\lambda}{\delta \cdot (\lambda + \delta)}$. Vergleicht man nun S mit der Ausführungszeit des Monorechners, also mit

$$S1 = D + L + J/c + Q = 720{,}4 \text{ sec},$$

so erhält man für die Beschleunigung als Verhältnis der Bedienzeiten den Wert 1.53. Vergleicht man dagegen die eigentlich interessierenden Größen, nämlich die Antwortzeiten, wenn man für die Ankunftsrate beispielsweise $\alpha = 0{,}001$ (Jobs pro Sekunde) annimmt, so erhält man als Verhältnis den Wert 2,9. Die Verzögerung der

Bedienung durch Ausfälle des Monorechners erhöht die Wartezeiten überproportional. Die Antwortzeit des Parallelrechners beträgt $T_A = 887$ sec und damit ergibt sich eine mittlere Wartezeit von 417 sec. Die Antwortzeit des Monorechners beträgt 2577 sec und die mittlere Wartezeit 1856 sec.

Beschleunigungen für N = 3

Bedienzeit	Wartezeit	Antwortzeit
1.59	4.45	2.90

Herleitung von $f_m{}^m$: Es ist (vgl. Bild A2.6)

$$T_i = \left(f_1^m + f_2^m + \ldots + f_i^m\right) \cdot \frac{J}{b} + f_i^m \cdot \frac{J}{c}$$

mit c der Prozessorgeschwindigkeit; d.h. ein Auftrag der Länge l benötigt zu seiner Berechnung l/c Zeiteinheiten. Bedingung (A2.15) liefert nun:

$$f_i^m = f_{i+1}^m \left(1 + \frac{c}{b}\right) \quad i = 1, \ldots, m-1, \quad \sum_{i=1}^{m} f_i^m = 1 .$$

Also

$$f_m^m \cdot \sum_{j=0}^{m-1} \left(1 + \frac{c}{b}\right)^j = 1 .$$

Daraus ergibt sich

$$f_m^m = \left[\left(\frac{b}{c}\right) \cdot \left(\left(1 + \frac{c}{b}\right)^m - 1\right)\right]^{-1} = \frac{b^{m-1} \cdot c}{(b+c)^m - b^m} = \frac{d}{(1+d)^m + 1}$$

(A2.17)

mit $d = c/b$.

Beschleunigung

Wir wollen nocheinmal den Parallelrechner betrachten, setzen jetzt aber voraus, daß die Anwendungen einen konstanten Parallelisierungsgrad P besitzen und, daß die Prozessoren des Parallelrechners einzeln repariert werden. (Herleitung des Speed Up aus Kapitel 8.3).

A2.2 Zustandsraummethode

Mit s sei der sequentielle, mit p der parallelisierbare Anteil an den Laufzeiten bezeichnet und $\pi = 1 - f$ sei der relative parallelisierbare Anteil von $T(1)$; ferner sei $p_{N-m}(N)$ wieder die Wahrscheinlichkeit, daß im eingeschwungenen Zustand von N Prozessoren genau m intakt sind. Durch Ausfälle des Gesamtsystems und die Dauer der Wiederherstellung verlängert sich die Laufzeit auf dem fehleranfälligen System gegenüber der Laufzeit auf einem idealen fehlerfreien System. Da nur derjenige Zeitanteil von T_s^F zur (nützlichen) seriellen Ausführungszeit beiträgt, zu dem wenigstens ein Prozessor intakt ist, gilt also mit $A_N = 1 - p_N(N)$ ($m = 0$) die Beziehung: $T_s(1) = T_s^F(N) \times A_N$. Entsprechend gilt:

$$T_p(1) = T_p^F(N) \cdot \times p(P,N)$$

mit $p(P,N) = \sum_{i=1}^{N} \min(i,P) p_{N-i}(N)$ dem effektiven Parallelisierungsgrad.

Für $D(N)$ erhalten wir:

$$D(N)^{-1} = \frac{T^F(N)}{T(1)} = \frac{T_s(1)}{T(1)} \cdot \frac{T_s^F(N)}{T_s(1)} + \frac{T_p(1)}{T(1)} \cdot \frac{T_p^F(N)}{T_p(1)}.$$

Also: $D(N)^{-1} = \dfrac{1-\pi}{1-p_N(N)} + \dfrac{\pi}{p(P,N)}$.

Da auch $T(1) = T^F(1) \times A_1$ gilt, ergibt sich nun für den Speed Up:

$$S_{N,P}^F = \frac{T^F(1)}{T(1)} \cdot \frac{T(1)}{T^F(N)} = \frac{D(N)}{A_1} = \frac{p(P,N)}{(1-\pi) \cdot p(P,N) + \pi \cdot A_N} \times \frac{A_N}{A_1}$$

(A2.18)

$A_1 = p_0(1) > 0$ ist die Verfügbarkeit des Monorechners. Die Wahrscheinlichkeiten $p_i(N)$ können wir mit dem Central-Server-Modell bestimmen, d.h. wir können Ausdruck A2.12 verwenden. Der Server spielt dabei die Rolle einer Reparaturstation für Prozessoren. An die Stelle der Arbeitsplatzrechner treten die Prozessoren des Parallelrechners. Also ist in A2.13 T_d durch $1/\lambda$ und T_S durch $1/\mu$ zu ersetzen. Ausdruck A2.18 enthält dann Architekturparameter (N), Lastparameter (P und π) und Verläßlichkeitsparameter (λ und μ) des Parallelrechners.

Fehlertoleranz in Form von Redundanz kann also zur erzielbaren Beschleunigung beitragen - falls man mit Ausfällen rechnen muß. Tabelle A2.2 zeigt einige numerische Beispiele für $P = 2$ und $\rho = \lambda/\mu = 0,1$. Selbst für $\pi = 0$ ergibt sich eine, wenn auch geringfügige Beschleunigung und für $\pi = 0,5$ ist ein realer Duplexrechner immer noch um einiges schneller als der ideale Monorechner.

Tabelle A2.2

$S_N{}^F$

π	$N = 3$	$N = 2$
1	2,143	1,984
½	1,474	1,400
0	1,095	1,082

$D(N)$

π	$N = 3$	$N = 2$
1	1,948	1,803
½	1,340	1,272
0	0,995	0,984

A2.3 Zuverlässigkeitsbewertung

Sowohl zuverlässigkeits- als auch unternehmenskritische Anwendungen erfordern spezielle Maßnahmen, um die erforderliche Verläßlichkeit des Rechners sicherzustellen. Zuverlässigkeitskritische Anwendungsbereiche sind z.B. die Verkehrsüberwachung, die Flugzeugsteuerung oder die Energieerzeugung. Dafür muß die ununterbrochene Funktionstüchtigkeit während des Einsatzes des Rechners, d.h. eine hohe Zuverlässigkeit, gewährleistet sein.

„One way to define reliabilty requirements for these systems and to distinguish them from other fault-tolerant applications is to measure them in terms of a maximum acceptable probability of failure. Because of the total dependence of the application on the correct operation of the system, the acceptable probability of failure of the computer is very small, typically in the range of 10^{-5} to 10^{-10}, depending on the consequences of the failure. Safety-critical applications are the most demanding. Commercial transport fly-by-wire, such as the Airbus A-320, require a 10^{-10} probability of failure per flight hour. ... Because of the extremely low failure rate required of these systems, life-time testing for the purposes of certification is out of the question. Although empirical data collected on test articles in the laboratory and/or flight systems can be used as part of the validation process, the primary means is a hierarchy of analytical models, simulations, and proofs that would satisfy any determined inquisitor that a system can perform its intended function correctly under all expected conditions". [Suri95, Seite 7/8]

Für unternehmenskritische Anwendungen ist dagegen eine hohe Verfügbarkeit wichtig. Dies gilt z.B. für Reservierungs-, Buchungs- oder Message-Systeme, die vielen Tausenden von Teilnehmern rund um die Uhr bestimmte Dienste anbieten.

Zuverlässigkeit und Verfügbarkeit sind neben Sicherheit und Datenschutz Attribute der Verläßlichkeit und Grundlage für das „Vertrauen, das man berechtigterweise in die angebotene Dienstleistung setzen kann". Vertrauen ist sicherlich nur dann gerechtfertigt, wenn eventuelle Fehler des Rechners beachtet werden. Man unterscheidet zwischen temporären, intermittierenden und transienten Fehlern. Transiente Fehler entstehen durch momentane Umwelteinflüsse. Intermittierende Fehler treten nur unter bestimmten Verhältnissen, z.B. bei Hochlast, auf und sind in der Regel nicht reproduzierbar. Fehlertoleranzmaßnahmen können verhindern, daß derartige Fehler zum Systemausfall führen. Zu diesen Maßnahmen zählen die Fehlerdiagnose und die Fehlerbehandlung. Die Fehlerdiagnose besteht im Erkennen eines Fehlzustandes durch Testen oder Überwachen und im Lokalisieren der Fehlerursache. Die Fehlerbehandlung kann in der Fehlerkompensation, der Fehlerausgrenzung oder in der Fehlerbehebung bestehen. Maskieren von Fehlern, etwa durch TMR (Kapitel 5.5.2), ist ein Beispiel für Fehlerkompensation. Fehlerausgrenzung heißt, daß die fchlcrhaftc Komponente isoliert, und Fehlerbehebung, daß die Fehlerursache beseitigt wird. Zusätzliche Verfahren sind die Fehlereingrenzung und die Fehlervorhersage. Besonders wichtig ist die Fehlereingrenzung, also Maßnahmen, die verhindern, daß sich Fehlzustände im System ausbreiten, was u.a. die Fehlerdiagnosemöglichkeit stark einschränken würde.

In diesem Kapitel soll gezeigt werden, wie mit denselben Modellierungsmethoden, wie wir sie für die Leistungsbewertung kennengelernt haben, auch eine Zuverlässigkeitsbewertung möglich ist [DalC79].

Eine Mittelwertanalyse

Bevor wir das Duplexsystem untersuchen, wollen wir ein fehlertolerantes Massenspeichersystem betrachten und zwar ein RAID-System (Bild 6.36) mit $N + G$ Laufwerken, eingeteilt in G Gruppen.

$MTTF$ sei die mittlere Intaktzeit eines Plattenlaufwerkes, $MTTF_{Gruppe}$ diejenige einer Gruppe von Laufwerken und p die Wahrscheinlichkeit, daß innerhalb einer Gruppe mit einem redundanten Laufwerk ein zweites ausfällt, bevor das erste repariert ist. Wir nehmen an, daß der Platten-Controller zuverlässig ist, und Ausfälle der Laufwerke voneinander unabhängig sind und mit konstanten Raten auftreten. Die Reparaturrate sei ebenfalls konstant. Es ist dann (Seriensystem):

$$MTTDL = \frac{MTTF_{Gruppe}}{G} \qquad (A2.19)$$

die mittlere Zeitspanne bis zum Ausfall einer der G Gruppen. $MTTF_{Gruppe}$ ist der Erwartungswert der Zeitspanne bis zum Ausfall eines zweiten Laufwerks, unter der Bedingung, daß der erste Ausfall noch nicht behoben ist. Also ist $MTTF_{Gruppe}$ die mittlere Anzahl von Intaktzeiten bis zum (endgültigen) Ausfall dieser Gruppe:

$$MTTF_{Gruppe} = \sum_{i=0}^{\infty} \left[(i+1) \frac{MTTF}{g+1} \right] \times p(1-p)^i = \frac{MTTF}{(g+1)p} \qquad (A2.20)$$

mit $g = N/G$. Jede Gruppe enthält nämlich $g+1$ Laufwerke; somit ist $\frac{MTTF}{g+1}$ die mittlere Zeit bis zum erstenmal ein Laufwerk ausfällt; $p(1-p)^i$ ist die Wahrscheinlichkeit, daß die Gruppe genau $i+1$ mittlere Intaktzeiten übersteht. $MTTR$ sei nun die mittlere Reparaturzeit eines Laufwerks. Da die Reparaturzeit laut Annahme exponentiell verteilt ist und unter der Voraussetzung, daß die Ausfälle und Reparaturen unabhängig sind, gilt

$$p = P\{\text{Zeit bis zum zweiten Ausfall} \leq MTTR | \text{erster Ausfall}\}$$
$$= P\{\text{Zeit bis zum zweiten Ausfall} \leq MTTR\}$$
$$= 1 - \exp\left\{-\frac{g}{MTTF} \times MTTR\right\} \cong \frac{g \times MTTR}{MTTF},$$

$g/MTTF$ ist die Ausfallrate der Restgruppe. Insgesamt ergibt sich somit für $MTTDL$ näherungsweise der Ausdruck (Kapitel 6.6):

$$MTTDL \cong \frac{MTTF}{N+G} \times \frac{MTTF}{\frac{N}{G} \times MTTR} \qquad (A2.21)$$

Statische Redundanz

Zuverlässigkeitsnetze bieten eine Möglichkeit, die statische Redundanzstruktur fehlertoleranter Rechnerarchitekturen zu modellieren und deren Zuverlässigkeit zu berechnen. Es sei E eine Einheit eines Rechners. Der Funktionszustand von E zur Zeit t wird durch eine Boolesche Variable $X_E(t)$ beschrieben (Indikatorvariable). Ihr Wert hat folgende Bedeutung:

$$X_E(t) = \begin{matrix} 1 \\ 0 \end{matrix} \quad E \text{ ist zur Zeit } t \quad \begin{matrix} \text{intakt} \\ \text{defekt} \end{matrix}$$

Das System bestehe aus r Einheiten E_i ($i=1,2,...,r$), die zum Teil redundant sind. Der Funktionszustand $Z(t)$ des Gesamtsystems ist dann eine Funktion der Indikatorvariablen dieser Einheiten. Es wird also angenommen, daß die zeitliche Reihenfolge der Ausfälle keine Rolle spielt. $Z(t)$ ist für festes t somit eine Schaltfunktion. Das entsprechende Schaltnetz heißt ZUVERLÄSSIGKEITSNETZ des Gesamtsystems. In den folgenden Darstellungen von Zuverlässigkeitsnetzen ist ein Schalter offen, wenn Einheit E_i defekt, und geschlossen, wenn sie intakt ist. $Z(t)$ ist also genau dann 1, wenn es eine nichtunterbrochene Verbindung vom Eingangs- zum Ausgangspunkt gibt. Mit + sei das logische ODER, mit • das logische UND bezeichnet

1. Beispiel: TMR-Rechnersystem (Bild A2.8)

X_i ist der Funktionszustand des i-ten Rechners, X_V der der votierenden Einheit des Systems.

$$Z(t) = \bigl(X_1(t) \cdot X_2(t) + X_1(t) \cdot X_3(t) + X_2(t) \cdot X_3(t)\bigr) \cdot X_V(t)$$

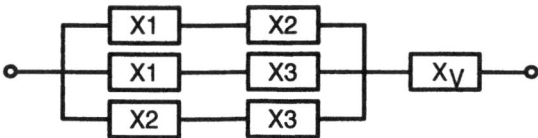

Bild A2.8 TMR

2. Beispiel: Fehlertolerantes Rechnersystem mit 3 Reserverechnern (Bild A2.9)

$$Z(t) = \bigl(X_1(t) + X_2(t) + X_3(t)\bigr) \cdot X_0(t);$$

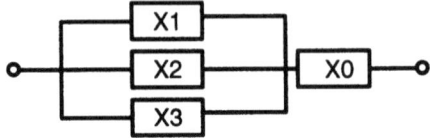

Bild A2.9 Reserve

X0 ist der Funktionszustand derjenigen Einheit, die die Ergebnisse eines der Rechner überwacht (z.B. eines Watchdog-Prozessors) und gegebenenfalls auf einen Reserverechner umschaltet.

L sei die Funktionsdauer (Lebensdauer) des Gesamtsystems. Dessen Zuverlässigkeit R(t), d.h. die Wahrscheinlichkeit, daß das System bis zum Zeitpunkt t ununterbrochen fehlerfrei arbeitet, ist - wenn keine Reparaturen erfolgen:

$$R(t) = P\{L > t\} = P\{Z(t) = 1\} \qquad (A2.22)$$

Die Zuverlässigkeit des Gesamtsystems ist also eine Funktion der Zuverlässigkeiten der Systemkomponenten, die durch das Zuverlässigkeitsnetz bestimmt ist. Sie ist aus dem Funktionszustand einfach berechenbar, wenn die stochastische Unabhängigkeit der Komponentenausfälle vorausgesetzt werden kann. Zuvor aber muß dieser Funktionszustand in einen geeigneten, äquivalenten Booleschen Ausdruck umgeformt werden, der nur disjunkte Ausfallereignisse darstellt (vollständige Normalform).

3. Beispiel: Zuverlässigkeit des Duplexsystems. Bei Annahme, daß keine Reparatur erfolgt und stochastische Unabhängigkeit der Komponentenausfälle vorliegt, läßt sich die Zuverlässigkeit wie folgt bestimmen. Der Funktionszustand des Gesamtsystems ist:

$$Z(t) = \left(X_1(t) + X_2(t)\right) \cdot X_0(t)$$

und nach Umformung für die Berechnung der Zuverlässigkeit erhält man:

$$Z(t) = \left[X_1(t) \cdot X_2(t) + \overline{X}_1(t) \cdot X_2(t) + X_1(t) \cdot \overline{X}_2(t)\right] \cdot X_0(t)$$

Damit ergibt sich:

A2.3 Zuverlässigkeitsbewertung

$$R(t) = P\{Z(t) = 1\} =$$
$$\left[P\{X_1(t) \cdot X_2(t) = 1\} + P\{\overline{X}_1(t) \cdot X_2(t) = 1\} + P\{X_1(t) \cdot \overline{X}_2(t) = 1\}\right]$$
$$\cdot P\{X_0(t) = 1\}$$
$$= \left[R_1(t) \cdot R_2(t) + (1 - R_1(t)) \cdot R_2(t) + R_1(t) \cdot (1 - R_2(t))\right] \cdot R_0(t)$$
$$= \left[2R_K(t) - R_K(t)^2\right] \cdot R_0(t)$$

falls $R_1 = R_2 = R_K$ ist. (A2.23)

Es bleibt also, die Zuverlässigkeiten der Systemkomponenten zu bestimmen. Sie sind eine Funktion der Ausfallrate der Komponenten. Eine einfache Beziehung zwischen Zuverlässigkeit und Ausfallrate besteht dann, wenn die Ausfallrate zeitlich konstant ist. Es sei jetzt L die Funktionsdauer einer Komponenten K. Die Verteilungsfunktion von L ist die Ausfallwahrscheinlichkeit:

$$F(t) = P\{L \leq t\} .$$ (A2.24)

Die Zuverlässigkeit ist somit:

$$R(t) = P\{L > t\} = 1 - F(t) ,$$

mit der Dichtefunktion (vorausgesetzt $F(t)$ ist stetig und differenzierbar)

$$f(t) = \frac{dF(t)}{dt} = -\frac{dR(t)}{dt} = \frac{P\{t < L \leq t + dt\}}{dt} .$$ (A2.25)

Die Ausfallrate (hazard rate) der Komponente ist definiert als:

$$\lambda = \frac{f(t)}{R(t)} = -\frac{R'(t)}{R(t)} = \frac{P(L \leq t + dt | L > t)}{dt} .$$ (A2.26)

$\lambda(t)dt$ ist also die (bedingte) Wahrscheinlichkeit, daß die Komponente zum Zeitpunkt t ausfällt unter der Bedingung, sie war bis zum Zeitpunkt t intakt. Es besteht somit zwischen $R(t)$ und $\lambda(t)$ die Beziehung (da $R(0) = 1$):

$$R(t) = e^{-\int_0^t \lambda(\tau) d\tau} .$$ (A2.27)

Ein System altert, wenn $\lambda(t)$ mit t größer wird. Die mittlere Funktions-(Lebens-)-dauer der Komponente ist nun ($R(\infty) = 0$):

$$E[L] = \int_0^\infty tf(t)dt = \int_0^\infty R(t)dt = MTTF \qquad (A2.28)$$

(MTTF Mean Time To Failure).

Bild A2.10 zeigt den typischen Verlauf von λ(t) für elektronische Bauteile.

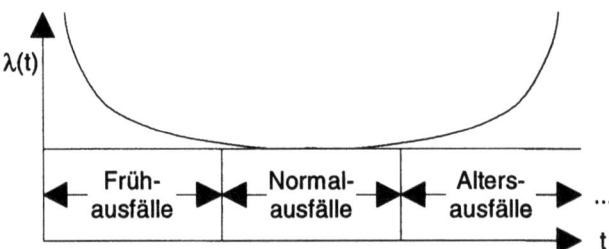

Bild A2.10 Badewannenkurve

Spezialfall: Normalausfälle, d.h. λ = const. Für Normalausfälle ergibt sich die Exponentialverteilung:

$$R(t) = e^{-\lambda t} \qquad F(t) = 1 - e^{-\lambda t}$$
$$MTTF = 1/\lambda, \qquad f(t) = \lambda e^{-\lambda t}.$$

In den folgenden Beispielen werden immer Normalausfälle und stochastische Unabhängigkeit der Komponentenausfälle angenommen.

4. Beispiel: Seriensystem. Ein Seriensystem besteht aus Komponenten, von denen jede zuverlässigkeitskritisch ist, d.h. ihr Ausfall führt zum Ausfall des Gesamtsystems. Sein Funktionszustand bei N Komponenten ist:

$$Z_S(t) = X_1(t) \cdot X_2(t) \cdot \ldots \cdot X_N(t).$$

Somit ist für konstante Ausfallraten λ_i und stochastischer Unabhängigkeit der Ausfälle die Zuverlässigkeit gleich:

$$R_S(t) = e^{-\lambda_1 t} \cdot e^{-\lambda_i t} \cdot \ldots \cdot e^{-\lambda_r t} = e^{-\sum_{i=1}^{N} \lambda_i \cdot t}.$$

A2.3 Zuverlässigkeitsbewertung

Ein Seriensystem altert also nicht. Wenn alle Ausfallraten gleich sind (S Gesamtsystem, K Komponente), ist seine mittlere Funktionsdauer:

$$MTTF_S = \frac{1}{\sum_{i=1}^{N} \lambda_i} = \frac{1}{N\lambda} = \frac{MTTF_K}{N},$$

5. Beispiel: TMR: Bei gleichen Ausfallraten λ_K der Komponenten erhalten wir für das TMR-System:

$$R_{TMR}(t) = P\{X_1 \cdot X_2 \cdot \overline{X}_3 + X_1 \cdot \overline{X}_2 \cdot X_3 + \overline{X}_1 \cdot X_2 \cdot X_3 + X_1 \cdot X_2 \cdot X_3 = 1\}$$
$$\cdot P\{X_V = 1\}$$
$$= \left(3R_K(t)^2(1-R_K(t)) + R_K(t)^3\right) \cdot R_V(t)$$
$$= \left(3e^{-2\lambda_K t} - 2e^{-3\lambda_K t}\right)e^{-\lambda_V t}.$$

6. Beispiel: Rechnersystem mit zwei Reserverechnern:

$$R_{SPR}(t) = P\{X_S = 1\} \cdot \left(1 - P\{\overline{X}_1 \cdot \overline{X}_2 \cdot \overline{X}_3 = 1\}\right) = e^{-\lambda_S t}\left(1 - \left(1 - e^{-\lambda_K t}\right)^3\right)$$

Es sei $\lambda_V = 0$ angenommen, dann gilt für die mittlere Funktionsdauer eines TMR-Systems:

$$MTTF_{TMR} = \int_0^\infty R_{TMR}(t)dt = 5/6\lambda_K$$

Also: $MTTF_{TMR} < MTTF_K = 1/\lambda_K$

Ein TMR-System hat zwar für Zeiten kleiner $ln2/\lambda_K$ eine größere Zuverlässigkeit als die einzelne Komponente - jedoch eine geringere mittlere Funktionsdauer.

Mit $\lambda_S = 0$ ergibt sich dagegen für das System mit Reserve: $MTTF_{SPR} = 11/6\lambda_K$.

Dynamische Redundanz

Als Beispiel für dynamische Redundanz und die Zustandsraummethode sei ein Duplexsystem aus zwei Mikrocomputern A und B betrachtet. Bei einer Unregelmäßigkeit, initiiert eine Überwachungseinheit in A und B Selbsttests und veranlaßt dann gegebenenfalls, daß der nicht ausgefallene Rechner die Aufgabe des anderen mit übernimmt, solange bis dieser repariert oder ersetzt ist. Das Duplexsystem fällt also erst aus, wenn beide Mikrocomputer ausfallen - vorausgesetzt die Überwachungseinheit ist zuverlässig, was wir im folgenden annehmen.

Als erstes ermitteln wir die Verfügbarkeit des einzelnen Mikrocomputers, wenn er sich jederzeit ersetzen läßt. Danach wollen wir die Zuverlässigkeit und die (stationäre) Verfügbarkeit des Duplexsystems bestimmen.

Der Mikrocomputer (MC) besitzt die zwei Funktionszustände „intakt" und „defekt" (Bild A2.11).

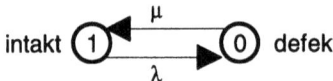

λ Ausfall-, μ Reparaturrate

Bild A2.11 Zustände

Die Zustandswahrscheinlichkeiten sind:

$p_1(t) = P\{\text{MC zur Zeit t intakt}\}$ und $p_0(t) = P\{\text{MC zur Zeit t defekt}\}$

Die Intakt- und Reparaturzeiten seien exponentiell verteilte Zufallsvariable. Dann ist die Zuverlässigkeit eines Mikrocomputers gleich

$$R_{MC}(t) = P\{I > t\} = e^{-\lambda t} \quad (I \text{ Intaktzeit}).$$

Die Chapman-Kolmogoroff-Differentialgleichungen lauten nun:

$$\frac{d}{dt} p_0(t) = -\mu p_0(t) + \lambda p_1(t) \quad \text{mit } p_0(t) + p_1(t) = 1.$$

Lösung:

$$A(t) = p_1(t) = \frac{\mu}{\lambda+\mu} - \left(p_0(0) - \frac{\lambda}{\lambda+\mu}\right) \cdot e^{-(\lambda+\mu)t}.$$

Mit $A(0) = 1$ folgt:

$$A(t) = \frac{\mu}{\lambda+\mu} + \left(\frac{\lambda}{\lambda+\mu}\right) \cdot e^{-(\lambda+\mu)t}. \tag{A2.29}$$

A2.3 Zuverlässigkeitsbewertung

Die stationäre Verfügbarkeit des einzelnen Mikrocomputers ist gleich dem Verfügbarkeitsfaktor:

$$A_{MC} = \lim_{t=\infty} A(t) = \frac{\mu}{\lambda+\mu} = \frac{E[I]}{E[I]+E[R]} \quad . \tag{A2.30}$$

Mit $\mu = 10$ und $\lambda = 1$ erhält man beispielsweise $A_{MC} = 0{,}9090$ (Verfügbarkeitsklasse 1; diese ist gleich der Anzahl der 9 in Folge nach dem Komma.).

Das Zustandsdiagramm aus Bild A2.12 modelliert nun den Duplexrechner; λ_A (bzw. λ_B) ist die Ausfallrate für Rechner A (bzw. Rechner B), τ ist die Selbsttestrate, μ^* die Rate für Ersetzen eines defekten Rechners und μ die Reparaturrate des Systems, wenn beide Rechner ausgefallen sind. Im Zustand 0 sind beide Rechner intakt, in den Zuständen 1A und 1B ist einer von beiden ausgefallen, im Zustand 2 ist das System ausgefallen. In den Zuständen 3 und 3^* wird getestet. Während eines Tests kann auch der zweite Mikrocomputer ausfallen. Die Zustandsaufenthaltswahrscheinlichkeiten bezeichnen wir wieder mit $p_i(t)$.

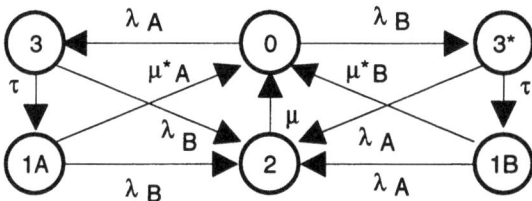

Bild A2.12

Falls die Rechner gleiche Ausfall-, Reparatur und Wiederanlaufraten (λ, μ bzw. μ^*) haben, vereinfacht sich das Zustandsdiagramm (Bild A2.13):

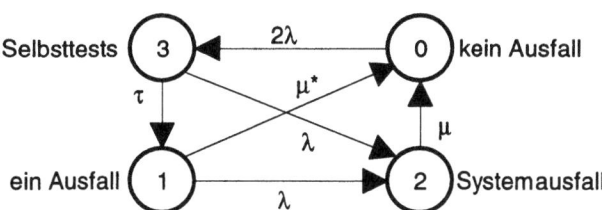

Bild A2.13

Um die Zuverlässigkeit $R(t)$ des Systems zu bestimmen, setzen wir $\mu = \mu^* = 0$. Wir betrachten also den Fall, wenn keine Reparaturen vorgenommen werden. Dann lauten die Chapman-Kolmogoroff-Gleichungen:

$$\frac{d}{dt} p_0(t) = -2\lambda \cdot p_0(t),$$
$$\frac{d}{dt} p_1(t) = -\lambda \cdot p_1(t) + \tau \cdot p_3(t)$$
$$\frac{d}{dt} p_3(t) = +2\lambda \cdot p_0(t) - (\lambda + \tau) \cdot p_3(t),$$
$$\frac{d}{dt} p_2(t) = +\lambda \cdot (p_1(t) + p_3(t)),$$

mit $p_0(0) = 1$ und $p_1(0) = p_2(0) = p_3(0) = 0$.

Lösung:

$$p_0(t) = e^{-2\lambda \cdot t},$$
$$p_1(t) = 2e^{-\lambda \cdot t}(1 - \frac{\tau}{\tau - \lambda} e^{-\lambda \cdot t} + \frac{\lambda}{\tau - \lambda} e^{-\tau \cdot t}),$$
$$p_3(t) = \frac{2\lambda}{\tau - \lambda} e^{-\lambda \cdot t}(e^{-\lambda \cdot t} - e^{-\tau \cdot t}) \quad \text{und}$$
$$p_2(t) = 1 - p_0(t) - p_1(t) - p_3(t).$$

Hinweise: Definiert man $p_1^*(t) = p_1(t) + p_3(t)$, so genügen p_0, p_1^* und p_2 den Gleichungen eines sogenannten Eins-aus-Zwei-Systems.

Die Zuverlässigkeit des Duplexsystems ist somit (vgl. A2.23):

$$R(t) = p_0(t) + p_1(t) + p_3(t) = 2e^{-\lambda \cdot t} - e^{-2\lambda \cdot t}.$$

Es ist offensichtlich, daß die Zuverlässigkeit des Systems nicht davon abhängt, wie lange es getestet wird. Seine Verfügbarkeit, wenn keine Reparaturen vorgenommen werden, d.h. $A(t) = p_0(t) + p_1(t)$, ist dagegen von der Testrate abhängig. Während des Testens ist das System ja nicht verfügbar. Die mittlere Lebensdauer des Duplexsystems ist:

$$MTTF \text{ (mean time to failure)} = E[L] = \int_0^\infty R(t)dt = \frac{3}{2\lambda}.$$

A2.3 Zuverlässigkeitsbewertung

Sie ist um 50% größer als die eines nicht redundanten Systems. Wichtiger ist jedoch der Zuverlässigkeitsgewinn $\Delta R(t) = R(t) - R_{MC}(t)$ für Zeiten $t > 1/\lambda$. Für $t = 1/\lambda$ erhält man z.B. $\Delta R(1/\lambda) = 0{,}23$.

Wir bestimmen als nächstes die Verfügbarkeit des Duplexsystems im Gleichgewicht und setzen voraus, daß ein ausgefallener Mikrocomputer immer ersetzt wird. Die stationären Zustandsgleichungen lauten dann:

$$2\lambda \cdot p_0 = \mu^* \cdot p_1 + \mu \cdot p_2$$
$$(\lambda + \mu^*) \cdot p_1 = \tau \cdot p_3$$
$$\mu \cdot p_2 = \lambda \cdot (p_1 + p_3)$$
$$(\lambda + \tau) \cdot p_3 = 2\lambda \cdot p_0$$

mit $\quad p_0 + p_1 + p_2 + p_3 = 1$.

Die stationäre Verfügbarkeit des Duplexsystems ist:

$$A = p_0 + p_1$$

$$= \frac{\lambda\mu(\lambda + 3\tau + \mu^*) + \tau\mu\mu^*}{3\lambda\left(\lambda\mu + \tau\mu + \mu\mu^* + \lambda^2\right) + 2\lambda^2(\mu^* + \tau) + \tau\mu\mu^*}$$

Bild A2.14 zeigt einen Vergleich zwischen der Zuverlässigkeit und der stationären Verfügbarkeit des Duplexrechners.

Für $\lambda = 1$, $\mu^* = 100$, $\mu = 10$ und $\tau = 1000$ ist $A = 0{,}996$ (Verfügbarkeitsklasse 2).

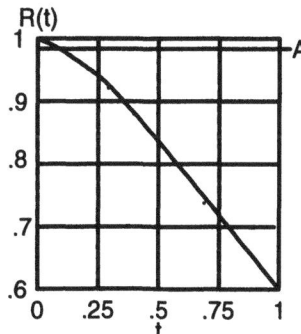

Bild A2.14 Zuverlässigkeit und Verfügbarkeit des Duplexsystems

Die Verfügbarkeitsklasse des Systems hat sich also um eins erhöht. Bei Zuverlässigkeitsbetrachtungen interessiert jedoch i.a. weniger der eingeschwungene Zustand als das transiente (zeitabhängige) Verhalten des Systems, denn der eingeschwungene Zustand beispielsweise jedes nicht beliebig oft reparierbaren Systems ist offensichtlich.

A3 Generalisierte Stochastische Petri-Netze

Petri-Netze bieten eine kompakte Möglichkeit, Rechnerarchitekturen zu modellieren, und können in ihrer verallgemeinerten Form als Generalisierte Stochastische Petri-Netze zur simulativen wie auch zur analytischen Bewertung von Leistung und Zuverlässigkeit herangezogen werden [Ajm95]. Ein Petri-Netz ist ein gerichteter Graph, der aus Stellen, Transitionen und gerichteten Kanten besteht.

A3.1 Petri-Netze

Definition: Ein PETRI-NETZ (genauer PT-Netz) besteht aus:

- einer Menge S von STELLEN (places) dargestellt durch Kreise
- einer Menge T von TRANSITIONEN (transitions) dargestellt als Balken oder Kästchen
- KANTEN (arcs) von Stellen zu Transitionen
- KANTEN (arcs) von Transitionen zu Stellen
- einer KAPAZITÄTSANGABE $K(s)$ für jede Stelle s des Netzes
- einem GEWICHT $G(s,t)$ bzw. $G(t,s)$ für jede Kante von einer Stelle s zu einer Transition t bzw. von einer Transition t zu einer Stelle s
- einer ANFANGSMARKIERUNG $M0$ für die Stellen des Netzes, dargestellt durch Marken (Punkte) in den Stellen.

Stellen *ohne* Kapazitätsangabe haben *unbegrenzte* Kapazität. Kanten *ohne* Gewichtsangabe haben Gewicht 1.

Unter MARKIERUNG eines Petri-Netzes wird ein Tupel verstanden, dessen i-te Komponente die Anzahl der Marken in der i-ten Stelle angibt. Es sei $m(s)$ die Anzahl der Marken in Stelle s. Der Zustand eines Petri-Netz-Modells ist durch seine *Markierung* geben. Eine Stelle heißt Eingangsstelle (input) einer Transition, wenn eine Kante von der Stelle zu der Transition, Ausgangsstelle (output), falls eine Kante von der Transition zur Stelle führt. Bild A3.1 zeigt ein Petri-Netz für ein einfaches Busprotokoll mit der CPU als Busmaster. Um dieses Petri-Netz Modell interpretieren zu können, muß man wissen, wann eine Transition schalten (feuern) kann. In einem PT-Netz ist unter der Markierung M eine Transition $t \in T$ aktiviert, wenn

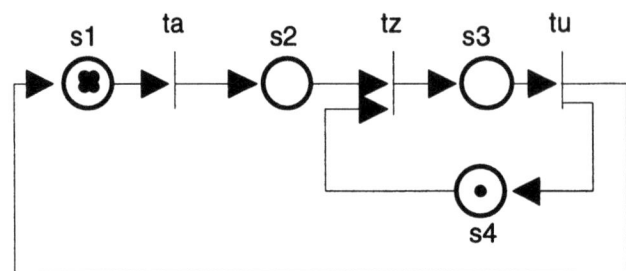

Transitionen: *ta* Bus anfordern, *tz* Bus zuteilen, *tu* Daten übertragen.
Eine Marke in s4 bedeutet „*Bus frei*",
m(s1) Anzahl der Prozessoren, die den Speicherbus nicht anfordern.
Anfangsmarkierung (4,0,0,1)

Bild A3.1 Speicherzugriffe eines Mehrprozessorsystems

1. für jede Eingangsstelle $s \in S$ gilt: Das Gewicht der Kante von s nach t ist nicht größer als die Anzahl der Marken in s, also $G(s,t) \leq m(s)$;
2. für jede Ausgangsstelle $s \in S$ gilt: Die Anzahl der Marken in s plus das Gewicht der Kante von t nach s ist nicht größer als die Kapazität von s; also $m(s) + G(t,s) \leq K(s)$, d.h. s kann noch entsprechend viele Marken aufnehmen.

Aktivierte Transitionen können schalten (feuern). Wenn Transition t schaltet, vermindert sich die Markenzahl einer Eingangsstelle s um so viele Marken, wie das Gewicht der Kante von s nach t angibt, und die Zahl der Marken einer Ausgangsstelle s erhöht sich um so viele Marken, wie das Gewicht der Kante von t nach s angibt. Der Vorgang des Feuerns einer Transition ist *atomar*, d.h. nicht unterbrechbar. Jedes Feuern einer Transition verändert die Verteilung der Marken in den Stellen und ein neuer Zustand des Petri-Netz Modells entsteht. Die Transition des Bilds A3.2 kann aus mehreren Gründen kein zweites Mal schalten: s1 enthält zu wenige Marken, s2 enthält keine Marke, die Kapazität von s4 ist erschöpft.

Von einem Konflikt spricht man, wenn durch das Schalten einer von mehreren aktivierten Transitionen die anderen wieder deaktiviert werden. Wichtig ist, daß von zwei in einem Konflikt stehenden Transitionen nur eine schalten kann.

A3.1 Petri-Netze

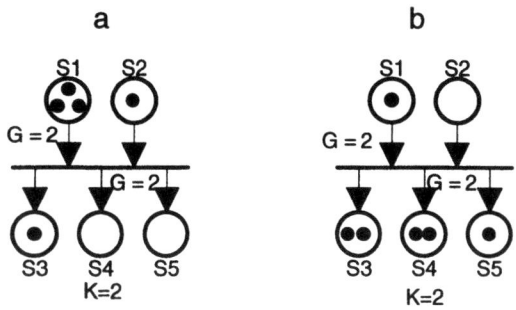

K ist eine Kapazität, G ein Gewicht

Bild A3.2 Feuern: Übergang von a nach b.

Oft werden bei der Modellierung Erweiterungen der PT-Netze benutzt, z.B. Hemmende Kanten (inhibitor arcs). Eine hemmende Kante verbindet eine Stelle mit einer Transition - graphisch repräsentiert durch eine Kante mit einem Kreis bei der Transition. Eine hemmende Kante übt auf eine Transition ihre hemmende Wirkung aus, wenn eine durch das Kantengewicht spezifizierte Anzahl von Marken in der zugeordneten Stelle überschritten ist. Eine Transition ist also nur dann aktiviert, wenn die normalen Eingangsstellen genügend viele Marken enthalten und sich nicht zu viele Marken in der Stelle befinden, die durch eine hemmende Kante mit der Transition verbunden ist. Schaltet die Transition, so ändert sich dabei nicht die Anzahl der Marken dieser Stelle. Das nächste Beispiel (Bild A3.3) enthält eine hemmende Kante. Es modelliert das Cycle-Stealing.

Der DMA-Controller fordert den Bus von der CPU an (*t*2). Die CPU beendet eventuell (Marke in Stelle S) ihren Buszyklus (*t*3) und gibt den Bus frei (*t*4). Der DMA-Controller übernimmt dann den Bus (*t*5) und gibt ihn nach Beendigung eines Buszyklus' zunächst wieder frei (*t*6). Der Bus hat hier zwei Zustände, *belegt* und *frei*. Er könnte aber ebenfalls explizit modelliert werden, wenn er z.B. mehr als zwei Zustände einnehmen kann.

Die Menge der Zustände (Markierungen), die ein Petri-Netz - ausgehend von der Anfangsmarkierung $M0$ - durch Schalten einnehmen kann, zusammen mit den Zustandsübergängen, nennt man seinen ERREICHBARKEITSGRAPH $R(M0)$.

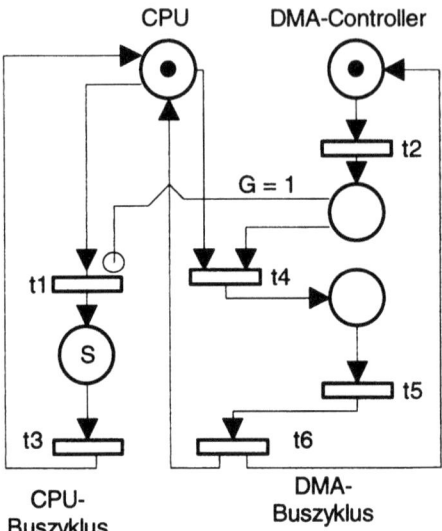

Bild A3.3 Cycle Stealing

A3.2 Stochastische Petri-Netze

Aus einem Petri-Netz gewinnt man ein STOCHASTISCHES PETRI-NETZ, wenn man für die Transitionen zufällig verteilte Schaltzeiten vorsieht (zeitbehaftete Transitionen). (Solche Transitionen werden oft durch dicke Balken dargestellt). Die Schalt- oder Verzögerungszeit einer Transition, d.h. die Zeit, die zwischen Aktivieren und Feuern der Transition verstreicht, ist dann eine (negativ) exponentiell verteilte Zufallsvariable.

Angenommen Markierung M aktiviert mehrere Transitionen, dann feuert diejenige Transition mit der (stochastisch ermittelten) kürzesten Verzögerungszeit als erste. Im neuen Zustand können die anderen Transitionen immer noch feuerbereit sein. Ihre Restverzögerungszeiten genügen den ursprünglichen Verteilungen (Gedächtnislosigkeit der Exponentialverteilung). Es läßt sich zeigen, daß ein stochastisches Petri-Netz äquivalent zu einem Markov-Prozeß ist. Der Erreichbarkeitsgraph des Stochastischen Petri-Netzes entspricht dem Zustandsübergangsgraph des Markov-Prozesses und die Schaltraten den Übergangsraten.

A3.2 Stochastische Petri-Netze

Es sei $E(M_k)$ die Menge der Transitionen, die in der Markierung M_k aktiviert (enabled) sind. Die Aufenthaltsdauer in der Markierung (Zustand) M_k ist mit der Rate

$$\lambda(M_k) = \sum_{i \in E(M_k)} \lambda_i(M_k) \tag{A3.1}$$

verteilt und die Wahrscheinlichkeit, mit der die Transition $j \in E(M_k)$ als nächstes feuert, ist

$$p_j(M_k) = \frac{\lambda_j(M_k)}{\lambda(M_k)} \quad . \tag{A3.2}$$

Beispiel: *Central-Server-Modell*: Das Wartenetz-Modell ist im Bild A1.3 wiedergegeben. Bild A3.1 zeigt ein Petri-Netz-Modell, das auch das Cental-Server-System mit vier Arbeitsplatzrechnern und einem Monoprozessor als Server modelliert. Transition *ta* schaltet mit der Rate $m(s1) \times \lambda$, wenn ein Auftrag an den Server erzeugt ist; *tu* schaltet mit der Rate $m(s3) \times \beta$, wenn der Auftrag erledigt ist. Eine Marke in *s*4 bedeutet, daß der Server frei ist. Ein eintreffender Auftrag wird dann nach kurzer Verzögerung bedient (*tz*). Dieses Modell ist skalierbar, denn es kann ein System mit beliebig vielen Arbeitsplatzrechnern und Servern beschreiben. Es ist dann $m(s1)$ die Anzahl der aktiven Arbeitsplatzrechner, $m(s2)$ Anzahl der wartenden Aufträge für die Server, $m(s3)$ Anzahl der Aufträge in Bearbeitung und $m(s4)$ die Anzahl der freien Server.

Stochastische Petri-Netz-Modelle erlauben es, analytisch oder simulativ charakteristische Leistungsgrößen von Rechnersystemen, wie Durchsatz, Auslastung oder Zuverlässigkeit, zu bestimmen. Zu den GENERALISIERTEN STOCHASTISCHEN PETRI-NETZEN (GSPN) gelangt man durch Hinzunehmen hemmender Kanten und direkter Transitionen. Direkte Transitionen werden meist durch dünne, zeitbehaftete durch dicke Balken dargestellt. Eine direkte Transition ist *zeitlos*, d.h. sie hat eine verschwindende Verzögerungszeit. Wenn eine direkte Transition aktiviert ist, schaltet sie sofort. Im folgenden Beispiel wird gezeigt, wofür sich zeitlose Transitionen verwenden lassen.

Der Zustandsraum eines GSPN enthält somit *zeitlose* Zustände (vanishing states) - diese Zustände werden sofort wieder verlassen - und *zeitbehaftete* Zustände (tangible states) mit exponentiell verteilter Aufenthaltsdauer. Konflikte zwischen aktivierten Transitionen werden folgendermaßen behoben: (1) Direkte haben Vorrang vor zeitbehafteten Transitionen. (2) Jeder direkten Transition t_j ist eine Schalthäufigkeit w_j zuzuordnen, die markierungsabhängig sein kann.

Wenn $E^*(M_k)$ die Menge der direkten Transitionen ist, die in der Markierung M_k aktiviert sind, ist die Schaltwahrscheinlichkeit für die direkte Transition t_j in der Markierung M_k gleich:

$$p_j(M_k) = \frac{w_j(M_k)}{\sum_{i \in E^*(M_k)} w_i(M_k)}$$

(A3.3)

für alle $t_j \in E^*(M_k)$

Für die analytische Auswertung von GSPNs lassen sich die zeitlosen Zustände eliminieren. Dann erhält man wieder Markov-Prozesse.

Beispiel: Bild A3.4 zeigt das Petri-Netz eines Duplexrechners mit Reparaturmöglichkeit. Es besteht aus den Rechnern A und B. Der dritte Netzteil modelliert die Überwachungseinheit. Wenn beide Rechner ausgefallen sind, fällt das System aus, d.h. Transition t_5 schaltet und eine Marke erscheint in der Stelle *System_down*. Dies ist ein zeitloser Vorgang. Die Rechner werden einzeln repariert. Sobald Stelle S nur mehr eine Marke enthält, ist das System wieder funktionsfähig und Transition t_6 schaltet. Die Stellen *System_down* und *System_Ok* zeigen den Funktionszustand des Systems an und Bild A3.4 ist das Petri-Netz-Äquivalent eines Zuverlässigkeitsnetzes. Tabelle A3.1 definiert die Zustände des Netzes und Bild A3.5a zeigt den Zustandsgraph (Erreichbarkeitsgraph). Die Zustände Z_1, Z_5 und Z_6 sind zeitlos. Wenn beide Rechner dieselbe Ausfall- und Reparaturrate haben und nachdem die zeitlosen Zustände eliminiert wurden, erhält man den Zustandsgraph aus Bild A3.5b. Daraus läßt sich unter der Annahme konstanter Raten, wie bekannt, die Verfügbarkeit des Duplexrechners bestimmen. Im stationären Zustand ist

$$\pi_1 = \frac{2\lambda}{\mu}\pi_0, \quad \pi_2 = \left(\frac{\lambda}{\mu}\right)^2 \cdot \pi_0 \quad \text{und} \quad A = 1 - \left(\frac{\lambda}{\lambda+\mu}\right)^2.$$

(Man gewinnt dieses Ergebnis natürlich auch aus A2.30 und A2.23 durch Ersetzen von A_{MC} durch $R_K(t)$ und mit $R_0(t) = 1$.)

A3.2 Stochastische Petri-Netze

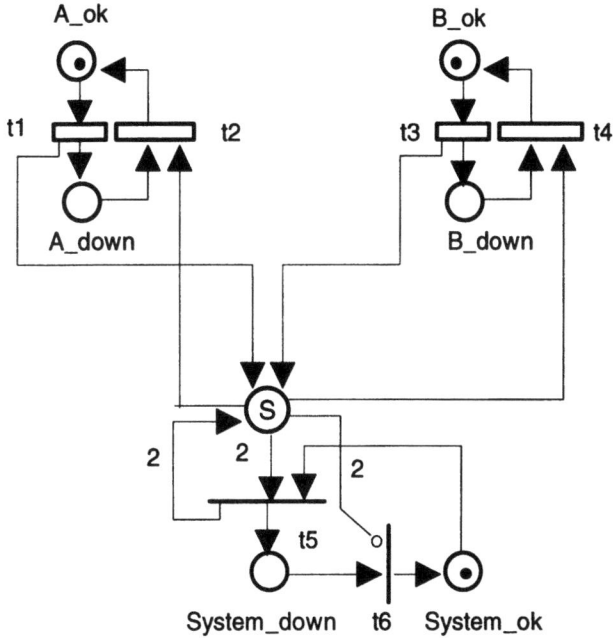

t1, t3 Ausfall des Rechners; t2, t4 Reparatur des Rechners

Bild A3.4 Duplexsystem

Tabelle A3.1

	A_ok	A_down	B_ok	B_down	S	System_down	System_ok
Z0	1	0	1	0	0	0	1
Z1	0	1	0	1	2	0	1
Z2	0	1	0	1	2	1	0
Z3	0	1	1	0	1	0	1
Z4	1	0	0	1	1	0	1
Z5	1	0	0	1	1	1	0
Z6	0	1	1	0	1	1	0

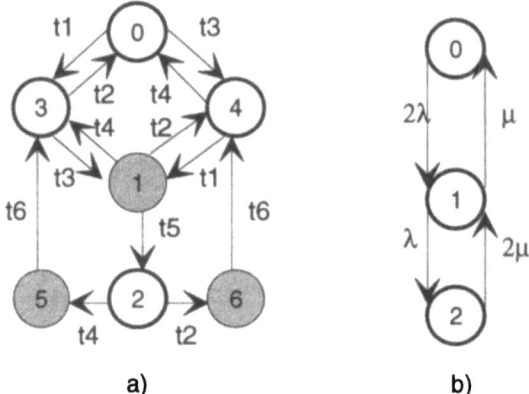

Bild A3.5 Zustandsübergänge

Ohne die vereinfachenden Annahmen ist man aber bereits bei kleinen Netzen auf eine simulative Auswertung angewiesen. Sie besteht i.w. in der Ausführung des folgenden Algorithmus'.

Simulationsalgorithmus:

1. Bestimme die Menge $E(M_k)$ aller Transitionen, die in Markierung M_k aktiviert sind.
2. (a) Falls M_k ein zeitbehafteter Zustand ist - $E(M_k)$ enthält dann keine direkte Transition -
   bestimme Zeitpunkt des nächsten Ereignisses, d.h. bestimme die Aufenthaltsdauer in M_k aus der Exponentialverteilung mit Rate $\lambda(M_k)$ (A3.1);
   bestimme Transition t_j, die als nächstes feuert, aus der Verteilung (A3.2).
   (b) Falls M_k ein zeitloser Zustand ist, betrachte nur die zeitlosen Transitionen aus $E(M_k)$. Bestimme die Transition, die als nächste feuert (A3.3).
3. Bestimme neue Markierung M_k (neuer Zustand) und die Simulationsgrößen.
4. Gehe nach 1.

GSPN-Modelle spezifizieren, wie erwähnt, Markov-Prozesse und lassen sich analytisch oder simulativ auswerten. Die Vorteile der Simulation gegenüber deren analytischer Auswertung bestehen darin, daß nicht von vornherein das vollständige Zustandsdiagramm erzeugt werden und man sich nicht auf exponentiell verteilte Schaltzeiten für die Transitionen beschränken muß.

A3.3 Spezifikation mit Petri-Netzen

Petri-Netze lassen sich auf vielerlei Weise erweitern und mit zusätzlichen Attributen versehen [Jess87]. Sie können in geeigneten Versionen nicht nur zur Leistungs- und Zuverlässigkeitsmodellierung sondern auch zur Verifikation bestimmter Systemeigenschaften herangezogen werden. Ein Beispiel dafür sind sogenannte synchrone Petri-Netze.

Beispiel: Das Petri-Netz Modell aus Bild A3.6. spezifiziere einen (einfachen) Steuerbaustein (Controller). Jede Stelle repräsentiert einen lokalen Zustand der Steuerung, der eingenommen wird, wenn die Stelle markiert ist. Eine Markierung repräsentiert den Gesamtzustand. Der Steuerbaustein empfängt bestimmte Signale, z.B. vom Datenpfad (oder von einem weiteren Steuerbaustein), die ihn veranlassen, seinerseits Steuersignale auszugeben und den Zustand zu wechseln. Die Eingabesignale sind mit den Transitionen des Netzes assoziiert - allgemeiner mit Transitionsprädikaten. Eine Transition feuert, wenn sie aktiviert ist und das Prädikat, z.B. Signal aktiv, erfüllt ist. Ausgabesignale können mit Stellen und/oder Transitionen assoziiert sein.

Bei einem synchronen Petri-Netz kommt eine neue Feuerregel hinzu. Alle Transitionen sind mit einem Taktsignal synchronisiert, so daß alle schaltbereiten Transitionen gleichzeitig feuern und während eines Taktzyklus' sich die Markierung höchstens einmal ändert. Als zusätzliche Erweiterung sind sogenannte Testkanten zugelassen. Im Unterschied zu den normalen Kanten ändert sich die Anzahl der Marken in einer Stelle nicht, wenn eine mit ihr über eine Testkante verbundene Transition feuert.

Bild A3.6a Ein Steuerbaustein

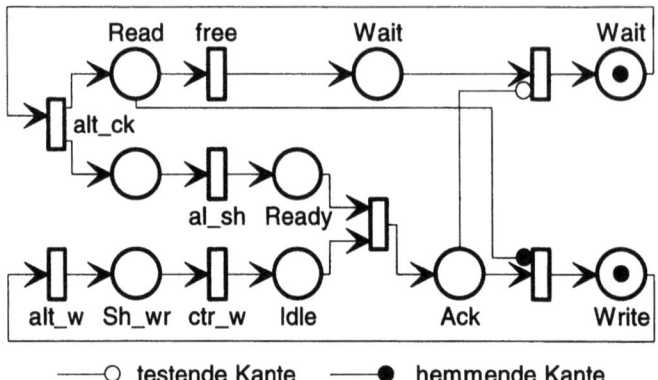

Bild A3.6b Petri-Netz Spezifikation eines Steuerbausteins

Drei wichtige Eigenschaften des Controllers lassen sich an Hand dieser Spezifikation mit formalen Methoden verifizieren; sie werden Sicherheit, Lebendigkeit und Determiniertheit genannt

SICHERHEIT: Die lokalen Zustände des Controllers können nur entweder aktiv oder inaktiv sein, d.h. alle Plätze des Petri-Netzes dürfen höchstens eine Marke enthalten. Ist dies erfüllt, wird das Netz als sicher bezeichnet, andernfalls liegt ein Spezifikations- oder Modellierungsfehler vor.

LEBENDIGKEIT: Ein Petri-Netz ist lebendig, wenn alle seine Transitionen lebendig sind. Eine Transition ist lebendig, wenn das Netz aus jedem von der Anfangsmarkierung erreichbaren Zustand in einen Zustand übergehen kann, in dem die Transition aktiviert ist. Lebendigkeit garantiert, daß durch die Aktionen des Controllers keine Verklemmung entsteht.

DETERMINIERTHEIT: Der Controller muß sich deterministisch verhalten, d.h. insbesondere, das Petri-Netz muß konfliktfrei sein. Wenn ein Konflikt möglich ist, ist die Spezifikation oder das Modell sehr wahrscheinlich fehlerhaft oder zumindest unvollständig.

Durch die Analyse des Erreichbarkeitsgraphen lassen sich derartige Eigenschaften eines Petri-Netzes nachweisen.

ANHANG B : Mikroprogrammierung

B1 **Automaten**

B2 **Mikroprogrammierte Systeme**

B3 **Mikroprogrammierung**

B4 **Eine einfache Assemblersprache**

B1 Automaten

B1.1 Berechnungen

In diesem Anhang werden verschiedene Maschinenmodelle erörtert, in der Absicht, einige grundsätzliche Betrachtungen zum Thema Computerorganisation anzustellen und Beziehungen zur Theorie der Berechenbarkeit aufzuzeigen. Im Mittelpunkt unserer Überlegungen soll die Frage stehen: Wie läßt sich die Ausführung eines Algorithmus' (kurz eine Berechnung) automatisieren, d.h. maschinell durchführen, so daß die Maschine jeden erwünschten (Rechen-)Schritt ausführen kann, also universell ist, und die Ausführung möglichst effizient erfolgt? Dazu als erstes zwei Definitionen:

RECHENSCHRITT: Bestimmung des Werts einer Abbildung für ein gegebenes Argument. (Die Abbildung muß nicht vollständig definiert sein. Nicht definierte Argument- und Ergebniswerte werden mit ? bezeichnet).

BERECHNUNG: Ausführung einer (endlichen) Folge von Rechenschritten (Ausführung eines Algorithmus').

Die einfachste Art einen Rechenschritt auszuführen, besteht darin, in einer Tabelle nachzusehen, sofern diese verfügbar ist. Die Tabelle muß nicht unbedingt Zahlen, sie kann vielmehr irgendwelche Symbole enthalten. Man spricht dann von einer symbolischen Berechnung.

„Many persons ... imagine that the business of the engine is to give results in numerical notations, the nature of its processes must consequently be arithmetical and numerical rather than algebraical and analytical. This is an error. The engine can arrange and combine its numerical quantities exactly as if they were letters or other general symbols ..." *Ada Augusta Countess of Lovelace* über die Analytical Machine von Charles Babbage (1843).

Diese Art einer Berechnung sei nun der Ausgangspunkt unserer Überlegungen. Die Tabellen enthalten Eingaben (Eingabedaten, Inputs) und Ausgaben (Ausgabedaten, Outputs). Es kommen nur Tabellen mit endlich vielen Einträgen in Betracht, da wir ja anstreben, die Rechenschritte zu automatisieren. In den folgenden Beispielen bedeuten (Bild B1.1):

x die Eingabe und y die Ausgabe, mit $x \in \{x1, x2, ..., xn\}$ und $y \in \{y1, y2, ..., ym\}$.

Es sind also x und y Elemente endlicher Symbolmengen (Alphabete). Beim Zugriff auf eine Tabelle wird die Eingabe mit der linken Spalte der Tabelle verglichen und der korrespondierende Eintrag der rechten Spalte wird ausgegeben. (Besser ist es, zu sagen „der Wert wird angezeigt", da „ausgeben" später noch eine andere Bedeutung erhalten soll). Man spricht dann von einem assoziativen (inhaltsbezogenen) Tabellenzugriff. Im Prinzip ist ein nebenläufiges, d.h. gleichzeitiges Vergleichen aller linken Seiten mit der Eingabe möglich.

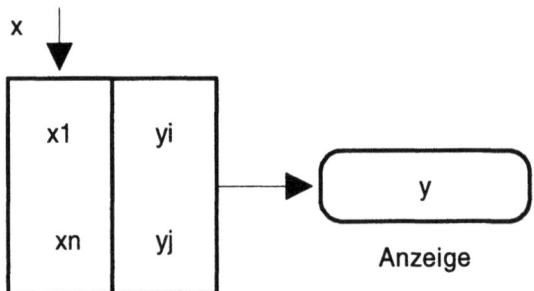

Bild B1.1 Tabelle

Die Auswahl der jeweiligen Tabelle, d.h. der für den aktuell durchzuführenden Rechenschritt gültigen Tabelle, kann vom Ergebnis des vorausgegangenen Rechenschritts abhängen. Der Inhalt der Anzeige bestimmt dann, welche Tabelle jeweils als nächste gültig ist. In der Regel hat die Ausgabe dann einen der definierten Werte.

Durch die Ausgabe der Berechnung werden also unterschiedliche Tabellen aktiviert. Im Prinzip kann dieses Schema durch eine Tabelle mit zwei Inputs ersetzt werden. Wir werden deshalb dafür die folgende Darstellung wählen (Bild B1.2). Zu Beginn einer Berechnung ist für die Anzeige ein Anfangswert vorzugeben. Wenn die Berechnung nicht von (äußeren) Eingaben abhängt, nennt man sie autonom oder zyklisch.

Bei einer komplizierten Berechnung können über mehrere Tabellen mehrere Ausgaben gleichzeitig erzeugt werden. Man spricht dann von einer parallelen - besser nebenläufigen - Berechnung.

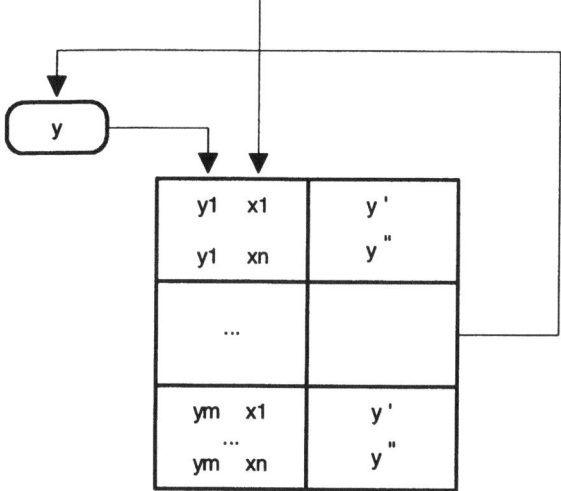

Bild B1.2 Ergebnisabhängige Tabellenwahl

B1.2 Automaten

Wir führen nun die Zeit - in Form von Zeittakten - ein, die ein Taktgenerator liefern soll. Der Inhalt der Anzeige kann sich nur bei Eintreffen eines Taktsignals verändern (bei steigender oder fallender Taktflanke; Bild B1.3). Der „anstehende" Wert wird von einem Speicherelement synchron bei einer Taktflanke übernommen. (Eine solche Anzeige nennen wir in Anlehnung an die Elektronik ein REGISTER.)

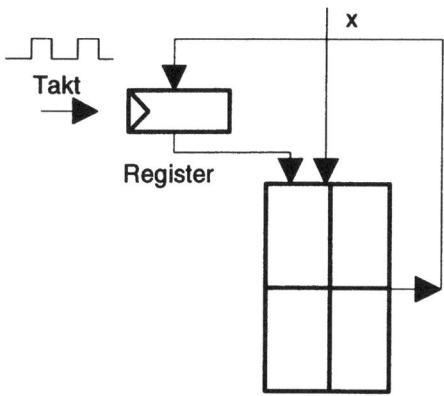

Bild B1.3 Automat

Diese Organisationsform einer Berechnung entspricht einem ENDLICHEN, SYNCHRONEN AUTOMATEN. Der jeweilige Registerinhalt definiert den augenblicklichen ZUSTAND des Automaten[1]. Das Register heiße deshalb Zustandsregister. Solch ein Automat läßt sich auf unterschiedliche Weise realisieren, z.B. als Schaltwerk. Ein endlicher Automat läßt sich auch als Zustandsdiagramm darstellen. Es besteht aus Zuständen, dargestellt als Kreise, und Übergängen, dargestellt durch Pfeile mit Eingabesymbol. Bild B1.4 zeigt einen autonomen Zähler mit Zustandsdiagramm, Bild A1.5 zeigt dagegen ein Beispiel mit externer Eingabe

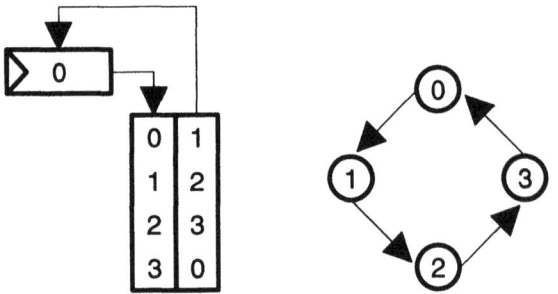

Bild B1.4 Autonomer Zähler

Die Hardware-Beschreibungssprache VHDL gestattet es, einen synchronen, endlichen Automaten (FSM finite state machine) nach dem folgenden Schema zu beschreiben (vgl. Anhang A1.2). Diese Beschreibung (Bild B1.5) liefert zugleich ein Simulationsmodell des Automaten und die Möglichkeit, ihn zu synthetisieren. Das Syntheseergebnis für den Automaten in Bild A1.5 ist auf Seite 296 zu sehen.

```
ENTITY automat IS PORT (
     takt: IN clock_type;
        x: IN input_type);
END automat;

ARCHTECTURE verhalten OF automat IS
     TYPE zustaende IS (S1,S2,...);
     SIGNAL zustand, naechster_zustand: zustaende,
```

---

[1] Ein Zyklus ist die Zeit zwischen zwei Zustandsübergängen.

B1.2 Automaten

```
BEGIN
    zustands_tafel: PROCESS(zustand,x)
    BEGIN
        CASE zustand IS
            WHEN S1 =>
                naechster_zustand <=
                -- Zustandsübergang bei x
            WHEN S2 =>
                naechster_zustand <=
                -- Zustandsübergang bei x
            ----
        END CASE;
    END PROCESS;

    zustands_register: PROCESS(takt)
    BEGIN
        IF takt'event AND takt = '1' THEN
            zustand <= naechster_zustand;
            ----
        END IF,
    END PROCESS;
END verhalten;
```

Bild B1.5 VHDL-Beschreibung

Für die Außenwelt eines Automaten ist oftmals nur ein Teil des Ergebnisses eines Rechenschritts oder aber ein umgewandeltes Ergebnis von Interesse. Dies ist die eigentliche Ausgabe. Dementsprechend gibt es verschiedene Organisationsformen für endliche Automaten. Außerdem ist noch zu unterscheiden, ob die Ausgabe zum augenblicklichen Takt oder erst zum nächsten Takt verfügbar ist. Wird das Ergebnis (d.h. die Anzeige) erst noch in eine Ausgabe umgewandelt, so geschieht dies meist nebenläufig zum Rechenschritt, eventuell über weitere Tabellen. Bild B1.6 zeigt die sechs möglichen Organisationsformen.

Schließlich sei noch vereinbart, daß die Ausgabe eines Automaten in einem eigenen Speicher, dem Datenspeicher, festgehalten wird, und dieser Speicher auch die Eingabedaten liefert. Somit kann ein Ausgabedatum auch wieder Eingabedatum sein (Bild B1.7a). Der Speicher soll über Nummern adressierbar sein. D.h. jede Speichereinheit hat eine Nummer, ihre Adresse, über die sie angesprochen werden kann (Lese-/Schreibzugriffe). Verschiedene Speichereinheiten haben verschiedene Nummern.

MEDWEDJEW-AUTOMATEN (Ausgabe ist gleich Zustand)

MOORE-AUTOMATEN

MEALY-AUTOMATEN

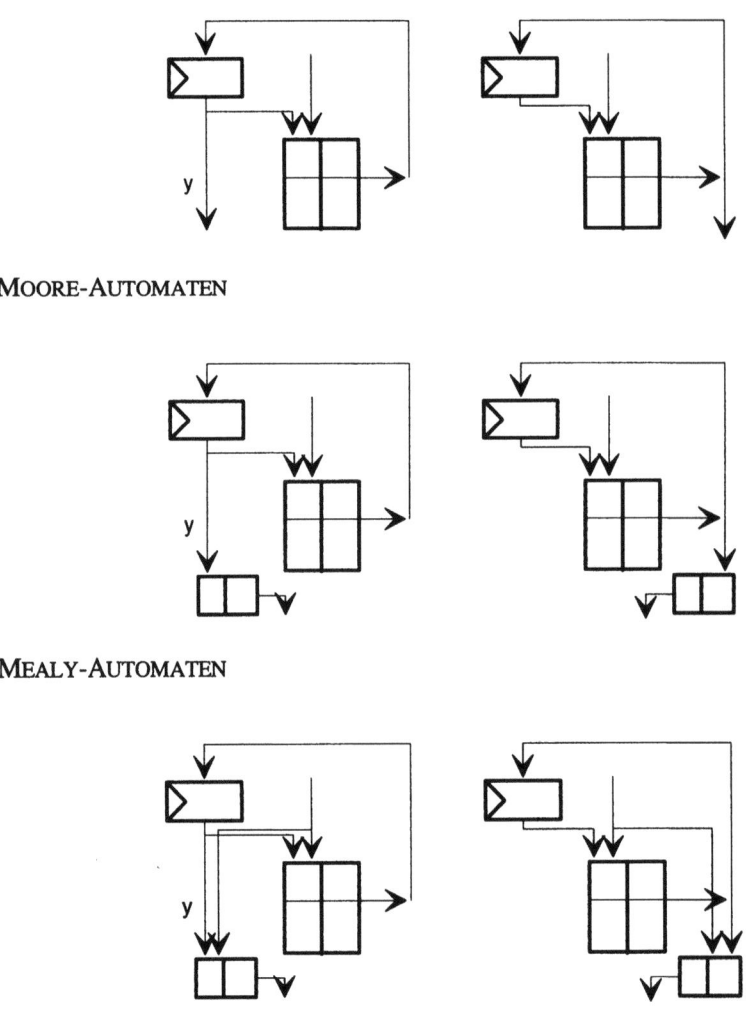

Bild B1.6 Automaten

B1.2 Automaten

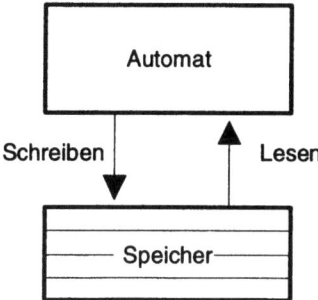

Bild B1.7a Speicheranschluß

Der Speicher verhalte sich wie ein Register, d.h. sein Zustand ändere sich nur bei einem aktiven Schreibsignal S. Bezüglich des Lesens verhält er sich wie ein Schaltnetz. Bild B1.7b zeigt schematisch die Funktion des Speichers. Die Multiplexer sind unabhängig ansteuerbar. Somit kann gleichzeitig von der Adresse B gelesen und bei Adresse A geschrieben werden. Der Speicher hat, wie man sagt, einen Lese- und einen Schreibport (Lese- bzw. Schreibtor).

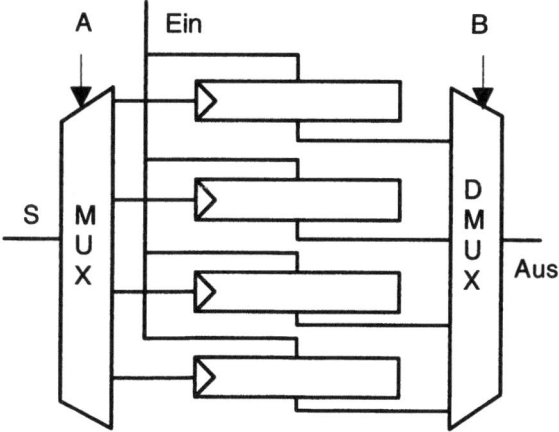

Bild B1.7b Struktur des Speichers

In jedem Rechenschritt werden jetzt auch die Adressen für die Ausgabe und die Eingabe benötigt. Somit besteht das Ergebnis eines Rechenschritts aus:

- der Speicheradresse der Eingabe
- der Angabe der gültigen Tabelle

- der Ausgabe und
- der Speicheradresse für die Ausgabe.

Die Bestimmung der Speicheradressen geschieht oft separat über eigene Tabellen (Tabelle (3) in Bild B1.8). Die Tabelle für die nächste Anzeige (Tabelle (1)) wollen wir Funktionstabelle nennen. Bild B1.8 zeigt das Basisschema einer Maschine vom Mealy-Typ für Berechnungen, von dem wir im folgenden ausgehen wollen. Das Basismodell enthält neben dem Zustands- oder Instruktionsregister IR noch ein weiteres Register, das sogenannte Zuweisungs- oder Outputregister ZR.

Unter Instruktion sei die Spezifikation eines Rechenschritts verstanden. Sie besteht also aus vier Teilen, nämlich aus Angaben zu den gültigen Tabellen (Funktions-ID, Operationscode) und zur Bestimmung der Speicheradressen. Diese Organisationsform einer Berechnung folgt dem Prinzip der KONTROLLFLUBSTEUERUNG, d.h. jede Instruktion bestimmt (über eine Tabelle und eventuell auch abhängig von der Eingabe) die als nächstes gültige Instruktion.

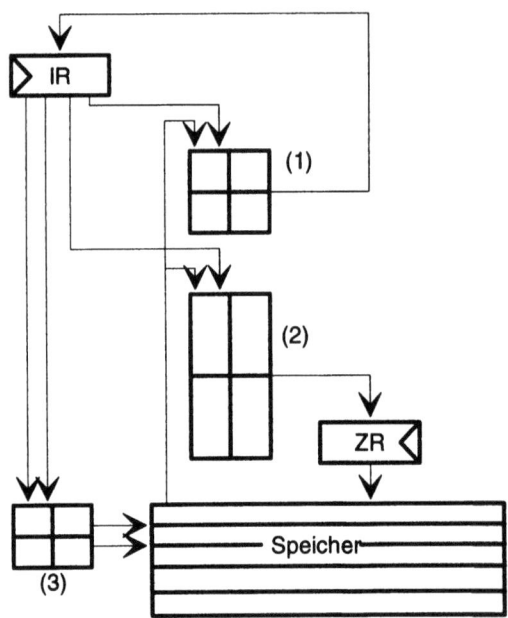

Bild B1.8 Basismodell einer Maschine

B1.3 Steuer- und Datenpfad

Die Komplexität eines Automaten wird in erster Linie durch die Größe der verwendeten Tabellen bestimmt. Vor allem können die Tabellen (2) und (3) in Bild B1.8 sehr groß werden, wenn ein großer Speicher bzw. ein großer Bereich für die Eingabe- und Ausgabewerte vorgesehen ist. Die Komplexität des Automaten läßt sich reduzieren, wenn auch die Ausgabe (mit der Bestimmung der Adressen) als Automat organisiert wird. Dadurch entsteht eine Zerlegung in zwei einfachere Automaten. Eine besondere Art der Zerlegung ergibt sich, wenn der Ausgabeautomat als Datenpfad konzipiert wird (Bild B1.9). Man spricht dann auch von einer 'Finite State Machine with Data Path FSMD'. Ein Datenpfad besteht aus einem oder mehreren Registern und einem oder mehreren Schaltnetzen (z.B. ALU oder Multiplexer).

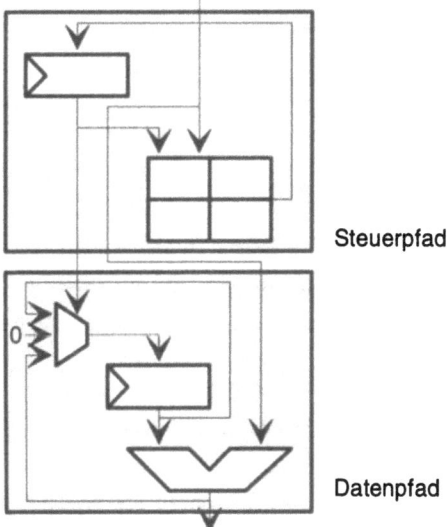

Bild B1.9 Steuer- und Datenpfad

Durch Pipelining läßt sich ein Automat weiter aufteilen. Bild B1.10 zeigt die resultierende Organisation. Will man noch einen Schritt weitergehen, dann lassen sich die Datenpfade selbst zusätzlich noch „pipelinen". Oftmals sind dann die zugehörigen Steuerpfade einfach oder fehlen zum Teil ganz. Die alternative Organisationsform, nämlich Nebenläufigkeit, zeigt Bild B1.11. In beiden Fällen spricht man von Parallelität.

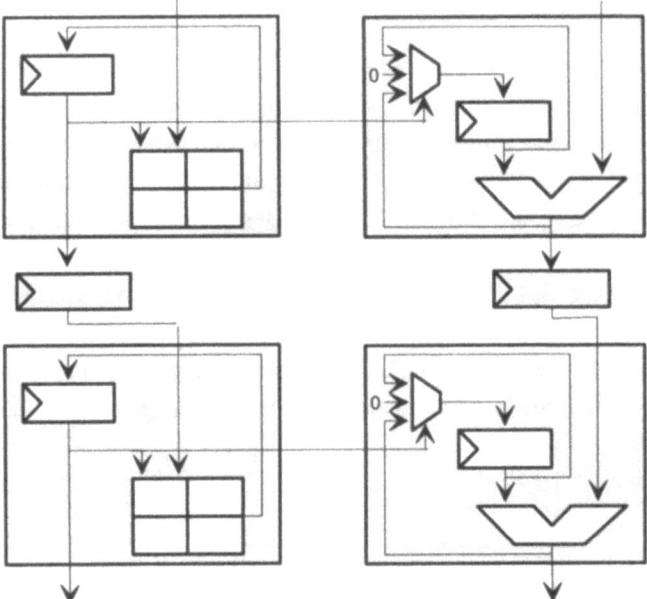

Bild B1.10 Pipelining

B1.4 Beispiele

Im folgenden sollen zwei Beispiele für Modelle universeller Maschinen vorgestellt werden, die der Organisationsform unseres Basismodells entsprechen.

Die Turing-Maschine

Die Turing-Maschine (Bild B1.12) ist ein nichtendlicher Automat, d.h. ihre Speicherkapazität ist nicht beschränkt. An ihr läßt sich gut die Kontrollflußsteuerung illustrieren. M.A. Turing entwarf dieses Modell, um algorithmische Problemstellungen theoretisch untersuchen zu können (1936).

Die Tabellen (1), (2) und (3) aus Bild B1.8 sind bei dieser Darstellung zu einer einzigen Tabelle zusammengefaßt worden. Der Speicher der Turing-Maschine besteht aus einem unendlichen Band, das vor (+) und zurück (-) geschaltet werden kann (0 bedeute keine Bewegung). Da der Speicher nicht in seiner Größe beschränkt ist, können die Speicheradressen nicht über eine Tabelle ermittelt werden. Deshalb wird der Zugriff auf die Speicherzellen durch einen einfachen Mechanismus realisiert, der vor- und zurückschalten kann.

B1.4 Beispiele

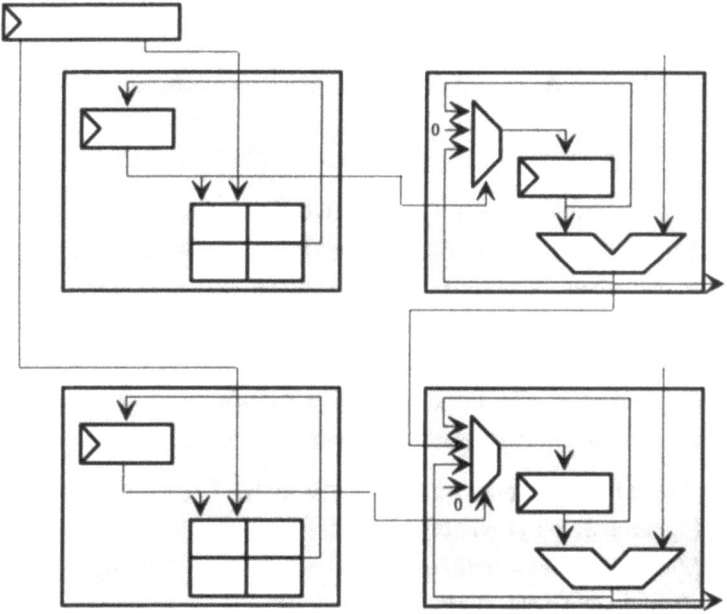

Bild B1.11 Nebenläufigkeit

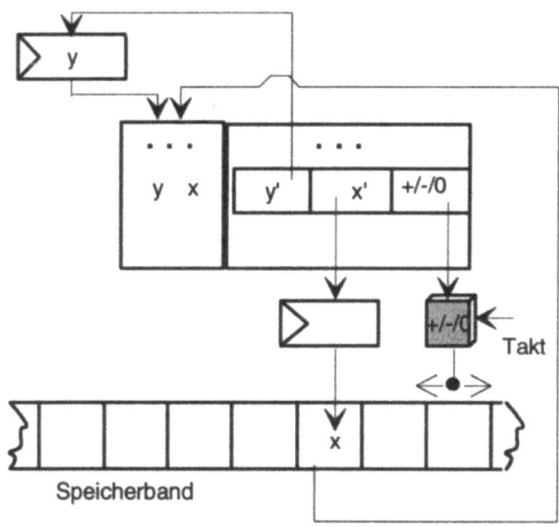

Bild B1.12 Turing-Maschine

Die rechte Seite eines Tabelleneintrags besteht somit aus drei Feldern:

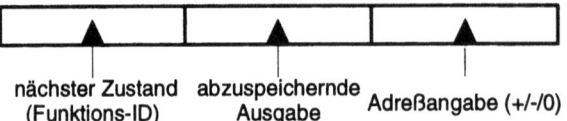

Den Datenspeicher nennt man das Turing-Band. Es ist potentiell unendlich und stellt einen Speicher mit sequentiellem Zugriff dar. (Wäre der Datenspeicher endlich, hätten wir einen endlichen, synchronen Automaten vor uns). Die Adresse der Eingabe ist gleich der Adresse für die Ausgabe. Den Inhalt der Tabelle nennt man das Turing-Programm. Die Turing-Maschine betrachtet man als programmierbar, d.h. man kann den Tabelleninhalt, das Programm, austauschen. Vor „Inbetriebnahme" der Turing-Maschine muß ein Anfangszustand hergestellt werden.

Die Turing-Maschine spielt eine wichtige Rolle in der Theorie der Berechenbarkeit. Sie hat die Eigenschaft der polynomialen Nachbarschaft: D.h. in n Zeitschritten kann die Turing-Maschine auf eine beliebige Speicherzelle aus einer Menge von Speicherzellen zugreifen, deren Größe ein Polynom in n ist.

Hauptaussage (Churchsche These): Alles, was sich algorithmisch berechnen läßt, läßt sich mit einer Turing-Maschine berechnen.

Es gibt sogenannte universelle Turing-Maschinen mit nur wenigen Zuständen (sieben Zustände und weniger), die jede andere Turing-Maschine simulieren können. Damit hätten wir einfache universelle (wenn auch nicht wirklich realisierbare), jedoch wenig effiziente Maschinen.

Wir wollen uns noch eine zweite derartige Maschine ansehen, um zu zeigen, daß eine universelle Maschine auch anders organisiert sein kann.

Die Zählmaschine

Die Inkrementier-/Dekrementiermaschine oder Zählmaschine (Bild B1.13) beruht auf den Axiomen von G. Peano zur Bildung der natürlichen Zahlen (1891) [Lieb93]. Auch diese Maschine dient hauptsächlich theoretischen Untersuchungen. Nun erlaubt aber der Datenspeicher einen wahlweisen Zugriff (assoziativer Speicher) und jede Speicherzelle kann eine beliebige natürliche Zahl aufnehmen. Insofern hat auch dieser Speicher eine unbeschränkte Kapazität. Der Speicherzugriff ist aber effizienter. Die Zählmaschine enthält ferner einen Mechanismus (Operationswerk), der die Operationen ausführt. Dieser Mechanismus ersetzt die Ausgabetabelle und ist notwendig, da jetzt die Menge der Ein- und Ausgabedaten nicht endlich ist. Die Zähl-

B1.4 Beispiele

maschine ist wiederum programmierbar. Vor jeder Berechnung muß ein Anfangszustand hergestellt werden.

Die Peano-Axiome:

P1 : 0 ist eine natürliche Zahl.
P2 : Jede natürliche Zahl hat genau einen Nachfolger.
P2 : Jede natürliche Zahl ist Nachfolger höchstens einer anderen.
P4 : 0 ist nicht Nachfolger einer natürlichen Zahl.
P5 : Von allen Mengen, die 0 und mit x auch den Nachfolger enthalten, ist die Menge der natürlichen Zahlen die kleinste.

Um alle natürlichen Zahlen erzeugen zu können, verwendet man folgende Ausgabe-Operationen: op_0 $x \leftarrow 0$,
op_1 $x \leftarrow x + 1$ Inkrementierung (Nachfolgerbildung).

Außerdem benötigt man für Berechnungen noch folgende Operationen:

op_2 $x \leftarrow x - 1$ mit $0 - 1 = 0$ Dekrementierung (Vorgängerbildung),
op_3 $x = 0$? zur Abfrage mit dem Ergebnis ja (0) oder nein (1).

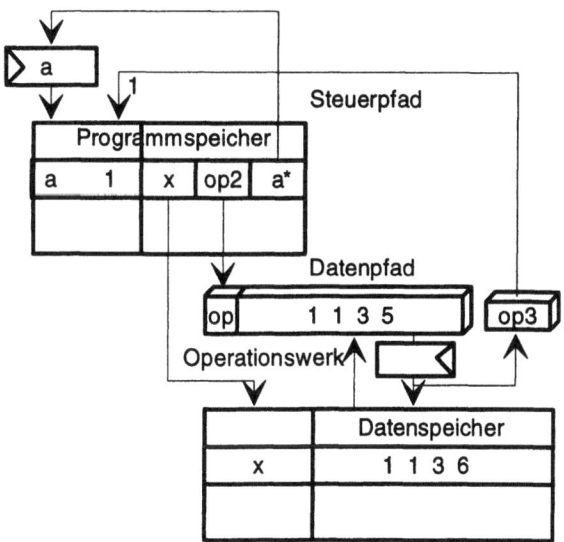

Bild B1.13 Zählmaschine

B2 Mikroprogrammierte Systeme

Wie wir gesehen haben, lassen sich Berechnungen durch synchrone endliche Automaten realisieren, deren Kern Tabellen bilden. Diese Tabellen können durch Rechenmechanismen (Werke) ersetzt werden, wenn dafür Rechenregeln gegeben sind. Im allgemeinen ist dies aber nicht der Fall, insbesondere nicht für den Steuerpfad eines Automaten. Dann benötigt man ein Verfahren zum Durchsuchen der Tabellen. Es kann Vergleiche benutzen, was jedoch sehr ineffizient ist. In den vorangegangenen Beispielen haben wir dem dadurch Rechnung getragen, daß wir von einem nebenläufigen, assoziativen Tabellenzugriff ausgingen. Dies wiederum ist sehr aufwendig zu automatisieren, vor allem dann, wenn die Tabellen groß werden. Im folgenden wollen wir einen anderen Weg beschreiten; dabei beziehen sich unsere Überlegungen in erster Linie auf den Steuerpfad (Bild B1.9).

B2.1 Eine mikroprogrammierte Maschine

Als erstes sehen wir vor, daß die Eingabewerte binär codiert werden. Dies soll durch ein Codierwerk geschehen, das wir nicht weiter spezifizieren. Als zweites führen wir eine Testoperation ein, die feststellt, ob der anliegende Binärwert 1 oder 0 ist. Weiter benötigen wir eine Operation, die die Ausgabe (Anzeige) liefert. Wir können dann eine Funktionstabelle in Form einer binären Entscheidungstabelle organisieren.

Testsymbol:

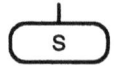

Der linke Ausgang (1) wird genommen, wenn x den Wert 1 hat, sonst der rechte Ausgang (0).

Ausgabesymbol (oder Zuordnung):

$$\boxed{S}$$

S ein Ausgabewert

Beispiel: Comparator. Gegeben seien zwei Inputs A und B, zwischen denen es eine Kleiner-/Gleich-Beziehung gibt. Gesucht ist eine Funktionstabelle (Comparator), die

B2.1 Eine mikroprogrammierte Maschine

bestimmen läßt, ob A kleiner oder gleich B ist. Speziell gelte A, B ∈ {0,1,2,3}. Wir codieren binär:

$$A \quad \text{als} \quad A_1 A_0$$
$$B \quad \text{als} \quad B_1 B_0 \quad \text{mit} \quad A_i, B_i \in \{0,1\}$$

Es gibt 16 mögliche Zahlenpaare (Tabelle B2.1); Ausgabewerte sind die Symbole: >, <, =.

Tabelle B2.1

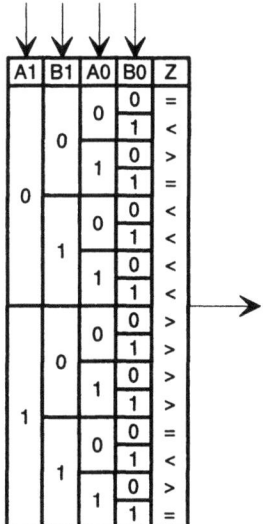

Mit Hilfe des Testoperators läßt sich diese (Funktions-)Tabelle auch als sogenannter Entscheidungsbaum darstellen (Bild B2.1).

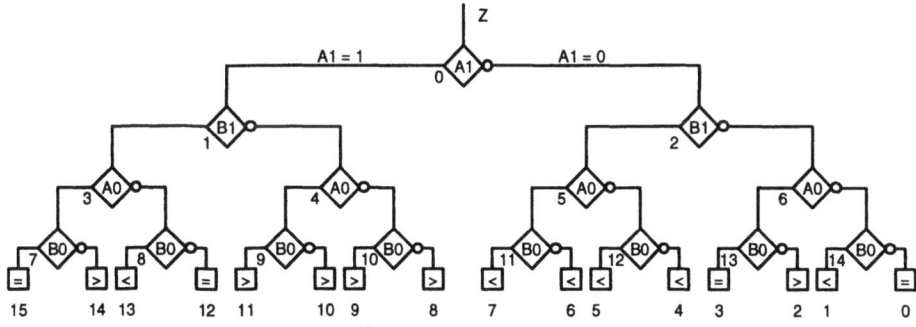

Bild B2.1 Binärer Entscheidungsbaum

Definition: Binärer Entscheidungsbaum
(a) Jede Zuordnung ist ein binärer Entscheidungsbaum.
(b) Wenn △T1 und △T2 binäre Entscheidungsbäume sind, dann auch T:

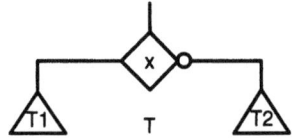

x ist eine binäre Variable

Durch binäre Entscheidungsbäume werden also Funktionstabellen beschrieben. Eine Tabelle kann aber durch unterschiedliche Bäume dargestellt werden. Zwei Entscheidungsbäume heißen äquivalent, wenn sie dieselbe Tabelle beschreiben. Es gibt verschiedene Verfahren, minimale Entscheidungsbäume (d.h. solche mit einer minimalen Anzahl von Testoperationen) zu gewinnen. Eines davon verwendet sogenannte Karnaugh-Tafeln [McCl86].

Wir stellen uns nun eine Maschine vor, die im Zeittakt den Entscheidungsbaum durchläuft, in jedem Takt einen Inputwert liest und entsprechend entweder eine Testinstruktion oder eine Zuweisung ausführt. Die Ausführung einer Testinstruktion bestimmt, welcher Zweig als nächstes durchlaufen wird, und damit, welcher Input als nächstes eingelesen wird. Die Ausführung einer Zuordnung erzeugt eine Anzeige. Durch ein spezielles Signal (Write) wird diese Anzeige gespeichert (Zuweisungsoperation). Wir wollen bei dieser Maschine von einer mikroprogrammierten Maschine sprechen, weil die Operationen dieser Maschine sehr einfach sind und Mikroprogammbefehlen ähneln. Der Entscheidungsbaum spielt dabei die Rolle eines (Mikro-) Programms. Welche Organisationsform kann eine derartige Maschine haben?

Im folgenden verwenden wir eine verkürzte Darstellung für Entscheidungsbäume, in der gleiche Anzeigen und gleiche Pfade zusammengefaßt sind. Für die verkürzte Darstellung des Entscheidungsbaums des Comparators ergibt sich dann Bild B2.2:

Um zur mikroprogrammierten Maschine zu gelangen, müssen wir als erstes eine Mikro(programm-)Instruktion für die Testoperation und eine für die Zuweisungsoperation definieren.

Test: `if xi then ADR1 else ADR2;`   Test, ob xi = 1
Zuweisung: `copy out ⇒ reg jump ADR;`   out nach Register kopieren und Sprung zur Adresse ADR

B2.1 Eine mikroprogrammierte Maschine

ADR1, ADR2 und ADR sind Instruktionsadressen.

Im Zuweisungsbefehl ist die Möglichkeit vorgesehen, nach der Zuweisung mit einer weiteren Berechnung fortzufahren. Außerdem gebe es den Befehl `halt`, der den Taktgenerator anhält. Ein Mikroprogramm besteht nun aus einer Folge solcher Mikroinstruktionen. Der Entscheidungsbaum definiert den Kontrollfluß (Flußdiagramm). Wir haben also nach wie vor das Kontrollflußprinzip vorliegen.

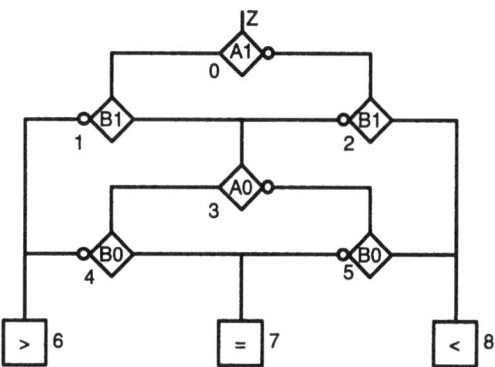

Bild B2.2 Reduzierter Entscheidungsbaum

Beispiel: Tabelle B2.2: Mikroprogramm für den Comparator; vgl. Bild B2.2

Tabelle B2.2

ADR	Mikroinstruktion
0	if A1 then 1 else 2
1	if B1 then 3 else 6
2	if B1 then 8 else 3
3	if A0 then 4 else 5
4	if B0 then 7 else 6
5	if B0 then 8 else 7
6	copy > ⇒ reg jump 9
7	copy = ⇒ reg jump 9
8	copy < ⇒ reg jump 9
9	halt

Die mikroprogrammierte Maschine (Bild B2.3) enthält nun einen Multiplexer, der einen weiteren Multiplexer für die im nächsten Takt jeweils gültige Mikroprogrammadresse ansteuert. Bei einer Testanweisung bestimmt der angewählte x-Eingang diese Adresse. Ein dritter Multiplexer ermöglicht es, die Maschine in einen Anfangszustand (Adresse 0) zu versetzen (Reset).

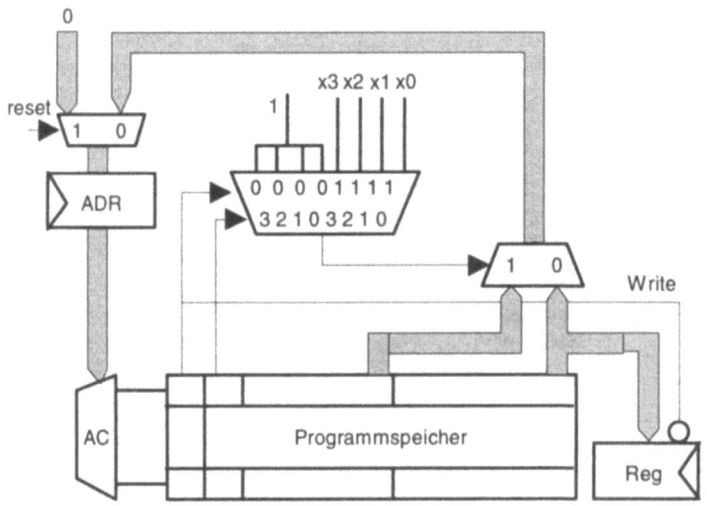

Bild B2.3 Mikroprogrammierte Maschine

Um aber die Funktionsweise dieser Maschine verstehen zu können, muß das Format der Mikrobefehle bekannt sein. Die ersten beiden Felder der Befehle sollen den OP-Code (Operation Code) enthalten. Aus dem ersten Feld (Bit) des OP-Codes wird durch Negation das Schreibsignal für das Anzeigeregister erzeugt. Das dritte Feld enthalte eine Instruktionsadresse und das letzte Feld enthalte entweder eine Instruktionsadresse oder einen Anzeigewert. Die Befehlsformate sind somit:

Test:

| 1 | i | ADR1 | ADR0 |

Zuweisung:

| 0 | 1 | ADR | out |

halt

| 0 | 0 | ? | ? |

B2.1 Eine mikroprogrammierte Maschine

Es ist i Index der Eingabevariable; im Beispiel gilt i = 0, 1, 2, 3. Außerdem gelte x0 = A1; x1 = B1; x2 = B2; x3 = B2

Diese Maschine ist in der Lage, Tabellen der Form B2.1 mit 16 Einträgen zu durchsuchen. (Eine Erweiterung auf größere Tabellen ist offensichtlich). Sie ist aber weitaus mächtiger. Man vergleiche ihre Organisationsform mit dem Steuerpfad aus Bild B1.9: Das Adreßregister spielt zusammen mit dem Register Reg die Rolle des Zustandsregisters und die Tabelle ist durch den (Mikro-) Programmspeicher, einen Adreßdecoder AC und die Multiplexer ersetzt worden. In Wirklichkeit kann diese Maschine unterschiedliche Mikroprogramme interpretieren[1], also Tabellen der Form B2.2 auswerten.

Bemerkung: Ein Entscheidungsbaum läßt sich auch als festverdrahtetes System realisieren. Er spielt dabei die Rolle eines Schaltplans. Um z.B. aus dem verkürzten Entscheidungsbaum für den Comparator ein festverdrahtetes System zu erhalten, kann man Multiplexer einsetzen (Bild B2.4). Der Entscheidungsbaum ist nun von „unten" nach „oben" zu lesen. Die Multiplexer führen die Testoperationen aus. Will man binäre Multiplexer einsetzen, so sind auch noch die Ausgaben binär zu codieren, z.B.: > $\Rightarrow$ 100, = $\Rightarrow$ 010, < $\Rightarrow$ 001.

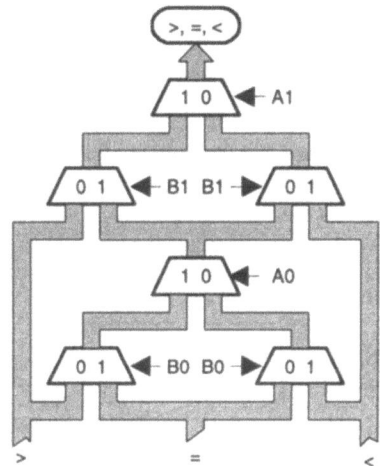

Bild B2.4 Verdrahtetes System

---

[1] Dabei können sich die Eingabewerte von Schritt zu Schritt ändern.

Wenn wir Signallaufzeiten außer Acht lassen, läßt sich feststellen, daß das mikroprogrammierte System für die Interpretation des Entscheidungsbaums mehrere Zeitschritte benötigt, das verdrahtete System dagegen immer nur einen, wenn die Anzeige nicht nur angezeigt sondern auch abgespeichert werden soll. Andererseits wächst die Komplexität des mikroprogrammierten Systems nur geringfügig mit der Größe der auszuwertenden Tabellen, wohingegen die Komplexität des festverdrahteten Systems mit der Größe des Entscheidungsbaums schnell anwächst.

B2.2 Ausbau der mikroprogrammierten Maschine

Das verdrahtete System wird, wie erwähnt, mit größer werdenden Berechnungen immer komplexer; dafür bleibt der Zeitaufwand gering. Die Komplexität der mikroprogrammierten Maschine wächst dagegen nur wenig. Sie ist i.w. durch die Komplexität des Multiplexers und die Größe des Mikroprogrammspeichers bestimmt. Der Speicheraufwand läßt sich reduzieren, wenn die Unterprogrammtechnik unterstützt wird. Gleiche Programmteile müssen dann nur einmal als Folge von Mikroinstruktionen codiert werden.

UNTERPROGRAMM: Teil des verkürzten Entscheidungsbaums mit genau einem Ein- und einem Ausgang.

Bild B2.5 zeigt ein Flußdiagramm mit Unterprogramm UP. Es wurde so umstrukturiert, daß das Unterprogramm nur einmal erscheint. T ist ein geeigneter Entscheidungsbaum, der für die richtige Reihenfolge beim Durchlaufen des Diagramms sorgt. Dieses Flußdiagramm kann wiederum als Schaltplan für ein festverdrahtetes System dienen.

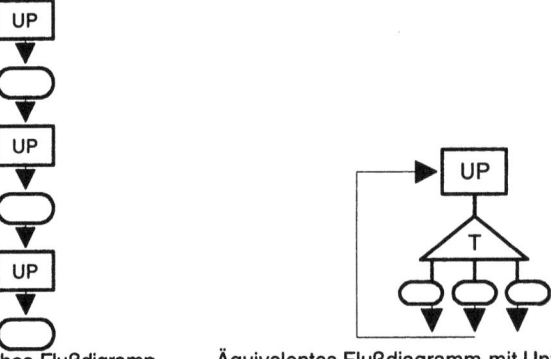

Ursprüngliches Flußdiagramm   Äquivalentes Flußdiagramm mit Unterprogrammtechnik

Bild B2.5 Unterprogramm

B2.2 Ausbau der mikroprogrammierten Maschine

Um zu einer universellen mikroprogrammierten Maschine mit Unterprogramm-Unterstützung zu gelangen, müssen wir als erstes zwei neue Mikroinstruktionen einführen, nämlich:

einen Unterprogrammaufruf:

```
call ADRU retto ADRR
```

und einen Befehl für die Rückkehr aus dem Unterprogramm:

```
return.
```

ADRU ist die Adresse des aufgerufenen Unterprogramms, ADRR die Adresse, zu der nach Abarbeitung des Unterprogramms gesprungen wird (Rückkehradresse). Das Unterprogramm ist abgearbeitet, sobald die Steuerung zum return gelangt. Tabelle B2.3 zeigt ein Beispiel für ein Mikroprogramm mit Unterprogrammaufrufen.

Tabelle B2.3

ADR	Mikroinstruktion
000	copy 000 $\Rightarrow$ reg jump 1
001	call 100 retto 2
002	copy 002 $\Rightarrow$ reg jump 3
003	call 100 retto 4
004	halt
100	..;Unterprogrammbeginn
...	...
110	return

Für die Realisierung einer Maschine mit Unterstützung der Unterprogrammtechnik verwenden wir einen Register-Stack (Stapel) mit den Operationen

POP   entnehme ein Datum von der Stapel-Spitze

PUSH   bringe ein Datum auf die Stapel-Spitze .

Der Registerstack diene dazu, bei einem Unterprogrammaufruf die Rückkehradresse ADRR zwischenzuspeichern. Natürlich können nur endlich viele Adressen gespeichert werden. Wir erweitern außerdem das Befehlsformat um ein 0-tes Bit wie folgt.

Test: 0 1 2 3 ... Bit-Nr.

| 0 1 | i | ADR1 | ADR0 |

Zuweisung:

| 1 0 | 1 | ADR | OUT |

call:

| 0 0 | ? | ADRU | ADRR |

return:

| 1 1 | 1 | ? | ? |

halt

| 1 0 | 0 | ? | ? |

An der mikroprogrammierten Maschine nehmen wir nun folgende Erweiterung vor. Es ist

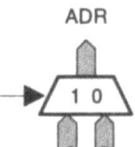

zu ersetzen durch Bild B2.6.

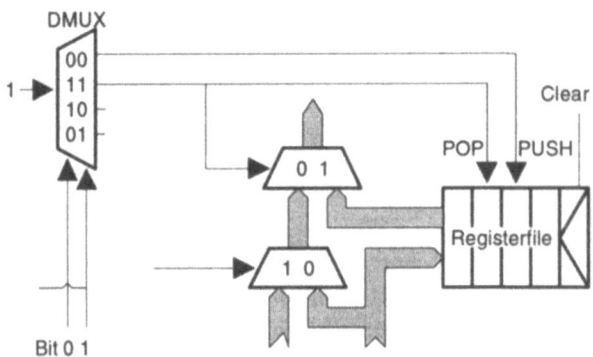

Bild B2.6 Unterprogramm-Stack

Multiplexer, Register-Stack und Adreßregister bilden den Steuer-/Decodierteil (Sequenzer), der für die Mikrobefehlsdecodierung und die Mikroprogrammfortschaltung sorgt. Die Registerinhalte definieren den Zustand der Maschine.

Schließlich wollen wir noch zwei weitere Mikroinstruktionen vorsehen (ohne wieder die notwendige Erweiterung der Steuerung anzugeben):

```
load HSADR,        store HSADR .
```

HSADR ist eine Adresse eines Datenspeichers (Hauptspeichers). Mit `load` können Registerinhalte aus dem Datenspeicher nach ADR geholt und mit `store` aus Reg wieder dorthin zurückgeschrieben werden.

Das Befehlsformat vereinfacht sich, wenn wir festlegen, daß die Adressen ADR0, ADR und ADRR immer die nächsten Adressen im Mikroprogramm sind, und eine Vorrichtung zum automatischen Inkrementieren der aktuellen Befehlsadresse hinzunehmen (Befehlszählerprinzip, Bild A2.8). Dies eröffnet die Möglichkeit, bei gleicher Breite des Programmspeichers mehr Befehlstypen vorzusehen.

B2.3 Mikroprogrammierter Rechner

Ein Rechner (SISD-Rechner) besteht i.w. aus den drei Komponenten: Steuerprozessor, Datenprozessor und Speicher (Bild B2.7). Der Aufbau eines mikroprogrammierten Steuerprozessors entspricht dem des mikroprogrammierten Systems. Bild B2.8 zeigt einen solchen Steuerprozessor (Steuerwerk).

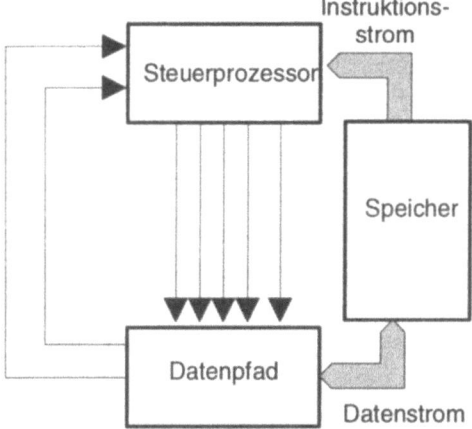

Bild B2.7 SISD-Rechner

Der Speicher enthält die Maschinenbefehle, aus denen Einsprungadressen MADR für die Mikroprogramme im Mikroprogrammspeicher des Steuerprozessors gewonnen werden. Die Instruktionen der Mikroprogramme bestimmen die Steuersignale für den Datenprozessor (Datenpfad) und den Speicher. Der Datenprozessor erzeugt seinerseits Steuereingaben in Form von Flaggenwerten (Bedingungscodes) für die Mikroprogrammfortschaltung MPF des Steuerprozessors und das Z-Register übernimmt die Steuersignale für den Datenpfad. (Die Mikroprogrammierung eines SISD-Rechners wird in Anhang B3 behandelt).

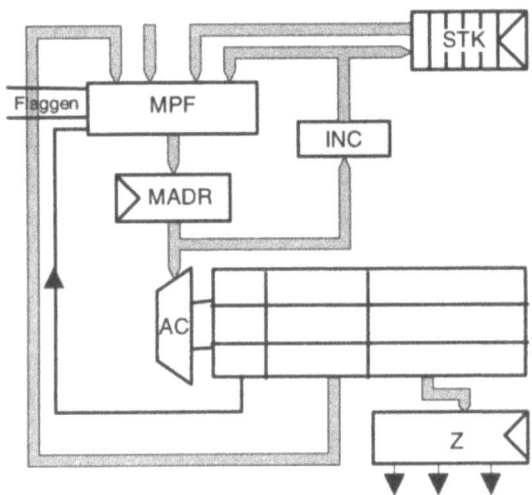

INC Inkrementierung, STK Unterprogrammstapel,
MPF Mikroprogrammfortschaltung

Bild B2.8 Steuerprozessor

Den Kern des Datenpfads bilden die ALU, dies ist ein Schaltnetz zur Berechnung arithmetischer und logischer Funktionen, und Register. Die jeweilige Funktion der ALU wird durch die Steuersignale des Steuerprozessors festgelegt. Register dienen zur schnellen Speicherung von Instruktionen und Operanden. Man unterscheidet zwischen Schiebe- und Parallelregister. Schieberegister (Shifter) sind Reihenschaltungen gemeinsam getakteter Flipflops. Sie gestatten es, Schiebeoperationen auszuführen. Parallelregister gestatten es, gleichzeitig auf alle Flipflops lesend oder schreibend zuzugreifen.

B2.2 Ausbau der mikroprogrammierten Maschine

Bild B2.9 zeigt ein Beispiel einer ALU mit Register, nämlich eine RALU (Registerfile RF mit arithmetisch-logischer Einheit). Sie läßt sich aus zwei integrierten Chips (ICs) der Firma Advanced Micro Devices [AMD88] aufbauen und besteht i.w. aus zwei Teilen:

dem Registerteil mit Dual-Port-RAM und Q-Register und

einem kombinatorischen Teil bestehend aus der ALU und den Multiplexern.

DB ist der Datenbus. Das Q-Register ist für den Assemblerprogrammierer nicht sichtbar; es dient dem Mikroprogrammierer als Hilfsregister.

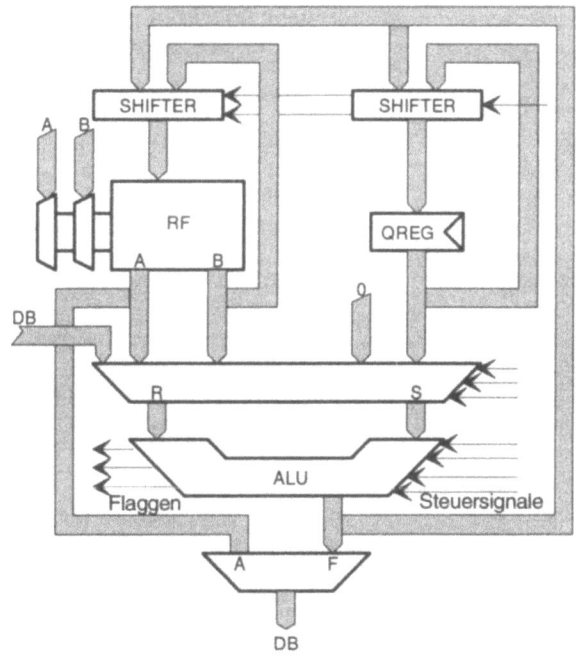

Bild B2.9 Datenpfad

B3 Mikroprogrammierung

Die Mikroprogrammierung bietet eine flexible und strukturierte Möglichkeit, das Steuerwerk eines Prozessors zu entwerfen und komplexe Maschinenbefehle zu implementieren.

Zunächst einige Definitionen:

Mikromaschine:	ein in einer Mikroprogrammiersprache programmierbarer Prozessor; Realisierung der Instruktionssatz-Architektur
Mikroprogammiersprache: (Mikromaschinensprache)	besteht aus Mikro(programm)befehlen, die die Mikromaschine (Steuerprozessor) direkt ausführen kann
Mikroprogramm:	Interpreterprogramm eines Maschinenbefehls
Mikroprogrammierung:	Implementieren eines Algorithmus' in der Mikromaschinensprache
Mikro(maschinen)code:	Binärcode eines Mikroprogramms
Firmware:	fest abgespeicherte Mikroprogramme
Mikroprogrammierter Rechner:	Rechner, bei dem die Ausführung der Maschinenbefehle durch Mikroprogramme gesteuert wird.
Mikroprogrammierbarer Rechner:	Rechner mit austauschbaren Mikroprogrammen

B3.1 Der Steuerprozessor

Der Steuerprozessor (Steuerpfad, Steuerwerk) eines Rechners transformiert Maschinenbefehle in Signalwerte (Mikroorders) zur Steuerung der Datenpfade (Rechenwerke) und der Mikroprogramm-Fortschaltung (Bild B3.1). Diese Signalwerte bilden den STEUERVEKTOR. Steuervektoren enthalten in der Regel neben den Mikroorders auch Adressen von Mikrobefehlen. Mikroorders können gleichzeitig ausgeführt werden, wenn sie nicht in Konflikt zueinander stehen, z.B. nicht dasselbe

B3.1 Der Steuerprozessor

Register oder denselben Pfad ansteuern. Die Bedeutung der Steuersignale wird noch näher erörtert.

Die Mikroprogramm-Steuerung (SEQUENZER) des Steuerprozessors bestimmt die Adresse des nächsten Mikroprogrammbefehls. Sie kann wählen zwischen der nächsten Adresse im Mikroprogrammspeicher, einer Sprungadresse im aktuellen Mikrobefehl, der Rückkehradresse aus einem Mikrounterprogramm oder der Startadresse eines Mikroprogramms, die aus dem aktuellen Maschinenbefehl gewonnen wird. Die Auswahl hängt in der Regel von Flaggenwerten des Rechenwerks ab. (Im folgenden stehe µ für „mikro"). Die µ-Programmsteuerung enthält somit u.a. den µ-Befehlszähler, einen Multiplexer für die Auswahl der nächsten µ-Befehlsadresse, eine Inkrementierlogik für den µ-Befehlszähler und eventuell einen Stack für Rückkehradressen aus Untermikroroutinen.

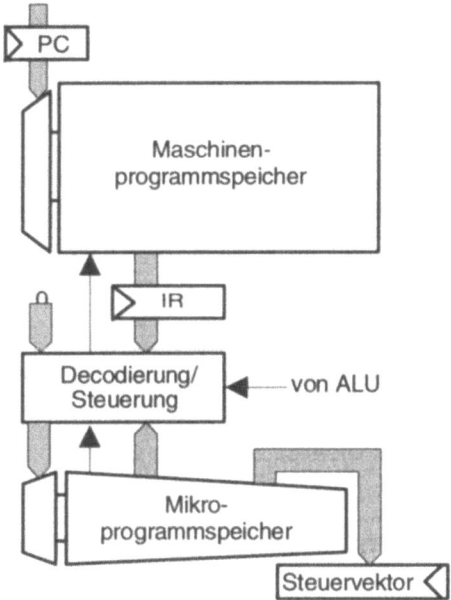

Bild B3.1 Mikroprogrammierte Steuerung

Ein typischer Mikrobefehl ist in Steuerfelder und eventuell ein oder mehrere Adreßfelder eingeteilt. Es gibt Steuerfelder, die sich auf die Datenpfade, und solche, die sich auf die µ-Programmsteuerung selbst beziehen. Dazu zählt der µ-Op-Code. Die Adreßfelder enthalten Adressen von µ-Befehlen, die als nächstes auszuführen sind. Bei mehreren Adreßfeldern wählt die Steuerung daraus die Adresse der nächsten Mikroinstruktion aus - abhängig vom µ-OP-Code und den aktuellen Flaggenwerten des Bedingungscodes. In anderen Worten, µ-OP-Codes spezifizieren bedingte und unbedingte µ-Programmsprünge.

Die Codierung eines Mikrobefehls kann so erfolgen, daß

- keine Decodierung des Mikrobefehls mehr nötig ist: *horizontales* Mikroprogramm;
- eine Decodierung des Mikrobefehls nötig ist: *vertikales* Mikroprogramm.

Ein Mittelweg zwischen der vertikalen und der horizontalen Codierung ist die *quasihorizontale* Codierung. Der Mikrobefehl ist dann in mehrere Steuerfelder eingeteilt, die einzeln codiert werden. Dies ist die übliche Form der Codierung.

Für die Decodierung eines Mikrobefehls gibt es wieder mehrere Möglichkeiten, z.B.

- die direkte Decodierung des µ-Befehls durch Hardwarebausteine (Decoder). Dies entspricht der festverdrahteten Decodierung auf Maschinenbefehlsebene. Die Decoder sind dann i.a. Teil der zu steuernden Funktionseinheiten (z.B. der ALU).
- die Decodierung des µ-Befehls durch ein Nanoprogramm. Das Nanoprogramm ist dann horizontal codiert. In diesem Fall spart man sich Speicherplatz, da unterschiedliche Mikroprogrammbefehle gleiche Nanosquenzen benutzen können.

Unter EMULATION versteht man das Ausführen eines „fremden" Maschinenbefehlssatzes durch Austausch der Mikroprogramme des Steuerwerks. Dies kann für die Erprobung neuer und das Verfügbarhalten alter Maschinenbefehlssätze benutzt werden. Dazu ist der µ-Programmspeicher als RAM vorzusehen, so daß die Mikroprogramme der alten Maschinenbefehlssätze geladen werden können.

B3.2 Beispiele für einfache Mikroprogramme

Es seien nun einige Beispiele für Mikro(teil)programme angegeben:

| Fetch-Zyklus | Indirekte Adressierung |
| Subroutinenaufruf | Load_address |

Das erste Beispiel ist Teil des Mikroprogamms eines jeden Maschinenbefehls. Es muß bei jeder Befehlsabarbeitung durchgeführt werden und kann als Mikrounterprogramm bereitgestellt werden. Die Mikroprogrammierung mancher Prozessoren

B3.1 Der Steuerprozessor

erlaubt es nämlich, die Subroutinentechnik auch auf der Mikroprogramm-Ebene anzuwenden. Die dazu nötigen Vorrichtungen haben wir in B2 kennengelernt.

Fetch-Zyklus

Programm für den Fetch-Zyklus in GAL (Anhang B4; mit * seien Pseudo-GAL-Befehle gekennzeichnet.):

```
*copy     (PC) ⇒ IR
add       #2   ⇒ PC      ;Befehlslänge sei 2 Bytes.
```

Wie sehen die entsprechenden interpretierenden Mikroprogramme aus? Um das Grundsätzliche daran zeigen zu können, sei ein stark vereinfachtes Modell eines Datenpfads verwendet (Bild B3.2). Es besteht aus einigen Registern und einer ALU, die über zwei Datenbusse miteinander verbunden sind. Die ALU-Ergebnisse können in die Register zurückgeschrieben werden.

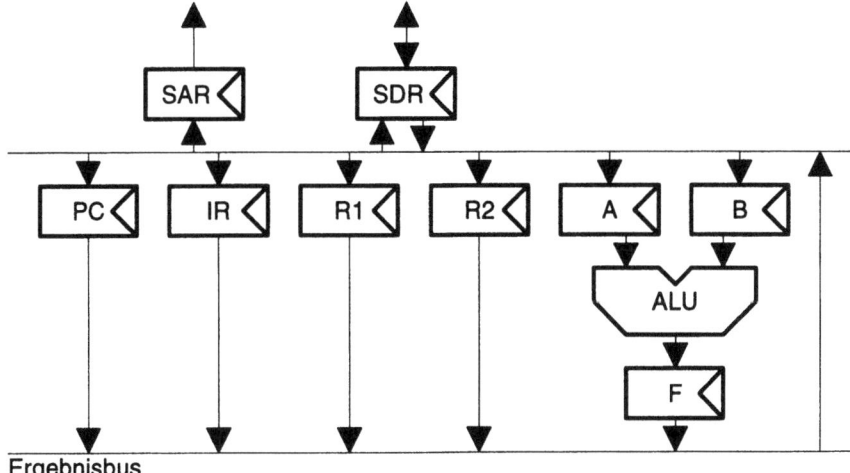

A, B und F sind sogenannte ALU-Ports
SAR ist das Speicheradreßregister und SDR das Speicherdatenregister

Bild B3.2 Datenpfad

Für die Mikroprogramme wollen wir eine GAL-ähnliche Notation verwenden. Diese ergibt eine Art Register-Transfer Sprache, wobei μoperation einen Mikrobefehl bezeichne. Das Mikroprogramm für den Fetch-Zyklus könnte dann aus den folgenden Mikrobefehlen bestehen:

```
µcopy     PC   ⇒ SAR
µsignal        read    ; Steuersignal an den Speicher
µcopy     SDR  ⇒ IR
µcopy     PC   ⇒ A
µcopy     #2   ⇒ B
µadd           ⇒ F
µcopy     F    ⇒ PC
```

Für das folgende sei angenommen, daß ein Befehl aus zwei Worten besteht, z. B.

load_address.

OP-Code	Reg. Nr.
Operandenadresse	

Im ersten Fetch-Zyklus stellt der Decoder die Einsprungadresse eines Mikroprogramms bereit, die dann von der Steuerung ausgewählt wird. Das Mikroprogramm beginnt in der Regel mit dem Holen des zweiten Instruktionsworts. Nach Holen des zweiten Instruktionsworts enthält das SDR je nach Befehl eine indirekte Adresse, eine Operandenadresse oder eine Sprungadresse. Es sind somit zwei Fetch-Zyklen nötig. Im zweiten Fetchzyklus wird das Instruktionswort nicht in das Instruktionsregister IR kopiert. Register R1 wird als Stapelzeiger (SP) benutzt.

Subroutinenaufruf

Der Maschinenbefehl jump: subroutine → label erfordert die folgenden Schritte:

- Fetch
- Kopieren des Programmzählerstandes auf den Stapel
- Erhöhen des Stapelzeigers
- Kopieren der Sprungadresse in den Programmzähler

Die Adresse der Subroutine sei das zweite Wort des Befehls. Im einzelnen:

```
(a)   Fetch-Zyklus              ;erstes Instruktionswort wird
                                 geholt.

(b)   µcopy  PC  ⇒ SAR           ;Die Sprungadresse wird geholt.
      µsignal    read
      µcopy  SDR ⇒ R2
```

B3.2 Beispiele für einfache Mikroprogramme

```
(c)  µcopy PC  ⇒ A      ;PC wird inkrementiert
     µcopy #2  ⇒ B
     µadd      ⇒ F
     µcopy F   ⇒ PC

(d)  µcopy R1  ⇒ SAR    ;Befehlszählerstand wird auf
                         den Stapel gebracht
     µcopy PC  ⇒ SDR
     µsignal   write

(e)  µcopy R1  ⇒ A      ;Der Stapelzeiger wird inkre-
                         mentiert
     µcopy #2  ⇒ B
     µadd      ⇒ F
     µcopy F   ⇒ R1

(f)  µcopy R2  ⇒ PC     ;Die Sprungadresse wird geladen
```

Indirekte Adressierung

Die effektive Adresse ist erst aus dem Speicher zu holen. Dann kann der Operand geholt werden.

Load_Address

Der Befehl load_address data ⇒ reg bringt die Adresse data nach Register reg. Die Adresse eines Datenobjekts sei nach Register R2 zu bringen. Nach dem Fetch des ersten Befehlsworts wird im zweiten Fetchzyklus die Adresse des Datenobjekts geholt.

```
     Fetch-Zyklus
     µcopy PC  ⇒ SAR    ;hole Adreßteil des Befehls
     µsignal   read
     µcopy SDR ⇒ R2
     µcopy PC  ⇒ A      ;PC wird inkrementiert
     µcopy #2  ⇒ B
     µadd      ⇒ F
     µcopy F   ⇒ PC
```

Ein Nachteil dieser µ-Programmbeispiele ist, daß zur Erhöhung des Befehlszählers und des Stapelzeigers die ALU benutzt wird. Dies erfordert zusätzliche Zyklen, da die ALU währenddessen nicht für andere Aufgaben verwendet werden kann. Eine Verbesserung besteht darin, für die Aktualisierung des Befehlszählers und des Stapelzeigers eine eigene Logik (Addierer, PCU) vorzusehen. Dann können der Befehlszähler und der Stapelzeiger nebenläufig zu ALU-Operationen aktualisiert werden. Der Befehlszähler wird dabei jedesmal automatisch erhöht, so daß er nach einem Fetch auf den nächsten Maschinenbefehl zeigt.

Wir wollen nun noch einen Schritt weiter gehen und die Wirkung der Mikroorder direkt sichtbar machen. Dazu verwenden wir die modellhafte Darstellung des Datenpfads aus Bild B3.2.

Erläuterungen zu Bild B3.3:

ALU	arithmetisch/logische Einheit
SP (R1)	Stapelzeiger mit De- und Inkrementiervorrichtung
PC	Programmzähler mit automatischer Inkrementierung
Reg (R2)	ist ein Hilfsregister für die Mikroprogrammierung

Bedeutung der Signale:

Ci:	Steuersignal für Datenwege; × Wirkpunkt für ein Steuersignal. Die Wirkung ist mit dem Öffnen eines Tors vergleichbar. Die Steuersignale zusammen mit dem Taktsignal „öffnen" die entsprechenden Datenwege.
CR:	Lesesignal; CW: Schreibsignal; CL: Ladesignal
CD/CI:	Signale für die De-/Inkrementierung des Stapelzeigers
(X):	Inhalt des Registers X.

Tabelle B3.1 zeigt Beispiele für Mikroprogramme. Es sind jeweils die zu aktivierenden Signale angegeben. Der Stapel wächst aufwärts und SP zeigt immer auf einen freien Speicherplatz. Die Speicherzugriffszeit betrage einen Takt.

B3.2 Beispiele für einfache Mikroprogramme

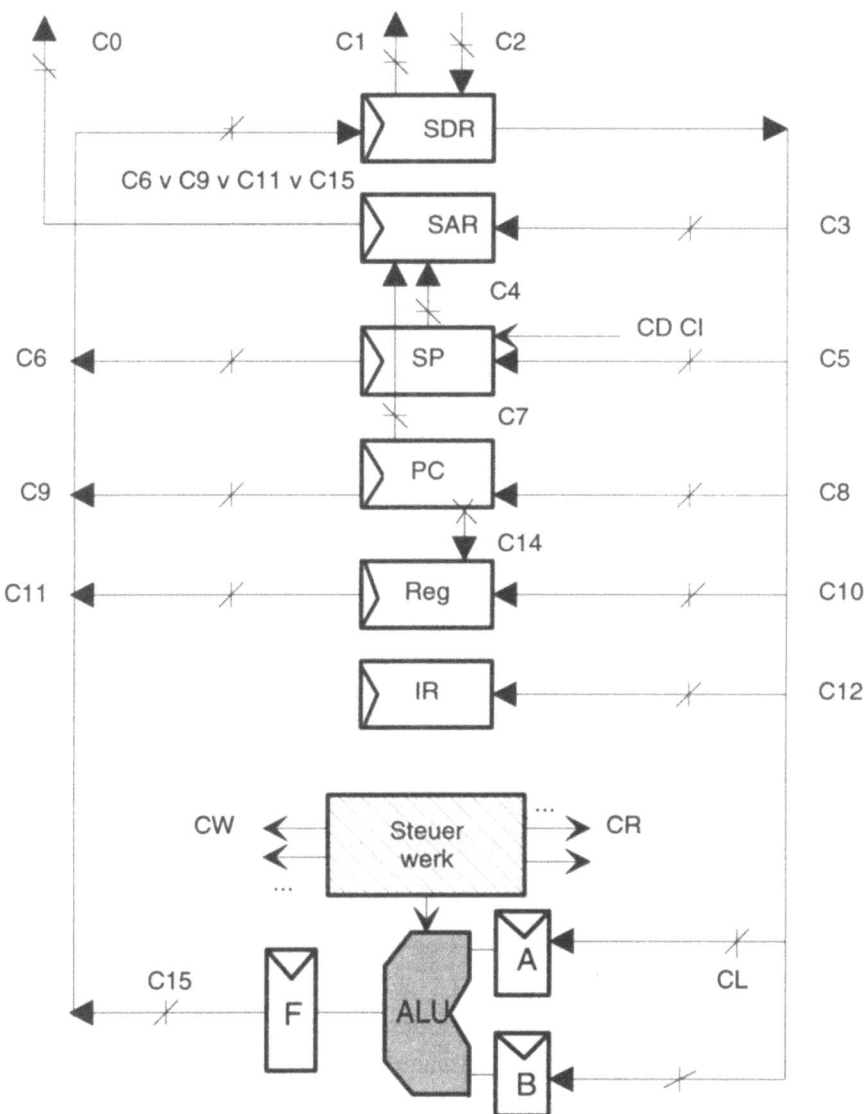

Bild B3.3 Datenpfad

Tabelle B3.1

fetch:	SDR ← Speicher, INC PC	CR C0 C2
	IR ← (SDR), SAR ← (PC)	C12 C7
jump_subr_dir:	SDR ← Speicher, INC PC	CR C0 C2
	SAR ← (SP), REG ← (PC), PC ← (SDR)	C4 C14 C8
	Speicher ← (SDR), INC SP, SAR ← (PC), goto fetch	C1 CI C7
return:	DEC SP	CD
	SAR ← (SP)	C4
	SDR ← Speicher	CR C0 C2
	PC ← (SDR), SAR ← (SDR), goto fetch	C8 C3
jump always:	SDR ← Speicher	CR C0 C2
	PC ← (SDR), SAR ← (SDR), goto fetch	C8 C3
load_address:	SDR ← Speicher, INC PC	CR C0 C2
	ALU← (SDR), SAR ← (PC), goto fetch	CL C7
load_indirect:	SDR ← Speicher, INC PC	CR C0 C2
	SAR ← (SDR)	C3
	SDR ← Speicher	CR C0 C2
	ALU← (SDR), SAR ← (PC), goto fetch	CL C7
jump indirekt:	SDR ← Speicher	CR C0 C2
	SAR ← (SDR)	C3
	SDR ← Speicher	CR C0 C2
	PC ← (SDR), SAR ← (SDR), goto fetch	C8 C3

Das μProgramm für *fetch* beginne bei μProgrammadresse 0. Bei einem Systemstart, Reset oder *goto fetch* wird der μBefehlszähler mit dieser Adresse geladen.

Die Formulierung einer Problemlösung als Mikroprogramm ist wohl kaum einem Rechnerbenutzer zuzumuten. Für ihn liegt die Mikroprogrammebene hinter der Maschinen(programm)ebene verborgen, sie ist für ihn transparent. Auf der Maschinenebene kann er seine Problemlösung in Form eines Assemblerprogramms viel leichter formulieren.

Abschließend seien noch Beispiele für die Verhaltensspezifikation des Fetch-Zyklus' und der Steuerung der Befehlsaufführung in VHDL gebracht [Ashe96].

Bild B3.4 zeigt das Schema für eine Verhaltensmodellierung des Instruktions-Fetch-Zyklus'. Der Prozeß holt die Instruktionen aus dem Speicher und interpretiert sie. Sobald der Speicher antwortet, werden die Daten vom Speicherbus nach SDR (mem_data-reg) übernommen und von dort in das IR (instr_reg) kopiert. Der Prozeß bestätigt den Erhalt der Daten, indem er das *mem_request*-Signal wieder zurücksetzt.

```
instruction_interpreter: PROCESS IS
    VARIABLE  mem_address_reg, mem_data_reg,
              prog_counter, instr_reg,
              index_reg: word;
    ....
    PROCEDURE read_memory IS
    BEGIN
        address_bus <= mem_address_reg;
        mem_read <= 1;
        WAIT UNTIL mem_ready = '1';
        mem_data_reg := data_bus_in;
        mem_request <= '0';
        WAIT UNTIL mem_ready = '0';
    END PROCEDURE read_memory;
BEGIN
    ... --Initialisierung
    LOOP
        -- hohle die nächste Instruktion
        mem_address_reg := prog_counter;
        read_memory;
        instr_reg := mem_data_reg;
        ...
        CASE opcode IS
        ...
        END CASE;
    END LOOP;
END PROCESS instruction_interpreter;
```

Bild B3.4 Interpreter-Prozeß

Bild B3.5 zeigt einen Steuerprozeß, der die Steuersignale für ALU-Operationen erzeugt. Den Takt liefert ein zweiphasiger Taktgenerator.

```
control_sequencer : PROCESS IS
    PROCEDURE control_write_back IS
    BEGIN   --- schreibe ALU-Ergebnis zurück
        WAIT UNTIL phase1 = '1';
        reg_file_write_en <= '1'; -- en: enable
        WAIT UNTIL phase2 = '0';
        reg_file_write_en <= '0';
    END PROCEDURE control_write_back;
    PROCEDURE control_arith_op IS
    BEGIN
        WAIT UNTIL phase1 = '1';
        A_reg_out_en <= '1';
        B_reg_out_en <= '1';
        WAIT UNTIL phase1 = '0';
        A_reg_out_en <= '0';
        B_reg_out_en <= '0';
        WAIT UNTIL phase2 = '1';
        F_reg_load_en <= '1';
        WAIT UNTIL phase2 = '0';
        F_reg_load_en <= '0';
        control_write_back;
    END PROCESURE control_arith_op;
    ...
BEGIN
    ...
    control_arith_op;
    ...
END PROCESS control_sequencer;
```

Bild B3.5 Steuerprozeß

B4 Eine einfache Assemblersprache

GAL: Generic Assembly Language

Die Syntax von GAL ist sehr einfach [Scra92]. Ihr liegt ein einfaches Hardware-Programmiermodell (ISA) zugrunde. Es enthält acht allgemein nutzbare Register und einen einfachen Befehlssatz. Dieser besteht aus arithmetisch/logischen Befehlen, Sprungbefehlen und Befehlen zur Datenübertragung. Als vordefinierte Datentypen gibt es in GAL nur solche, deren Größe ein oder zwei Bytes beträgt, wie `byte`, `word` oder `character`. GAL kennt außerdem nur die direkte und die indirekte Adressierung.

Speicher-Direktive werden verwendet, um in einem Assemblerprogramm Hauptspeicherzellen zu benennen und Speicherplatz zu reservieren.

Beispiel: Die Speicher-Direktive

```
        my_place  variable : character
```

ist eine Anweisung an den Assembler, Speicherplatz für ein Zeichen (character) zu reservieren. Dieser Speicherplatz kann mit dem (symbolischen) Namen `my_place` angesprochen werden; `character` ist die Angabe eines Datentyps. An der Typangabe kann der Assembler erkennen, wieviel Speicherplatz zu reservieren ist. Reserviertem Speicherplatz kann mit einer Direktive ein Wert (Literal) oder der Inhalt eines anderen Speicherplatzes zugewiesen werden.

Beispiele:

```
(1)  my_place  equals 'A'
(2)  my_var    variable : integer
     my_var    equals 5
(3)  my_con    constant : integer 5
```

Formatierungs-Direktive werden verwendet, um ein Programm übersichtlicher zu gestalten.

Beispiel:

```
    begin_data
        my_con    constant : integer 5
```

```
        my_var    variable : character
          .
          .
          .
        end_data
```

In Assemblersprachen - wie GAL - werden Register über Registernummern angesprochen. Da es in einem Prozessor i.a. nur relativ wenige Register gibt, sind für Nummerangabe auch nur wenige Bits nötig. In GAL können auch die symbolischen Namen, `reg0 ... reg7`, statt Nummern verwendet werden. Der Hauptspeicher wird über Adressen angesprochen. Die Größe des Adreßraums hängt von der Prozessororganisation ab.

Typische GAL-Befehle sind:

```
        copy: byte (reg0)    ⇒  reg7;
        load_address var     ⇒  reg7;
        jump: always         →  subr;
```

Die Syntax von GAL:

Direktiven:

```
        <id> variable :     <type> [<size>]
        <id> constant:      <type> <value>
        <id> equals         <literal>
             begin_data     begin_code
             end_data       end_code
```

Spezialzeichen:

    #   Zeichen für „unmittelbar" (immediate)

    ;   Kommentar-Separator

Namen müssen mit einem Buchstaben beginnen.

    >   kennzeichnet eine Marke (label) einer Subroutine.

Zeichen und Zeichenketten (strings) sind in Hochkommata zu setzen.

Anweisungen:

```
        [<label>] <operation> [:type] <operand>
           ⇒    <operand> [;<comments>]
        operation :=   add | subtract | multiply | divide |
                       and | or |
```

Anhang B4

```
                    not | copy | compare | load_address
                    | nop
Defaulttyp ist integer.
operand    :=   literal | name | reg0 | ... | reg7 |
                (reg0) | ... | (reg7)
```

Steueranweisungen:

```
    jump :    [mod] → <newloc>
    mod  :=   always | equal | less |
              greater | less_equal | greater_equal |
              not_equal | subroutine
    return
```

Eingebaute Subroutinen:

```
    input, output, ord, char, halt
```

Typbezeichner:

```
    byte | character (1 byte) | word (2 bytes)
         | integer (2 bytes) |
    string (array of characters) | address (2 bytes)
```

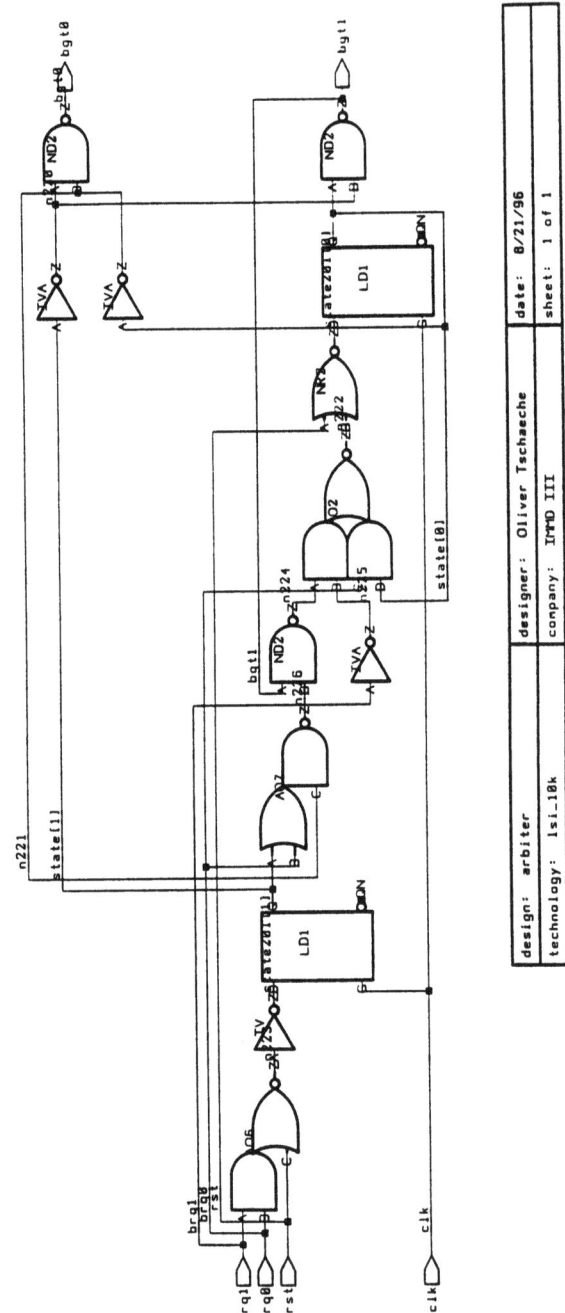

Literaturverzeichnis

Verwendete Symbole

Verzeichnis der Abkürzungen

Maßeinheiten

Index

Literaturverzeichnis

[Ajmo95]   Ajmone Marsan, M.; G. Balbo; G. Conte; S. Donatelli; G. Franceschinis: Modelling with Generalized Stochastic Petri Nets, J. Wiley, 1995

[AMD88]   Advanced Micro Devices, Am29000, 1988

[Amda67]   Amdahl, G.M.: Validity of the single processor aproach to achieving large scale computing capabilities, Proc. AFIPS Computer Conference, 1967

[Ance86]   Anceau F.: The Architecture of Microprocessors, Addison-Wesley, 1986

[Ashe96]   Ashenden P.: The Designer's Guide to VHDL, M. Kaufman 1996

[Bähr91]   Bähring, H.: Mikrorechnersysteme, Springer, 1991

[Baro92]   Baron, R.J.; L. Higbie: Computer Architecture, Addison Wesley, 1992

[Blec96]   Bleck A.; et al.: Praktikum des mondernen VLSI-Entwurfs, B.G. Teubner, 1996

[Bode90]   Bode, A.: RISC-Architekturen, BI-Wissenschaftsverlag, 1990

[Bolc89]   Bolch, G.: Leistungsbewertung von Rechensystemen mittels analytischer Warteschlangenmodelle, B.G. Teubner, 1989

[Brai95]   Braitenberg, V.: Simulation, Computer zwischen Experiment und Theorie, rororo, 1995

[Buch94]   Buchholz, P.; J. Dunkel, B. Müller-Clostermann; M. Sczittnick; S. Zäske: Quantitative Systemanalyse mit Markovschen Ketten, B.G. Teubner, 1994

[Cart96]   Carter J.W.: Microprocessor Architecture and Microprogramming, Prentice Hall, 1996

[DalC79]   Dal Cin, M.: Fehlertolerante Systeme - Modelle der Zuverlässigkeit, Verfügbarkeit, Diagnose und Erneuerung, B.G. Teubner, 1979

[DalC95]   Dal Cin, M.: Fehlertolerante Architekturen, Kapitel 8 in [Wald95]

[Dres90]   Drescher, N.: Universalprozessoren und ihre Realisierung, Hüthig, 1990

[Dong87]   Dongarra J.J.; et al.: Computer Benchmarking: Paths and Pitfalls, IEEE Spectrum, July 1987

[Feld94]   Feldman, J.M.; G.T. Retter: Computer Architecture, McGraw-Hill, 1994

[Flik94]   Flik, Th.; H. Liebig: Mikroprozessortechnik : Springer, 1994

[Flyn95]   Flynn, M.J.: Computer Architecture, Jones and Bartlet, 1995

[Gehr87]   Gehringer, E.F.; D.P. Sieworek; Z. Segal: Parallel Processing: The Cm* Experience, Digital Press, 1987

[Gilo93]   Giloi, W.K.: Rechnerarchitektur, Springer 1993

[Görk89]   Görke, W.: Fehlertolerante Rechensysteme, Oldenbourg, 1989

[Golz95]   Golze U.: VLSI-Entwurf eines RISC-Prozessors, Vieweg, 1995

[Gryg95]   Grygier A.; M. Dal Cin: Stable Object Store for Multiprocessors with-Distributed Memory, IEEE-Proceedings WORD's 94 Dana Point 1995

[Händ77]   Händler, W.: The impact of classification schemes on computer architectures, IEEE-Proc. ICPP, 1977

[Henn96]   Hennessy, J.L; D.A. Patterson: Computer Architecture - a quantitative approach, M. Kaufman, 1990 (auch auf Deutsch). Zweite Auflage 1996

[Hwan84]   Hwang, K.; F.A. Briggs: Computer Architecture and Parallel Processing, McGraw-Hill, 1984

[Jess87]   Jessen E.; R. Valk: Rechensysteme: Grundlagen der Modellbildung, Springer 1987

[Hwan93]   Hwang, K.: Advanced Computer Architecture, McGraw-Hill, 1993

[Kärg96]   Kärger, R.: Diagnose von Computern, B.G. Teubner, 1996

[Koba78]   Kobayashi, H.: Modeling and Analysis: An Introduction to System Performance Evaluation Methodology, Addison-Wesley, 1978

[Krop95]   Kropf, J.Th.: VLSI-Entwurf: Vorgehen, Methoden, Automatisierung, Thomson Pub. 1995

[Lieb93]   Liebig, H.; Th. Flick: Rechnerorganisation: Prinzipien, Struktur, Algorithmen; Springer, 1993

[Lync93]   Lynch, M.A.: Microprogrammed State Machine Design, CRC Press, 1993

[Mang90]   Mange, D.: Microprogammed Systems, Chapman & Hall, 1990

[Mano93]   Mano, M.M.: Computer System Architecture, Prentice-Hall, 1993

[McCl86]   McClusky, E.: Logic Design Principles, Prentice-Hall, 1986

[Patt93]   Patterson, D.A.; J.L. Hennessy: Computer Organization and Design: The Hardware / Software Interface, M. Kaufmann, 1993

[Prit95]   Pritzker, A.: New roles for simulation in industry, 7th European Simulation Symposium, Erlangen, Society for Computer Simulation 1995

[Unge95]   Ungerer, Th.: Mikroprozessortechnik, Thomson Pub., 1995

[Unge93]   Ungerer, Th.: Datenflußrechner, Teubner, 1993

[Sahn96]   Sahner R.A.; K.S. Trivedi, A. Puliafito: Performance and Reliability Analysis of Computer Systems, Kluwer Academic Pup., 1996

[Schm85]   Schmidt, B.: Systemanalyse und Modellaufbau, Springer, 1985

[Scra92]   Scragg, G.W.: Computer Organization, McGraw-Hill, 1992

[Sill88]   Sillicorn, A.: A Taxonomy for Computer Architecture, IEEE Computer, November 1988

[Span95]   Spaniol, O.; S. Hoff: Ereignisorientierte Simulation, Thomson Pub., 1995

[Suri95]   Suri N.; C.J. Walter; M.M. Hugue (Hrsg.): Advances in Ultra-Dependable Distributed Systems, IEEE Computer Soc. Press, 1995

[Tann90]   Tannenbaum, A.S.: Structured Computer Organization, Prentice-Hall, 1990

[Triv82]   Trivedi, K.: Probability and Statistics with Reliability, Queueing and Computer Science Applications, Prentice Hall, 1982

[Yaeg96]   Yeager, K.C.: The Mips R10000 Superscalar Microprocessor, IEEE Micro April, 1996

[Wald95]   Waldschmidt, K. (Hrsg.): Parallelrechner: Architekturen - Systeme - Werkzeuge, B.G. Teubner, 1995

Verwendete Symbole

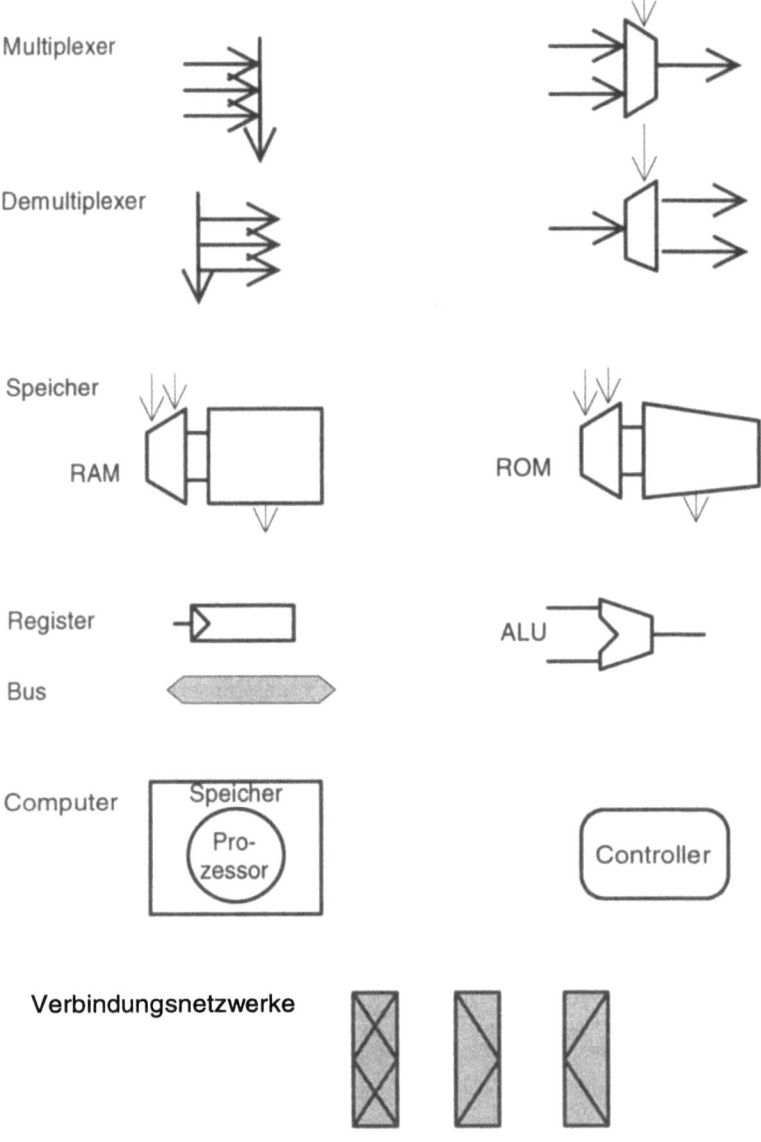

Verzeichnis der Abkürzungen

AKKU	Akkumulatorregister
ALU	arithmetic logic unit
AP	array processor
ASCII	American standard code for information interchange
ATC	address translation cache
ATM	asynchronous transfer mode
BGT	bus grant
BIF	bus interface
BIST	built in self test
BN	Benes Network
BRQ	bus request
BZ	Befehlszähler
CAM	content addressable memory
CC	condition code
CCU	computer control unit
CISC	complex instruction set computer
CM	Connection Machine
COMA	cache only memory access
COP	coprocessor
COW	cluster of workstations
CPI	cycles per instruction
CPU	central processing unit
CPUP	CPU-Performanz
CPUT	CPU-Zeit
CSMA/CD	carrier sense multiple access with collision detection
CWP	current window pointer
DMA	direct memory access
DMUX	Demultiplexer
DRAM	dynamic random access memory

ECC	error detecting and correcting code
ECL	emmiter coupled logic
ECS	Erlanger Classification Scheme
EDC	error dedecting coding
EBCDIC	extended binary coded decimal interchange code
FiFo	last-in-first-out
FPU	floating point unit
FSM	finite state machine
FSMD	finite state machine wth datapath
FU	functional unit
GAL	generic assembly language
GSPN	generalized stochastic Petri net
HDL	hardware description language
HS	Hauptspeicher
HSA	Hardware-System-Architektur
HW	hardware
IC	integrated circuit
	instruction count
ID	identification number
ILP	instruction level parallelism
IN	interconnection network
INQ	instruction queue
INT	interrupt
INTA	interrupt acknowledge
IOP	input/output processor
IR	Instruktionsregister
ISA	Instruktions-Satz-Architektur
LAN	local area network
LFU	least frequently used
LiFo	last-in-first-out
LRU	least recently used

Verzeichnis der Abkürzungen

MESI	modified-exclusive-shared-invalid
MCP	management and control processor
MFLOPS	million floating point operations per second
MIMD	multiple instruction stream, multiple data stream
MIPS	million instructions per second
MMU	memory management unit
MORS	multiple overlapping register set
MOS	metal oxide silicon
MPP	massively parallel processing
MSIMD	multiple single instruction stream, multiple data stream
MTA	multi threaded architecture
MTTDL	mean time to data loss
MTTF	mean time to failure
MTTR	mean time to repair
MUX	Multiplexer
NOP	no operation
NORMA	no remote memory access
NOW	network of workstations
NUMA	nonuniform memory access
OP	operation
PA	physikalische Adresse
PC	program counter
PCB	process control block
PCI	peripheral component interconnect
PCU	program control unit
PLA	programmable logic array
PMS	processor-memory-switch
PSR	pair and spare redundancy
RAID	redundant array of independent disks
RALU	register and arithmetic logic unit
RAM	random access memory
	random access machine
RF	Registerfile

RISC	reduced instruction set computer
ROB	reorder buffer
ROM	read only memory
RR	relocation register
SAR	Speicheradreßregister
SCSI	small computer system interface
SDR	Speicherdatenregister
SDRAM	synchronized DRAM
SIMD	single instruction stream, multiple data stream
SISD	single instruction stream, single data stream
SMP	symmetric multiprocessing
SR	Statusregister
SRAM	static random access memory
STR	Steuerregister
SW	software
TAS	test and set
TLB	translation lookaside buffer
TMR	triple modular redundancy
UART	universal asynchronous receiver/transmitter
UMA	uniform memory access
VA	virtuelle Adresse
VCP	virtual channel processor
VHDL	VHSIC hardware description language
VHSIC	very high speed integrated circuit
VLIW	very long instruction word
VP	vector processor
VPN	virtual page number
WAN	wide area network
WSC	work space cache

Maßeinheiten

Einheit			Beispiel	
Milli-	10^{-3}		ms	Tausendstelsekunde
Mikro-	10^{-6}		µs	Millionstelsekunde
Nano-	10^{-9}		ns	Milliardstelsekunde
Piko-	10^{-12}		ps	Billionstelsekunde
Kilo-	10^{3}	2^{10}	KByte	1 024 Bytes
Mega-	10^{6}	2^{20}	MByte	1 048 576 Bytes
Giga-	10^{9}	2^{30}	GByte	1 073 740 824 Bytes
Tera-	10^{12}	2^{40}	TByte	1 099 511 627 776 Bytes

Lichtgeschwindigkeit 299,8 mm/ns; Masse des leichtesten Gluonenballs 3×10^{-15} Pikogramm; Abmessung eines CMOS-Transistors $\approx$ 0,5 µm; Schaltzeit eines ECL-Gatters < 1 ns;

PowerPc 604 (1994): Abmessungen 12,4 mm×15,8 mm; Anzahl der Transistoren 3,6 Mega; Taktrate 100 MHz; 304 Pins, Verlustleistung 10 W.

Index

A

Adapter	51, 174
Additionseinheit	86
Address Translation Cache	141
Adreß-Tag	116
Adreßbereich	58
Adreßbus	129
Adreßfeld	283
Adressierungsart	37, 71
Adressierungsmodus	38
Adreßpufferregister	36
Adreßraum	51, 58
Adreßspezifikation	38
Adreßwerk	69
Akkumulator	36
Aktivieren	248
Aktivitätstabelle	186
Akzeptanztest	96
Alarmbehandlung	161
Alphabet	258
ALU-Stufe	108
Amdahlsches Gesetz	19, 193
Angemessenheit	13
Ankunftsrate	217
Ankunftszeit	203
Antiabhängigkeit	85
Antwortzeit	20, 51, 226
Arbeitsmenge	139, 142, 219
Arbeitsplatzrechner	202, 224
Arbeitsregister	36
Arbiter	156
ARCHITECTURE	99
Architektur	11f
Architekturbewertung	15f
Architekturklasse	181
Architekturkriterium	13
Architekturmodell	201
Assemblersprache	38, 40, 276f
assoziative Abbildung	118
Assoziativprozessor	115
Assoziativspeicher	114
ATM-Switch	179
Atomarität	147
Attached Prozessor	90
Aufenthaltsdauer	249
Auftrag	20, 202
Ausfallrate	237
Ausfallwahrscheinlichkeit	194, 195
Ausführungszeit	89
Ausgabeautomat	265
Auslastung	20, 59
Auslastungsverhältnis	20
Ausnahme	53, 68
Ausnahmebehandlung	40, 69, 165
Automat	156, 205, 259
autovektorisierter Interrupt	169

B

Backplane-Bus	153
Badewannenkurve	238
Balance-Faktor	191
Bandbreite	17
Basisblock	96
Basismodell	264
Basisregister	40
Bedienstationen	202
Bedienzeiten	203
Bedingungscode	279
Befehlsausführung	45, 68
Befehlsbereitstellung	68
Befehlsdecodierung	43
Befehlsformat	43
Befehlsholstufe	68
Befehlslatenz	71
Befehlspipeline	67
Befehlspuffer	92
Befehlsstrom	78
Befehlszähler	36, 69
Befehlszählerprinzip	279
Befehlszyklus	34, 43
Benchmark	21

Index

Benes-Netzwerk	26, 185	Buszyklus	154
Benutzermodus	36	Buszykluszeit	132
Berechenbarkeit	257	Bypass	77
Berechnung	257		
Beschleunigung	19, 65, 90, 229f	**C**	
Beschleunigungsmaßnahmen	64	Cache	33, 42, 73, 116
Betriebskosten	190	Cache-Fehlzugriff	81
Betriebsmittel	56	Cache-Hierarchie	116
Betriebsmittelkonflikt	73	Cache-Kohärenz	125
Betriebsmodus	93	Cache-Kohärenz-Protokoll	125
Betriebssystem	40, 53	Cache-Miss	59, 75
Bewertung	15	Cache-Protokoll	116
BH-Stufe	108	Cache-Steuerung	117
Bisektions-Bandbreite	190	Cache-Struktur	197
Bitfehler	113	Cache-Zeile	116
Blase	74	Central-Server-Modell	203, 220, 222, 249
Block	100, 111, 116	Checkpoint	96
Block-Multiplexer-Kanal	177	Churchsche These	268
Blockierlogik	74	CISC-Architektur	12, 35, 47
Blockierungsverhalten	27	CISC-Prozessor	45, 73, 71
Blockrahmen	111	Cluster	23
Blocktransfer	154, 161, 176	COMA-Rechner	29
Blockzugriff	116	Comparator	121, 270
Botschaft	57	Compiler	40, 73
Botschaftenkopplung	23	CONFIGURATION	104
Botschaftentransfer	154	Coprozessor	47, 90f
Boundary-Scan-Zelle	93	Coprozessorbefehl	91
Bus	25, 42, 50, 153f	copy back	123
Bus-Request	158	CPU-Durchsatz	19
Busanforderung	154	CPU-Performanz	19
Busarbiter	205	CPU-Zeit	18, 65
Busauslastung	156	Cut-Through-Routing	28, 186
Buscontroller	158	Cycle Stealing	176, 247
Busfreigabe	154		
Busmaster	154	**D**	
Busmodul	161	Daisy-Chain	159
Busparken	163, 205	Data-Link	60
Busprotokoll	156, 245	Dateisystem	148
Bussystem	154	Daten-Cache	68
Busteilnehmer	50, 161	Datenabhängigkeit	59, 73
Bustransaktion	154, 163	Datenbank	51
Busvergabe	154	Datenfluß	30, 87
Busvergabezyklus	156		

Datenfluß-Hemmnis	59
Datenflußbeschreibung	103
Datenflußprinzip	69
Datenflußrechner	22, 29, 186f
Datenkonsistenz	118, 125
Datenparallelität	24
Datenpfad	42, 265, 280
Datenprozessor	33, 265
Datenstrom	22, 280
Datenwerk	23, 42
Decoder	44, 284
Decodierstufe	68
Delayed Branch	80
Delayed Load	77
Demultiplexer	42
Deskriptor	135
Determiniertheit	254
Diagnosenetzwerk	189
Diagnoseprozessor	190, 214
Directory	185
direkte Abbildung	118
Disk-Array	149
Dispatch-Tabelle	55
Dispatcheinheit	58
DMA-Controller	125, 164, 225, 247
DMA-Port	60
Duplexsystem	216, 236, 240f, 250
Durchsatz	20, 66, 71

E

E/A-Prozessor	177
Echtzeitsysteme	134
Effizienz	66, 193
Ein-/Ausgabebus	154
Ein-/Ausgabekanal	176
Ein-/Ausgabeleistung	194
Einzelworttransfer	161
Emulation	284
End-to-End-Bandbreite	190
Endlicher Automat	156, 259f
ENTITY	99
Entscheidungsbaum	271f
Entwurfskriterium	15

Entwurfsziel	22
Ereignis	53, 210
Ergebnisbus	86
Erreichbarkeitsgraph	247
Ersetzungsstrategie	122
Erstellungskosten	190
Erweiterbarkeit	13
Erweiterungsspeicher	52
Evaluierung	15
Execute-Zyklus	54

F

Fail-Stop-System	96
Fat Tree	188
Fehler	53, 111, 113, 232
Fehlerausgrenzung	233
Fehlerbehebung	233
Fehlerdiagnose	233
Fehlereingrenzung	233
Fehlererkennungshardware	53
Fehlerinjektionsexperiment	99, 216
Fehlerkompensation	233
Fehlerkorrektur	161
Fehlerlokalisierung	93
Fehlermaskierung	96
Fehlermodell	216
fehlertoleranter Rechner	97, 233f
Fehlertoleranz	96, 147, 179, 194, 214, 231
Fehlertoleranzmaßnahmen	216
Fehlertransparenz	14
Fehlerüberdeckung	96
Fehlervorhersage	233
Fehlerzuschlag	111, 136
Feldrechner	24, 32, 182f
Fenster	42
Fensterzeiger	42
Ferndiagnose	98
Festwertspeicher	44
Fetch-Zyklus	42, 54
Feuern	248
Feuerregel	253
Firmware	45, 282

First-in-First-out 204
Flaschenhals 84
Fließbandprinzip 25, 64
Flußdiagramm 156
Format 39
Forwarding 77
Fragmentierung 137
FSM-Modelle 205, 260
Füllung 218
Füllzeit 65
Functional Redundancy Checking 96
Funktionscode 147
Funktionsdauer 236
Funktionseinheit 33, 84
Funktionstabelle 270
Funktionszustand 233

G
Gatterebene 12
Generalisiertes Stochastisches Petri-Netz 249f
Gerät 50
Gerätesteuerung 175
Gerätetechnologie 163
Gesamt-Bandbreite 190
Geschwindigkeitsgewinn 19
Gewicht 245
Gitter 188
Grand Challenges 192
Graphikprozessor 192
Großrechner 51
Gütegarantie 16

H
Halbaddierer 103
Halbwert 66
Handhabbarkeit 13
Handshaking 162
Hardware-Beschreibungssprache 99, 213, 291
Hardware-Compiler 99
Hardware-System-Architektur 12
Hardwaremodul 99

Harvard-Architektur 23, 35, 42, 141
Hashing 139
Hauptspeicher 33
Hauptspeicheradresse 40
High-Order-Interleaving 132
Hintergrundspeicher 135
History-Bit 82
Hochleistungsrechner 192
Hostadapter 172
Hostrechner 226
Hypercube 186
Hypernode 184

I
Impulsdiagramm 156
Instruktion 34, 264
Instruktions-Cache 68
Instruktions-Satz-Architektur 12, 35
Instruktions-Scheduling 75, 84
Instruktionsfenster 87
Instruktionsregister 36, 68, 264
Instruktionsspeicher 187
Instruktionsstrom 22, 280
Instrumentieren 20
Intaktzeit 151
Interclusterbus 184
Interprozessorkommunikation 63
Interrupt 51, 164
Interrupt-Controller 168
Interrupt-Ebene 165
Interrupt-Input 166
Interrupt-Logik 170
Interrupt-Pending-Bit 165
Interrupt-Vektornummer 154
Interruptmasken-Register 166
Interruptquelle 54, 165
Interruptsequenz 165
Interruptsignal 55
Interruptsystem 165
Intraprozessor-Kommunikation 53
Invalidieren 116

K

Kachel	136
Kachelnummer	138
Kalender	210
Kanalprogramm	176
Kanalregister	63
Kanalvariable	61
Kapazität	245
Kaskadieren	169
Kiviat-Diagramm	17
Klassifizierung	22
Klassifizierungsschema	30
Knoten	26, 185
Kommunikation	57
Kommunikationsbefehl	61
Kommunikationslatenz	58, 190
Kommunikationsmedium	25
Kompatibilität	13
Komplexität	194, 265
Konflikt	246
Kontextwechsel	56
Kontrollfaden	58
Kontrollfluß-Hemmnis	59, 78
Kontrollflußprinzip	29, 34, 69, 264, 273
Korrekturlogik	113
Kosten	16
Kosten/Leistungsverhältnis	17, 196
Kreuzschienenverteiler	26, 179, 184

L

Lade-Pipeline	122
Lade/Speichereinheit	143
Längenregister	134
Lastausgleich	197
Latchzeit	71
Latenz	49
Laufwerk	149
Lebendigkeit	254
Lebensdauer	236
Leerzeit	156
Leistung	13, 16
Leistungsabfall	192, 215, 225f
Leistungsbewertung	17
Leistungstransparenz	14
Leitungsvermittlung	27
Leitwerk	23
Link	63, 185
Littlesche Formel	218
Load-Store-Pipeline	91
Load/Store-Architektur	35, 41
Lock	125
Lokales Netz	177
Lokalitätsprinzip	81
Low-Order-Interleaving	132

M

Machbarkeitsanalyse	17
Magnetplattenspeicher	148
Mainframe	22, 51
Makroarchitekturebene	12
Makropipeline	67
Markierung	245
Markov-Prozeß	222f, 248
Maschinen(programm)-Ebene	12, 290
Maschinenbefehl	18, 34f, 45
Maschinenbefehlsformat	68
Maschinenbefehlssatz	12, 39f
Maschinendatentyp	12, 36f
Maschinenprogramm	73
Maske	114
Maskierungsbit	55
Massenspeicher	110
Master	153, 205
Master-Checker-Konfiguration	32, 96, 97
Mastermodul	153
Maximalrate	66
Mealy-Automat	262
Mean Time to Data Loss	151, 234
Medwedjew-Automat	262
Mehrfachbus	188
Mehrfachzugriff	161
Mehrprogrammbetrieb	117
Mehrprozessorsystem	57
Mehrpunktverbindung	178

MESI-Protokoll	125	Multiplexer	42, 274
Messung	15	Multiplexer-Kanal	177
Micro-Instruction-Sequenzer	87	Multiplikationseinheit	86
Mikroarchitekturebene	12, 43, 64	Multiportspeicher	179
Mikrobefehlsdecodierung	279	Multiprozessor	22, 90, 111, 125, 140, 156
Mikrobefehlszähler	44, 279		
Mikrocomputer	49, 240	Mutant	216
Mikroinstruktionsregister	44, 45		
Mikromaschine	282	**N**	
Mikrooperation	87	Nachrichtenkopplung	23
Mikroorder	33, 45, 282, 288	Nanoprogramm	284
Mikroprogramm	45, 73, 273, 282f	Nanoprogrammierung	45
Mikroprogramm-Ebene	12, 290	Nebenläufigkeit	30, 64f, 265
Mikroprogramm-ROM	73	Nebenläufigkeitsgrad	89
Mikroprogramm-Steuerung	283	Nebenläufigkeitstransparenz	14
Mikroprogrammadresse	44	Netzwerkknoten	26
Mikroprogrammbefehl	45, 272	Netzwerklatenz	191
Mikroprogrammfortschaltung	279	Netzwerktopologie	191
mikroprogrammierbarer Rechner	282	Neuronales Netz	29
mikroprogrammierter Rechner	282	Norm	16
Mikroprogrammierung	45, 282f	NORMA-Architektur	29, 185
Mikroprogrammspeicher	44, 276	Normalausfall	238
Mikroprozessor	33, 47	NUMA-Architektur	28, 29, 58, 184f
Mikroprozessorsystem	47		
Mikrounterprogramm	283	**O**	
MIMD-Rechner	24	Omega-Netzwerk	27, 185, 191
Mittelwertanalyse	217, 233	OP-Code	274
Modell	201	Operationsprinzip	23
Modellanalyse	208f	Operationswerk	268
Modellbildung	201f	Orthogonalität	13
Modellvalidierung	208	Ortstransparenz	14
Modellwartung	208	Out-of-order-Ausführung	85
Modularität	13	Out-of-order-Scheduling	87
Monorechner	194	Outputregister	264
Monte-Carlo-Simulation	201		
Moore-Automat	205, 262	**P**	
MSIMD-Architektur	182	Paging	136
Multi-Threaded Prozessor	58	Paket	28
Multi-Threading	58, 185	Paketvermittlung	28
Multi-Unit-Maschine	84	Parallelität	22, 64
Multi-Vektorrechner	22, 25	Parallelitätsgrad	193, 231
Multicomputer	23	Parallelitätsverschnitt	193
Multimastersystem	163	Parallelrechner	22, 180f

Parallelrechner-Architektur	194	Prozessorverwaltung	53
Parität	160	Prozessorzeit	56
Paritätsüberprüfung	94, 172	Prozessorzustand	53, 69
PCI-Bus	173	Prozessorzyklen	19
Peripherie	164	Prozeßpriorität	56
Peripheriegerät	164	Prozeßtyp	56
Peripherieschnittstelle	173	Prozeßverwaltung	57
Peripheriespeicher	33	Prozeßwechsel	56, 139
Persistenz	147	Prüfpfad	93
Petri-Netz	156, 205, 245f	Prüfsumme	95
Phase	43, 64	Pseudo-Zufallszahlengenerator	212
Phasenparallelität	30, 64f	Pufferspeicher	116
Pipeline	25, 43, 64, 67f, 265	Punkt-zu-Punkt-Verbindung	178
Pipeline Stalls	74	Pyramiden	188
Pipeline-Hemmnisse	73		
Pipeline-Interlock-Einheit	74	**Q**	
Pipelinediagramm	76	Quasiparallelität	55
Pipelineregister	44, 64, 68	Quelloperand	38
Pipelinestufe	43, 64		
Platten-Cache	148	**R**	
Platten-Controller	149	RAID-System	152, 234f
Plattensteuerung	215	Random Access Memory	129
Pollen	158	Rate	17
Port	175	Reaktionszeit	158
Prepare-To-Branch	83	Rechenschritt	257
Primärcache	130	Rechenwerk	23, 42
Princeton-Architektur	23, 35	Rechenwerkpipeline	67
Privilegstufe	147	Rechnerarchitektur	11
Produktformnetz	224	Rechnerdiagnose	97
Programmiermodell	183	Rechnerfamilie	22
Programmparallelität	24	Rechnerkern	33
Programmportabilität	80	Rechnernetz	177
Prototyp	99	Rechnerorganisation	11
Prozeß	40, 53	Rechnerselbsttest	93
Prozeß-Dispatching	57	Rechnertechnologie	11
Prozeß-Scheduling	210	Redundanz	214, 235f
Prozeßleitblock	55	Redundanzstruktur	233
Prozessor	23, 33, 53f	Referenzlokalität	59, 110
Prozessor-Thrashing	193	Refresh	129
Prozessorbus	50	Register	33, 259
Prozessorelement	23, 182	Register-Register-Maschine	35
Prozessorlokalität	111	Register-Scoreboard	77
Prozessormodus	54	Register-Stack	60

Registerfile	33	Schüffeln	92
Registermodell	12, 35f	Schutz	21
Registertag	86	Scoreboard	77
Registerumbenennen	85	Scrubbing	147
Rekonfiguration	215	SCSI-Bus	173
Relokation	134	Segment	144
Relokationsregister	134	Segmentierung	135
Rendezvousvariable	61	Segmenttabelle	135, 144
Reorder Buffer	85	Seitendeskriptor	138
Replikationstransparenz	14	Seiteneinteilung	135
Reserve	195, 236	Seitenfehler	53
Reserveeinheit	214	Seitenfehlerrate	219
Reservierungsstation	77, 85	Seitenflattern	139
Reservierungstafel	77, 85	Seitentabelle	117, 135
RISC-Architektur	12, 35, 47	Sektor	148
RISC-Prozessor	45f, 67, 73, 186	Sekundärcache	122
Round-Robin-Strategie	204	Sekundärspeicher	49, 130, 148
Router	26, 179	Selbsttest	94, 239
Rückkehrbefehl	40	Selbstüberprüfung	214
Rückschreiben	69	Selektor-Kanal	177
Rückwärtsfehlerbehebung	97	Semaphore	125
		Sensitivitätsanalyse	208
S		Sequenzer	44, 283
Saboteur	216	Serialität	34
Scan-Bus	94	Seriensystem	238
Schalteinheit	187	Server	220
Schaltelement	26	Set	118
Schaltnetz	45	Setnummer	121
Schaltplan	275	Shifter	42
Schaltungsentwurf	99	Sicherheit	21, 254
Schaltungsstruktur	99	Sicherungspunkt	96
Schaltwahrscheinlichkeit	250	Signal	104
Schaltwerk	45, 260	Signallaufzeit	276
Scheduling	57	Signalprozessor	43
Schichtenmodell	12, 55	Signatur	96
Schieberegister	93	SIMD-Overhead	182
Schiedsrichter	156	SIMD-Rechner	24, 182
Schlüsselwort	114	Simulation	15, 209
Schnittstelle	50, 51, 164f	Simulationsentität	212
Schnittstellenadapter	164	Simulationsexperiment	201, 210, 216
Schnittstellenregister	164	Simulationsmodell	260
Schnüffellogik	126	Simulationssprache	201
Schreibpuffer	124	Simulationssysteme	204

Simulationszeit	210	Spezifikation	16, 99
Simulator	212	Spiegelplatte	32
SISD-Architektur	23, 33, 183, 280	Spiegelplattensystem	215
Skalarleistung	193	Sprungadresse	70
Skalierbarkeit	190	Sprungbedingung	70
Skalierbarkeitstransparenz	14	Sprungbefehl	70
Skalierter Speed Up	194	Sprungvorhersage	80
Slavemodul	153	Sprungzieladresse	81
SMP-Rechner	23, 183	Sprungzieladressen-Cache	68
Softwarearchitektur	11	Sprungziele-Instruktions-Cache	83
Speed Up	19	Spurverfolgungsdaten	211
Speicher	263	Stabiler Speicher	147
Speicher-Speicher-Maschine	35	Stack	37
Speicherabbild	55	Stackmaschine	39
speicherabgebildet	51, 91	Stall-Zyklen	76
Speicheradreßregister	36	Stalls	74
Speicherarchitektur	197	Stapel	37, 165, 277
Speicherbandbreite	17, 149	Stapelzeiger	54
Speicherbank	131	Startadresse	54
Speicherbaustein	129	Statusregister	36, 165
Speicherbus	154	Statussignal	45
Speicherdatenregister	36	Stelle	245
Speicherdurchsuchen	93, 147	Sternnetz	178
Speicherhierarchie	110	Steuerfeld	283
Speicherholzeit	130	Steuerinformation	106
Speicherkapazität	194	Steuerpfad	265
Speicherkonflikt	131	Steuerprozessor	33, 265, 280, 282f
Speicherkosten	196	Steuerregister	68
Speicherlatenz	129	Steuersignal	68
Speichermodul	155	Steuervektor	282
Speicherschnittstelle	36	Steuerwerk	23, 43, 99
Speicherschutz	146	Stochastisches Petri-Netz	248
Speicherverschnitt	137	Strukturbeschreibung	102
Speicherverschränkung	131	Strukturdiagramm	31
Speicherverwaltung	49	Subroutine	41
Speicherverwaltungseinheit	140	Suchschlüssel	115
Speicherzelle	35	Superfluidität	144
Speicherzugriffsoperation	57	Superpipeline	73
Speicherzugriffszeit	49	superskalarer Prozessor	84
Speicherzyklus	19	switch fabric	179
Speicherzykluszeit	50	Symmetrie	14
spekulative Befehlsausführung	85	Systemantwortzeit	217
Sperrsignal	57	Systemarchitektur	12

Systemaufruf	53	Trefferrate	111
Systembewertung	15	Trefferregister	115
Systembus	50, 153f	Triple Modular Redundancy	96
Systemebene	64	Turing-Maschine	266
Systemmodell	210	Turing-Programm	268
Systemmodus	36, 147, 165		
Systemspeicher	110	**U**	
Systemzuverlässigkeit	17	Überlebenswahrscheinlichkeit	21
Systolisches Feld	30	Übertragungsfehler	171
		Übertragungslatenz	190
T		Übertragungssicherheit	191
Tabellenzugriff	270	Übertragungsstrategie	191
Tag-Speicher	81, 141	Übertragungszyklus	161
Taktrate	19	Überwachung	93
Taktverzerrung	162	Überwachungseinheit	97
Taktzyklus	65	Überwachungsverfahren	95
Team	58	UMA-Architektur	28, 58
Test	93	Universalprozessor	43
Test-Access-Port	94	Unterbrechung	53
Test-and-Set-Befehl	41	Unterprogramm-Stack	278
Testbarkeit	94	Unterprogrammaufruf	40
Testergebnis	93	Unterprogrammtechnik	276
Testfreundlichkeit	94		
Testinput	93	**V**	
Testmodus	93	Validierung	16
Testoperation	270	Vektor-Coprozessor	90
Teststeuerlogik	94	Vektorisieren	165
Testumgebung	202, 208	Vektornummer	54
Thread	58	Vektorpipeline	91
TMR-Rechnersystem	233	Vektorrechner	24, 161, 182f
TMR-System	239	Vektortabelle	169
Token-Speicher	187	Verarbeitungseinheit	22, 181
Topologie	188	Verarbeitungsrate	66
Torus	188	Verbindungsnetzwerk	25, 179, 180, 188f
Transfermedium	179	Verbindungssystem	25
Transistorebene	12	Verbindungstopologie	27
Transition	245	Verfügbarkeit	21, 216, 233, 240f
Translation Lookaside Buffer	141	Verfügbarkeitsfaktor	21, 241
Transparenz	14	Verfügbarkeitsklasse	241
Transputer	60, 185	Vergleichseinheit	187
Trap-Befehl	40	Vergleichslogik	96, 115
Treffer	111	Verhaltensbeschreibung	99
Trefferhäufigkeit	112		

Verhaltensspezifikation 103
Verifikation 15
Verilog 205
Verläßlichkeit 13, 16, 21, 232
Verläßlichkeitsanalyse 17
Verschiebung 40
Verschränkungsgrad 131
Verweildauer 217
Verzögerungsschlitze 78
Verzögerungszeit 58, 161, 248
Verzweigungsbefehle 40
Verzweigungsvorhersage 83
VHDL 99, 205, 292
Vierfachredundanz 97, 215
Virtualität 13
Virtuelle Maschine 12
Virtuelle Registermaschine 35
Virtueller Speicher 135
VLIW-Prozessor 88
Volladdierer 103
Vorhersageprotokoll 82
Voter 96, 148

W

Warteschlange 57, 202
Warteschlangenlänge 220
Wartesysteme 204
Wartezyklus 131
Wartungsprozessor 98
Watchdog-Prozessor 96, 236
Watchdog-Timer 94, 161
Wegewahlstrategie 191
Weitbereichsnetz 177
Wellenfront-Feld 30
Wiederherstellung 93
Workspace-Cache 60
Workstation-Cluster 29, 186
Wort 37
Wortbreite 49
Write-after-read-Konflikt 85
write-allocate 123
write-around 123
write-back 123

write-throug 123

Z

Zähler 260
Zählmaschine 268
Zeitüberwachung 161
Zelle 179
Zentraleinheit 33, 39
Zugriffsgeschwindigkeit 28
Zugriffsrechte 138, 144
Zugriffstransparenz 14
Zugriffsverfahren 119
Zugriffsverhältnis 112
Zuordnung 270
Zustand 260
Zustandsdiagramm 260
Zustandsraum-Methode 222
Zustandsraummethode 222
Zustandsregister 260
Zustandswahrscheinlichkeit 240
Zustandswechsel 57
Zuteilungslogik 161
Zuverlässigkeit 21, 149, 194, 232, 236f
Zuverlässigkeitsbewertung 232
Zuverlässigkeitsengpaß 158
Zuverlässigkeitsnetz 233, 235
Zuweisung 273
Zuweisungsprinzip 34, 273
Zuweisungsregister 264
Zwischenankunftszeit 217
Zyklenzahl 46
Zykluslänge 46

Kärger
Diagnose von Computern

Mit steigenden Ansprüchen an die Funktionalität und das Leistungsverhalten sowohl von universellen als auch von eingebetteten Rechensystemen sind auch zunehmende Forderungen nach fehlerfreier Fertigung und störungsfreiem bzw. ausfallminimiertem Betrieb verbunden.

Diese Forderungen aufnehmend, wird im Buch mit einer Analyse des Problemgefüges der Computerdiagnose diese in den ganzheitlichen Ansatz des modernen Qualitätsmanagements gestellt. Als Prozeß zur Bestimmung des technischen Zustands eines Computers, insbesondere der Erkennung eines Fehlers, der Bestimmung seines Charakters, des Fehlerorts und der Fehlerursache ist sie Voraussetzung für Fehlervermeidung, Fehlerbehandlung und Fehlertoleranz. Die Funktionalität, die Elemente, die Organisation und die Struktur von Diagnosesystemen werden erörtert. Es wird eine umfassende Übersicht über Prüfprinzipe, Prüfstrategien, Prüfmethoden, die sowohl in die Schaltkreisbasis als auch in die Rechnerkonfiguration oder in Anwendungen implementierbar sind, gegeben. Für die Diagnose unter Testbedingungen werden algorithmische Grundlagen behandelt. Ausführungen zur prüfgerechten Gestaltung von Diagnoseobjekten tragen dem Anliegen Rechnung, den zeitlichen und materiellen Aufwand für ihre Prüfung zu reduzieren. Hardware-Selbsttesttechniken kommen diesem Anliegen am weitgehendsten nahe; sie beschließen die inhaltlichen Darlegungen.

Von Dr.-Ing.
Reinhard Kärger
Dresden

1996. 416 Seiten.
16,2 x 22,9 cm.
Kart. DM 64,80
ÖS 473,– / SFr 58,–
ISBN 3-519-02146-3

(Leitfäden der Informatik)

Preisänderungen vorbehalten

B. G. Teubner Stuttgart · Leipzig

Waldschmidt u.a.
**Parallelrechner:
Architekturen,
Systeme,
Werkzeuge**

Moderne Anwendungen in vielen Bereichen der Wissenschaft und Technik erfordern den Einsatz massiver Parallelität. Die Probleme reichen von einfachen verteilten Anwendungen bis zu den »grand challenges« der Wissenschaft.

Das Prinzip »Parallelität durchdringt heute bereits in hohem Maße Forschung und Lehre in vielen Fachdisziplinen und immer mehr Anwender, die keine Hochleistungsrechner-Experten sind, wollen und werden diese Möglichkeiten für ihre Anwendung nutzen. Das vorliegende Lehrbuch deckt das Gebiet der Parallelrechner durch ein sehr breites Spektrum ab, das von den Architekturen über Algorithmen, Leistungsbewertung, Programmiersprachen bis zu den Werkzeugen reicht.

Fünfzehn namhafte Parallelrechner-Experten haben als Autoren das heute hochaktuelle und wichtige Gebiet der Parallel-Architekturen bearbeitet. Dieses Werk vermittelt sowohl die Grundlagen als auch den Stand der Forschung auf diesem Gebiet in umfassender, leicht verständlicher Darstellung.

Dieses Standardwerk kann daher als Lehrbuch und als Handbuch für Studierende, Lehrende oder Anwender dienen.

Von
Prof. Dr. **Arndt Bode**
TU München
Dr. **Ulrich Brüning**
GMD First, Berlin
Barbara M. Chapman
Universität Wien
Prof. Dr. **Mario Dal Cin**
Prof. Dr.
Wolfgang Händler
Universität Erlangen
Prof. Dr.
Friedrich Hertweck
MPI für Plasmaphysik, Garching
Prof. Dr. **Ulrich Herzog**
Prof. Dr.
Fridolin Hofmann
Dr. **Rainer Klar**
Dr. **Claus-Uwe Linster**
Universität Erlangen
Prof. Dr.
Wolfgang Rosenstiel
Universität Tübingen
Prof. Dr.
Hans-Jürgen Schneider
Universität Erlangen
Prof. Dr.
Klaus Waldschmidt
Universität Frankfurt
Dipl.-Inf. **Jörg Wedeck**
Universität Tübingen
Prof. Dr. **Hans Zima**
Universität Wien

1995. XXX, 607 Seiten.
16,2 x 22,9 cm.
Kart. DM 68,–
ÖS 496,– / SFr 61,–
ISBN 3-519-02135-8

(Leitfäden der Informatik)

B.G. Teubner Stuttgart · Leipzig

If you have any concerns about our products,
you can contact us on
ProductSafety@springernature.com

In case Publisher is established outside the EU,
the EU authorized representative is:
**Springer Nature Customer Service Center GmbH
Europaplatz 3, 69115 Heidelberg, Germany**

Printed by Libri Plureos GmbH
in Hamburg, Germany